Deep Learning–based Technology for

Infrared and Low–light–level Image Processing

基于深度学习的
红外与微光图像处理

邹 燕　王博文　主编

国防工业出版社
·北京·

内 容 简 介

本书聚焦深度学习在红外与微光成像领域的相关图像处理工作，重点概述通过深度学习成像技术解译同源/异源夜视图像中复杂与高频信息的相关工作，并结合实际案例展示如何将深度学习理论应用于实际问题，为读者提供一个从理论到实践的桥梁。本书主要面向图像处理、计算机视觉、红外与微光成像及相关领域的科研人员、工程师、研究生及高年级本科生。

图书在版编目（CIP）数据

基于深度学习的红外与微光图像处理 / 邹燕，王博文主编 . -- 北京：国防工业出版社，2025. 4. -- ISBN 978-7-118-13293-9

Ⅰ. TN21；TN223

中国国家版本馆 CIP 数据核字第 2025MX4230 号

※

国防工业出版社出版发行

（北京市海淀区紫竹院南路 23 号　邮政编码 100048）

雅迪云印（天津）科技有限公司印刷

新华书店经售

*

开本 710×1000　1/16　印张 17½　字数 308 千字

2025 年 4 月第 1 版第 1 次印刷　印数 1—2000 册　定价 158.00 元

（本书如有印装错误，我社负责调换）

国防书店：(010) 88540777　　　书店传真：(010) 88540776

发行业务：(010) 88540717　　　发行传真：(010) 88540762

编委会名单

○ **主　　编**　邹　燕　王博文

○ **副 主 编**　韩　冬　左　超

○ **编写人员**　张　超　陈　思　袁玉芬

　　　　　　　吴伟伟　肖富君　浦元元

　　　　　　　吴森达　张元鹤　祝颂东

　　　　　　　仲启强　刘　昕

序言

光电成像技术将客观事物的物理参量转化为数字化图像，是支撑国家安全、工业制造、生物医药和科学研究不可或缺的重要工具。基于"所见即所得"的传统成像技术受器件工艺与物理极限/量子效率制约，已无法满足当今军用和民用领域日益增长的高分辨率、高灵敏度以及多维高速成像的应用需求。计算光学成像通过将前端物理域的光学调控与后端数字域的信息处理有机结合，为突破传统成像技术的诸多限制性因素提供了新思路。近年来，计算光学成像已发展为一门集几何光学、信息光学、现代信号处理等理论于一体的新兴交叉技术研究领域，成为光学成像领域的国际研究重点和热点，代表了未来先进光学成像技术的发展方向。

不同于传统强度直接成像方法，计算反演重建技术通过在光学成像链路中引入调控措施，将更多场景的高维信息编码到测量的光强信号中，再借助于与之相匹配的信号反演方法重构出目标图像。这种非直接反演成像方法突破了传统直接光强探测对光学系统和探测器性能的严格依赖，通过对复光场信号（包括振幅与相位）及其成像物理过程进行精确的数学表征实现对客观世界的精确描述和还原，为提升夜视成像系统的灵敏度和分辨率提供了全新思路。

因此，未来先进夜视技术的发展趋势应该是基于光电转换的光强直接成像与基于计算成像的信号反演成像二者的相辅相成，即"光强直接成像"+"信号反演成像"。通过将深度学习计算反演成像技术与夜视高灵敏成像探测器件相结合，有望打破传统夜视器件在分辨率与灵敏度上的制约关系，进一步带来全天候、彩色化夜视成像的新机制。本书的出版将会进一步促进该领域的发展，加快计算成像相关理论成果转化应用。在此，我向邹燕及其研究团队表示热烈的祝贺，并期待他们在夜视成像领域取得新的突破。

陈钱，中北大学校长。

前言

当罗马人单手半握成环形并置于眼睛前方以求远处所观物体变得清晰时，探测"detection"一词的拉丁语"dētēctiō"就伴随着简易光学成像系统的出现诞生了，其中"dē"意思为缺乏，"tēctiō"意思为隐藏，以此表明彼时罗马人利用光学系统进行探测的意图——使观察目标无所遁形。自 1608 年汉斯·李波尔（Hans Lippershey）将两块透镜装载在直筒中形成望远镜伊始，人类探索遥远彼方的历史便由此书写。暮然回首，我们已经在影像的发展中通过光学、信息学、遥感技术等手段将长筒望远镜进化为数码相机、摄影手机等高度集成的成像系统，人们只需要轻按拍摄键就可以用图像记录下静谧的宇宙。得益于电荷耦合元件（Charge-Coupled Device，CCD）与互补金属氧化物半导体（Complementary Metal Oxide Semiconductor，CMOS）的发明，光信号的数字化记录、存储、传输已被广泛应用，并极大地拓展了人类的视觉感知，如今人类已能够共享"詹姆斯·韦布"（James Webb）空间望远镜等所拍摄的来自 130 亿年前的星光图像，这不仅从空间维度上记载无垠远方的探测结果，更从时间维度上实现对光学信号的映射。光学研究人员在现有知识与技术的积累上，前赴后继地以研发能够探测"更远、更广、更清晰"的光学成像系统为目标，力求在时间、空间、灵敏度、光谱、分辨率等方面进一步突破光学成像的技术限制。

本书旨在探索深度学习技术如何应用在以红外、微光为代表的夜视成像领域，重点探讨深度学习成像技术如何解译同源/异源夜视图像所蕴含的复杂/高频信息，从而突破探测器空间采样不足、异源图像匹配不准确、夜视成像器件单色性输出等技术瓶颈，力图为实现跨模态高分辨率光电成像系统提供一个崭新的视角，实现全方位、立体化感知成像。在本书中，通过实际案例为读者展示了如何将深度学习理论应用于相关图像处理问题中，将抽象的概念转化为具体的实例教程，为读者提供一个从理论到实践的桥梁。

由于时间仓促，编者水平有限，书中难免存在疏漏与不妥之处，在此由衷地期望读者不吝指正。

编者

2025 年 2 月

目 录 ▶

1

绪论

1.1 光电成像探测技术发展概况

视觉是人类获取客观世界信息的主要途径，而人眼受限于其视觉性能，在时间、空间、灵敏度等方面均存在局限性。光学成像器件的出现实现了光信息的再现，同时扩展了人眼的视觉特性。但是，由于其仍然基于点对点强度成像的工作机制，受感光元件、镜头工艺、光机结构等因素的限制，在空间分辨率、时间分辨率、光谱分辨率、信息维度和探测灵敏度等方面都存在着一定的局限性，难以满足人们对成像性能的进一步追求，以及日益增长的高空间分辨率、高灵敏度及多维高速成像的应用需求。采用传统光学成像系统的设计思路想要获得成像性能的提升，通常意味着硬件成本的急剧增加，通常难以实现工程化应用。另外，探测器空间分辨率、像元大小、探测灵敏度等已接近物理极限，难以突破固有性能极限实现更高维度的信息获取。图1.1所示为光电成像系统的成像过程。

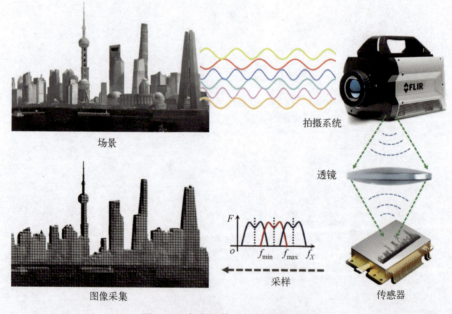

图1.1　光电成像系统的成像过程

随着大数据时代及电子信息学的不断迭代更新，计算机数据处理能力随之稳步提升，相位恢复、叠层成像、光场重聚焦等计算光学成像技术都有了很大的进步；此外，经过自然界的迭代更新，演化出多种能满足不同生存需要的生物视觉系统，如果我们从中可以获得一些成像启发，无疑可以给新一代光学成像技术的发展带来一些新的萌芽。是否可以打破传统成像思路，即图像生成不再只依赖于光学物理器件"所见即所得"的成像模式，而是通过对成像系统的照明端或探测端进行调控，从而获取传统成像系统获取不到的信息，构成一种混合的数字光学调控技术。这一技术是现在广为人知的"计算成像"（computational imaging）技术[1-3]，如图1.2所示，计算成像的本质也是一种信息量的互换，其会牺牲掉成像系统某一维度下的信息，但是它将光学调控与信息处理有机结合，为实现成像系统高灵敏、高空间分辨率等提供了新手段与新思路。在这个过程中，"信息置换"成为高维计算成像中的一个关键概念，这也正是计算成像技术的奥妙之处，可以用"less is more"来概括。

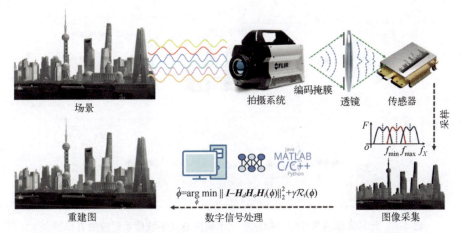

图1.2 计算光学成像技术是物理域光学调控与数字域信息处理的有机结合

另一个值得关注的概念是"传输矩阵"。计算光学成像是以几何光学、物理光学、信息光学为基础，以联合优化光学系统和信号处理来实现特定成像功能和特性的研究领域。计算成像的核心思想是"以小博大"，即通过复杂的编码和解调过程，在有限的采样条件下提取尽可能多的光场信息。这种技术方法的实现不仅在信息采集的效率上大大提升，还使得成像系统不再局限于硬件的能力，而是通过后期计算增强系统的综合性能，它采用对系统的照明端及探测端共同编码调控的方法，建立目标场景与观测图像之间的关联模型，因为调控成像的本质就是如何构建逆成像问题的最优解，即如何通过调控成像系统改变欠定方程的系数，也就是如何实现计算反演成像。这种计算成像方法实质上是在场景和图像之间建立某种特定联系[4]，这种连接可以是线性的，也可以是非线性的。

因此，传统的空域强度直接成像可以转化为频域相位反演成像，构成了光学成像新机制。如图 1.3 所示，它突破了传统成像技术点对点——对应的强度直接采样形式，使用了更为灵活的非直接采样形式，在场景与图像之间建立一种特殊的关系。通过信息调控的方式也有望打破传统的强度成像获取信息的方式，最大限度地发挥成像系统的优势，赋予其传统成像难以达到甚至无法达到的革命性优势。例如，突破探测器空间采样频率限制，实现由大像元到小像元的转变；突破单一成像镜头光学衍射极限的限制，实现小孔径代替大孔径，显著提升光学系统的成像质量，在图像信噪比、灵敏度、对比度等指标上获得突破。

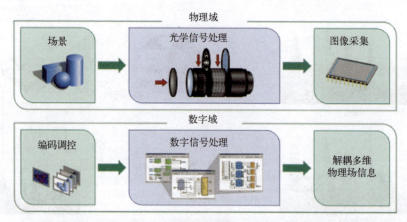

图 1.3　计算光学成像技术是物理域光学调控与数字域信息处理的有机结合

深度学习（Deep Learning，DL）技术利用不断增多的数据，从海量数据中提取多维特征信息，不断提升其计算应用性能，近几年，从 DeepMind 公司[5]研制出颠覆棋坛的 AlphaGo 再到波士顿的机器狗，以及先进图像分类算法在具有挑战性的数据集 ImageNet 上的稳定表现。人工智能已经潜移默化地进入日常生活中，而这同时也是智能机器逐渐代替人工操作的一个显著体现，因此深度学习技术已成为大数据时代的一项热点技术，特别是在计算机视觉领域，深度学习作为近年来兴起的一种"数据驱动"的技术，在图像分类、目标检测及识别等诸多应用上均取得了显著成效。图 1.4 所示为 DeepMind 发布的 AlphaGo 破解围棋 3000 年奥义，超越人类认知极限的概念图。新事物的出现也必定是因为旧事物无法平衡当前的矛盾,可见光和红外也逃脱不了这个定理,其或多或少地存在着各自成像上的劣势,本书以深度学习网络为主线,重点介绍如何通过结合深度学习来突破红外、微光、可见光三种探测器的成像缺陷,以实现跨模态高分辨率成像为主要研究目标,最终提升异源图像的成像质量与相关应用技术研究。

图 1.4 DeepMind 发布的 AlphaGo 破解围棋 3000 年奥义,超越人类认知极限

1.1.1 光电成像系统发展瓶颈

实现高分辨率、全彩色和多波段成像的能力,最大限度地综合感兴趣的信息,对于揭示生物医学、森林灭火和安全驾驶方面的新见解和理解基本科学问题至关重要。如果可以综合利用异源探测器之间的信息优势互补进行图像融合,将再次推动光电成像探测的发展,如在生活中常见的有利用多曝光图像融合(Multiple Exposure Fusion,MEF)生成高动态图像(High-Dynamic Range,HDR)。该图像可以提供更多的图像细节,避免图像中含有过亮或过暗的区域,可以获得更好的视觉感受。

在此基础上,对于夜视成像中,长波红外与可见光图像的融合算法结合了两种图像识别信息的优点。图 1.5 所示为可见光探测器与红外探测器之间的成像结果对比。一般来说,红外图像通常缺少纹理来描述图像的细节,但是它具有其他探测器没有的热辐射特性,可以在长波红外波段实现云雾的穿透成像。与此相反,可见光图像包含了高空间分辨率的纹理细节,有利于增强目标识别能力,符合人类视觉系统的要求,但在低照度环境下工作则难以获得高质量图像。综合来看，可见光和中/长波红外图像既有联系又有区别，既有信息共享，又有各自多余的信息，如何利用好异源探测器之间的互补关系也是夜视图像融合领域所要研究的重点内容。

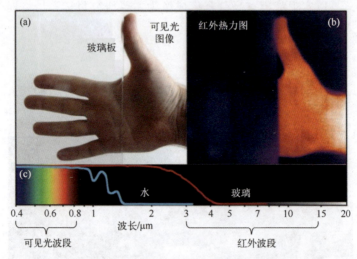

图 1.5　可见光探测器与红外探测器之间的成像结果对比

另外，尽管目前图像融合技术取得了巨大的进步，然而，受算法和硬件技术的限制，尤其是长波红外探测器分辨率已接近极限（17μm）且随着分辨率的提升设备的造价也呈指数上升，同时，可见光成像探测器在低照度下难以获得高质量成像，对于微光成像探测器，其也同样存在像元尺寸过大的缺陷。因此，目前的图像融合技术也不足以稳定实现全天候的高分辨率成像。

红外成像技术的飞跃式发展与红外探测器在近几年的工艺进步是密切相关的，红外热成像探测器是整个探测系统的核心器件，直接决定着成像质量的好坏，二者相互依存，相互制约，共同发展。图 1.6 所示为红外探测器尺寸趋势。目前的红外成像探测器最小像元尺寸可以达到 12μm 左右，但对应的探测器采样频率远达不到镜头的衍射极限，因此对于目前的红外系统限制其成像角分辨率的因素最后还是探测器的像元大小。然而，从现有的加工工艺出发，并考虑探测器像元的感光度/成像灵敏度的权衡，若想要红外热像仪得到更进一步的应用，那么不可绕开的一步就是解决像元大小的问题。

图 1.7 所示为传统透镜式成像系统和计算光学成像系统的原理示意图。这种基于传统透镜的"所见即所得"成像模式虽然简单易行，但仍面临着许多瓶颈问题，如何提升目前成像系统的探测性能，对于高分辨率、高灵敏侦

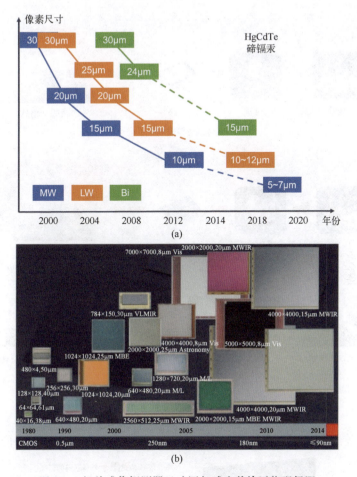

图 1.6　红外成像探测器尺寸逐年减小并接近物理极限

察的需求已显力不从心，其具体表现在：

（1）光电成像系统在信息获取能力、功能、性能指标等方面的提高过度依赖于探测器技术水平的提高，如图 1.8 所示，受目前传感器制造加工水平及实际成像中光通量间权衡，提高红外成像系统分辨率最简单也是最直接的方法就是提高探测器阵列密度，即通过减小像元尺寸或增加像元数量来提高成像分辨率，但是这种传统方法将会引入以下 4 个问题：

① 目前的探测器尺寸已经接近加工制造的物理极限，受到探测器工作条件和加工工艺的限制，缩小像元尺寸来换取空间分辨率的思路已经不在考虑之中。

② 像元大小的缩减也意味着单个像素靶面上的光通量会减少，而这对于

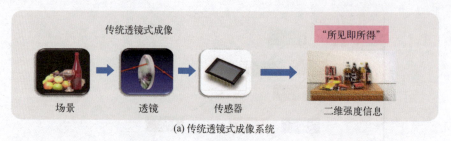

图(a) 传统透镜式成像系统

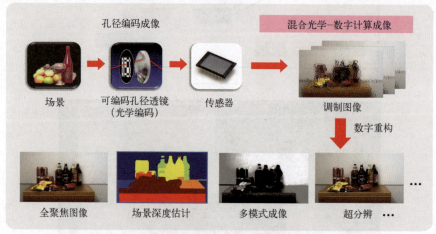

(b) 计算光学成像系统的原理示意图

图 1.7 成像示意图

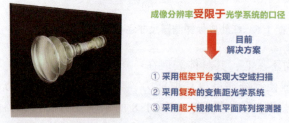

图 1.8 单一成像系统发展瓶颈

热辐射感知的红外成像而言将是巨大的能量损失，在像元减小的同时，成像系统的信噪比也将会急剧恶化。

③ 高密度的探测器阵列会引入光电串扰问题，使得图像质量进一步恶化。

④ 信号通路增加导致系统功耗、体积、质量、数据存储处理复杂度的增加。

（2）成像系统的数据获取来源单一（仅仅实现光强探测），单一成像系统难以同时实现高灵敏度、大景深、高分辨率、快帧频。现有成像系统仅仅能够探测三维场景所投影到焦平面上的二维光强分布，而丢失了许多重要的信息量，如相位、光场（光线角度）以及物体深度等。而这些信息的获取对于目标的有效探测与识别往往起着至关重要的作用。此外，传统光学系统设计受限于衍射极限，如图 1.8 所示，为了实现高分辨率，必须增加光学系统的孔径，一方面光学系统的孔径不断加大，会导致体积、质量不断增加；另一方面孔径尺寸的增加往往导致景深与视场尺寸的对应缩减。对于近距离目标，难以保证精准的对焦成像探测。传统光电成像系统要想同时实现广域视场及高分辨率（空间分辨率）成像，目前主要由以下几个方面解决此类问题：

① 采用单一传感器进行空域扫描或多传感器拼接合成。

② 采用变焦光学成像组以获取长焦下的高分辨率图像（视场缩小）及短焦下的大视场图像（分辨率低）。

③ 采用多探测器进行复眼图像拼接成像。

然而，这三种成像方式均不是理想的解决方案，采用框架带动系统扫描的方式存在时间延时问题，对高速运动目标的观测将存在缺陷；采用单一的红外焦平面阵列、常规的凝视成像体制（大口径的光学透镜）满足广域观察视场又要兼顾所需要的成像分辨率是不现实的；采用多传感器或平台将存在传输带宽受限问题，并且各个探测器之间也会存在非均匀性等问题难以实现配准或融合处理，图 1.9 所示为大视场高分辨率成像发展瓶颈。

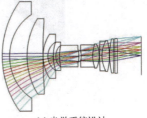

　(a) 光学系统像差　　　　　　(b) 信息传输带宽　　　　　　(c) 光学系统设计

图 1.9　大视场高分辨率成像发展瓶颈

④ 光机结构的限制：对于一般窄视场探测识别系统而言，由于传感器的制造工艺相对比较成熟，成像系统的分辨能力往往最终由其中的光学系统所决定。然而在传统的固定孔径的光学系统中，其分辨率受限于光学衍射极限，

为了提高分辨率，必须增加光学系统的孔径，一方面光学系统的孔径不断加大会导致体积、质量不断增加（如光学系统的加工成本与孔径尺寸的 2.76 次方成正比，这导致成本急剧上升）；另一方面孔径尺寸的增加往往导致景深与视场尺寸的对应缩减。因此，大视场范围高分辨率的光学系统光机结构复杂，体积庞大，很难实现光电成像系统小型化、轻量化的发展需求。

因此，常规成像系统的核心指标，如探测精度、探测效率、空间分辨率等已接近极限，继续往下发展已遇到瓶颈，很难满足这些非常具有挑战性的需求。因此，迫切需要引入新概念、新理论、新体制对传统的光电成像方案与系统进行革新，突破大视场高分辨率成像系统的技术难点，解决广域视场与高分辨率成像之间的矛盾，提高光学成像系统的空间带宽积，发展更为前沿的光电成像理论与方法，指导高精尖光电成像系统的设计。

然而，在大数据和人工智能时代，如何利用深度学习等计算成像技术，研究基于深度卷积神经网络的图像增强及融合技术，突破传统成像的思路，或如何提升异源探测器的固有成像限制，稳健地再现不同条件下自然场景的视觉丰富度，输出高质量的图像信息也是本书所要介绍的重点内容，图 1.10 所示为深度神经网络在图像处理中的应用潜力。

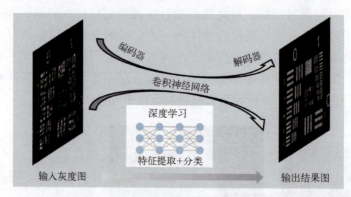

图 1.10　深度神经网络在图像处理中的应用潜力

1.1.2　融合技术国内外研究现状

图像融合是计算机视觉和图像处理的重要组成部分。图像融合的基本思想是将异源探测器之间的信息进行整合，同时发挥两个探测器的成像优势。一般来讲，融合图像之间均存在较大差异，或是为同一场景下不同成像参数下的采样。融合过程的优点是，从包含相关信息的相似场景的多幅图像中提取信息，从而使人类更容易地可视化以更好地理解场景。国外对于图像融合技术的研究开始得很早，并且经过多年的研究，在该领域上已经取得了许多优秀的研究成果，并且将这些成果应用在各个领域中。20 世纪末，美国已经将融合技术应用在了直升机系统中，有效提升了直升机在夜间的侦察能力，如图 1.11 所示。

(a)"阿帕奇"直升机　　　　　　　　　　(b)融合技术在直升机系统中的应用

图 1.11　融合技术的应用

如图 1.12 所示，在海湾战争中，美军将融合系统应用于实际作战中，将可见光、红外、激光三种模态的图像集合在一起，可随时进行不同模态下的切换，有效识别各种伪装场景，极大提升成像探测能力。从此，融合系统也逐渐步入人们的视野，各国也对图像融合领域加大研究，提升融合系统的成像性能。同一时期，英国空军将图像伪彩色融合应用在侦察机上，提高了战斗机的侦察和对目标的跟踪能力，如图 1.13 所示。

(a)海湾战争中的美国战斗机　　　　　　　(b)在战斗机中的应用

图 1.12　融合系统的应用

随着图像融合技术的不断成熟，西方国家开始研究将图像融合应用于单个兵种，2009 年，ITT 公司研制了能够对红外与可见光图像实时融合的夜视

(a) 英国空军侦察机　　　　　　　　　　(b) 在侦察机中的应用

图 1.13　伪彩色融合的应用

镜，其具有便携性成像的特点，广泛应用于单兵作战等轻量化任务中，有效提升在恶劣的观察条件下的信息来源。其中，AN/PVS-14 夜视装备也曾广泛应用在单兵侦察射击等场景下，如图 1.14 所示。

(a) AN/PVS-14单目夜视装置　　(b) 头戴AN/PVS-14单目夜视装置的士兵进行夜间射击

图 1.14　夜视装置图

在理论研究方面，最开始是利用空间域的方法对图像进行融合，主要有加权平均、主成分分析等。20 世纪 80 年代末，Toet 等人提出，首先将拉普拉斯（Laplace）金字塔分解应用于图像融合领域，从此图像融合理论从空间域转到变换域。20 世纪末，小波变换技术开始在图像处理领域中使用，并取得了不错的成果。但是，小波变换由于存在方向性的限制，图像很容易在融合过程中丢失边缘、纹理等详细信息。2002 年，Vetterli 等人改进了小波变换，提出了轮廓波（contourlet）变换，可以尽可能地保留下更多的图像细节信息。但是受到轮廓波转换中的降采样的影响，融合结果会受到平移操作的干扰。鉴于此，Cunha 等人提出了非降采样轮廓波变换，以解决其易受平移影响的问题。

非降采样轮廓波（Nonsubsampled Contourlet，NSCT）变换也逐渐成为使用最多的图像融合方法，但 NSCT 同时也存在计算量大、复杂性高的应用难题。

随着深度学习成像技术的快速发展，神经网络也逐渐应用到了图像融合领域中。2019 年，Ma 等[6]提出用生成对抗的方式实现红外和可见光图像的融合算法 FusionGAN。该算法包含一个生成器和一个对抗器，其中生成器用来生成融合图像，鉴别器的目的是使融合图像保留更多的可见光图像中的细节和纹理信息。FusionGAN 实现网络的无监督训练，为图像融合领域提供新的方法，其融合框架如图 1.15 所示。2020 年，Zhang 等[7]提出一个通用的网络融合框架 IFCNN。IFCNN 用清晰图像和模糊图像作为标签数据来训练网络，然后针对不同的任务用不同的特征融合策略实现多任务的图像融合。该算法首次将内容损失引入图像融合中，进一步改善融合图像的重建质量，但是该方法需要构建一个标签数据集。

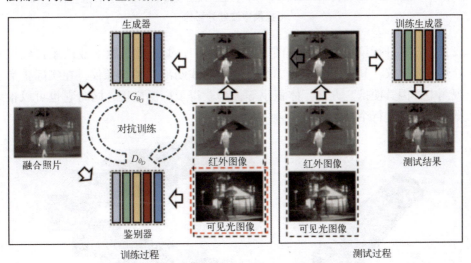

图 1.15 FusionGAN 方法实现图像融合框架

从实际的工程化应用成果来看，中国也相继发射了双波段态势感知卫星，如"资源一号"卫星，其主要由红外热像仪与可见光传感器共同组成双波段融合系统，通过融合算法增强成像系统的态势感知能力，其色彩传递及空间融合也是基于双通道系统和 YUV 色彩空间传递，如图 1.16 所示。目前，越来越多的研究机构都开展了图像融合领域的相关研究工作，图像融合领域的研究成果也不断地推陈出新。

随着融合技术的越发成熟，国内厂商也开始将图像融合技术应用到手持

图 1.16 拍摄自 KOMPSAT-3A 卫星。该卫星搭载一个红外传感器，
可提供中波红外影像

设备中，并进行量化生产。如图 1.17 所示，TrackIR 是一款专业的手持式红外热像夜视仪，其为 400×300 成像分辨率的非制冷红外热像仪，在实际生活观测中，因其便携、方便、体积小等优势获得了广泛应用，同时它也可以根据不同场景进行个性化观测。

(a) TrackIR手持式夜视仪

(b) 该热像仪根据不同场景定制不同观测画面

图 1.17 夜视仪装置

如图 1.18 所示，国内厂商生产的 SMA-X18 数字化单兵全彩夜视仪作为一款高倍率全彩红外夜视仪，加入了彩色化成像效果，并且该设备配备了可拆卸的红外辅助光源，进一步提升了系统的观测距离和使用范围。最大识别距离可达 180m，该产品无论是在光线充足或者全黑的环境下，都可以清晰拍摄到目标。目前，这款夜视仪已经广泛应用于军事单位侦察、边防武警巡视、

海事巡逻等领域。

(a) SMA-X18数字化单兵全彩夜视仪　　　　(b) 该夜视仪夜间全彩观察画面

图 1.18　全彩夜视仪

　　国内在深度学习方面，李辉等人在 2018 年提出用预先训练的 VGG（Visual Geometry Group）网络对红外与可见光图像进行融合，该算法实现对源图像的多层深度特征的提取与融合。2019 年，他们又用离线训练的 ResNet-50 提取源图像的深度特征并进行融合。ResNet-50 网络特征提取能力比 VGG 网络更加强大，融合效果更佳。这些模型的主要缺点在于需要借助离线训练的卷积神经网络（Convolutional Neural Network，CNN）模型作为特征提取器，并且模型不能自适应地选择或融合深度特征。针对上述问题，他们又提出一个新的融合算法名为 DenseFuse[8]，如图 1.19 所示。DenseFuse 是一个由编码

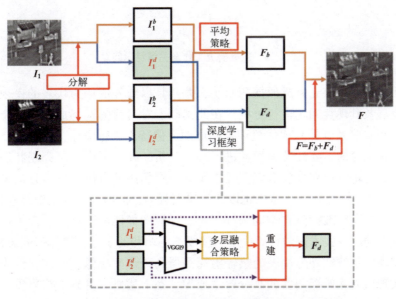

图 1.19　李辉等人提出的红外可见光图像融合方法框架

器和解码器组成的自编码网络。前向的编码网络用来提取特征，解码网络用来恢复融合图像。DenseFuse 网络结构可以实现更好的融合效果，但是仍需要手工设计融合策略，增加一定的计算复杂度。

1.2　本书主要章节组织安排

如图 1.20 所示，本书组织编排如下：

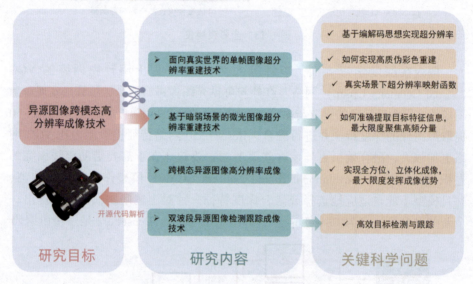

图 1.20　主要研究工作与关键科学问题

第 1 章对目前光电成像探测系统，尤其是以红外成像为代表的夜视成像技术发展及其现存问题进行分析，在此基础上对目前的远场成像中两个特殊波段（可见光及红外）成像机理及相应的成像特点进行概述，进而对双波段异源图像融合的重要性及迫切性进行阐述分析，并对国内外研究现状做出讨论，以此分析目前在高分辨率夜视成像系统中仍然具有研究价值且尚未得到解决的若干个技术难点，本书也以此为研究背景，借助于计算成像等新体制、新思想，重点突破探测器空间采样不足、异源图像匹配不准确、夜视成像器件单色性输出等技术瓶颈，解决不同波段不可调和的矛盾，整体研究思路是：如何实现以长波红外为代表的热辐射探测器高分辨率成像、如何在低光照条件下实现微光成像探测器的高分辨率成像，在上述研究基础上将可见光、微光、红外三个波段的成像信息优势互补，为实现跨模态异源图像全天候高分辨率成像提供一种简单而有效的手段，最后将其应用在目标探测、识别、跟踪等任务上，落实在实际的成像应用中。

第 2 章首先介绍了深度卷积神经网络（CNN）的发展背景、基础操作、5 种常见模型结构，以及常见的目标损失函数。将重点放在了基础知识上，从原理入手，提纲挈领逐渐剖析核心要义，由浅入深展开叙述，将 CNN 本质呈现在大家面前。随着人工智能研究的深入拓展，关于神经网络的相关书籍数量也呈现爆炸性增长，但万变不离其宗，理解核心理念是非常有必要的，本章内容几乎涵盖了 CNN 所有主题，尽可能选取最简单的示例将内容讲清楚，可以作为读者学习神经网络的起点。

第 3 章将对常用的原理与算法进行介绍，主要包括异源图像融合相关理论基础、图像超分辨率的相关基本原理、影响成像系统分辨率的几个因素以及如何实现图像超分辨率重建。

第 4 章主要研究内容为如何采用深度学习等计算成像中的新概念实现图像超分辨率重建，并针对目前深度学习超分辨率中存在映射函数与真实场景不匹配等问题，突出了面向真实世界的单帧图像超分辨率重建技术研究的重要性。在 4.2 节中利用机器视觉图像分割中编-解码的概念，将其编-解码的思想应用于图像超分辨率重建中。在 4.3 节中针对目前红外图像存在单色性成像的问题，对网络结构进行改进，实现图像的伪彩色重建，得到符合人眼视觉特性的彩色化图像。在 4.4 节中为了解决目前传统网络中存在映射函数与真实场景的映射偏差，提出了基于闭环回路的重建思想，同时学习图像重建的正向模型及逆向重建模型，使得网络的映射函数尽可能面向真实场景。在 4.5 节中利用光学成像中变焦的思想获得同一个场景下不同分辨率的图像，为后续研究提供尽可能符合物理模型的图像数据集。

第 5 章是关于如何在暗弱场景下实现微光图像的超分辨率研究工作。针对目前单一卷积网络特征提取不准确、深度网络中梯度消失等问题，构建了多尺度特征提取网络模型，整体架构为类金字塔模型，通过引入多尺度特征提取及结合残差通道注意力机制，使得网络准确聚焦在图像的高频成分，并通过分支重建将高频特征转发到网络的尾部，与此同时，采用金字塔模型可以有效减少网络的参量，为实现实时图像输出提供基础。

第 6 章是基于异源图像高分辨率成像的研究工作，简而言之，就是如何利用异源探测器之间的互补特性，采用语义分割、风格迁移等新思想，将图像融合问题转化为红外与可见光图像的结构和强度比例保持问题。突破传统探测器成像的诸多限制，获得对场景信息全方位、立体化成像，增强资源利用，最大限度发挥各自的成像优势，合理分配两种异质光谱信息比例，为传统单一成像探测器注入新的活力，实现超分辨率、全彩色、多模态的高质重建，为后续成像探测识别提供研究基础。

第7章介绍基于跨模态异源图像融合的目标检测与跟踪的方法。结合图像超分辨率方法与异源图像融合方法重建得到的跨模态高分辨率重建图像，解决传统单一探测器信噪比低、对比度差、动态范围低等问题造成的弱小目标跟踪难、识别不准确的应用难题，为安防监控、远场探测跟踪等任务提供了一个新思路与新方法。

第8章通过开源代码对单幅图像超分辨率重建流程做出进一步阐述，旨在为读者提供详细的介绍，以便充分了解如何构建一个端到端卷积神经网络。在这个过程中，涵盖了系统软硬件基础、网络环境配置、核心代码的构建以及网络组织架构的介绍等关键步骤。

通过以上的流程，读者将能够全面领会深度学习卷积神经网络的基础知识。将掌握系统软硬件基础、网络环境配置、核心代码的构建以及网络组织架构的概念和方法。这将为日后进行更复杂的深度学习项目打下坚实的基础，并有助于更好地理解和应用卷积神经网络技术。

第 **2** 章

深度卷积神经网络

2.1 引言

深度学习是机器学习领域中一个新的研究方向，也是机器学习领域中近年来发展最快的一个分支，在语音和图像识别方面具有突出优势，极大推动了人工智能技术的发展。

随着计算机硬件的发展，数据采集和计算能力不断提高，从而产生大量复杂数据，给传统机器学习模型带来了巨大挑战。在传统的机器学习中，功能的实现主要依据图像底层的信息特点，人工设计特征提取模型，特征工程决定了机器学习的天花板，而确定的特征工程仅适用于固定领域的具体应用，不仅费时费力，还难以推广到其他领域应用。在此基础上，深度学习模型应运而生。

研究发现，生物视觉皮层具有分层结构，通过明确分工的层次结构，可以极大降低生物视觉系统所需要处理的数据量，并且能够显著提高认知效率。2006 年，Hinton 和 Salakhutdinov[9] 在《科学》（*Science*）上发表论文，革命性地提出深度置信网络（Deep Belief Network，DBN）模型，如图 2.1 所示，通过逐层预训练方式消除深层次网络训练上的难度，并证明多层的网络结构具有鲁棒的特征学习能力，从此拉开深度学习广泛研究应用的序幕。

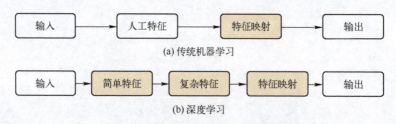

图 2.1　传统机器学习与深度学习对比

一般来说，深度学习指的是具有深层次网络结构、能够自主提取数据特征的机器学习算法，其本质是通过分层结构的分段信息处理学习样本数据的内在规律和表示层次。简单来说，相比于传统机器学习算法，深度学习利用自主学习特征取代人工特征工程，大幅提高任务最终性能，如图 2.1 所示。

值得一提的是，深度学习的概念是相对于浅层学习而言的，如最大熵模型、马尔可夫（Markov）模型等，意在突出网络结构层次深，二者主要区别有以下两点：一是深度学习模型中的非线性操作层级数更多，最高可达上千层；二是浅层学习的主要依据为人工经验获取特征，深度学习则可以通过对原始信号自动学习提取更高层级特征信息。

根据对不同类型的数据处理，深度学习的典型模型主要有卷积神经网络、深度置信网络、循环神经网络（Recurent Neural Network，RNN）等，由于CNN 在图像检测、分类和识别等领域已经取得显著进展，本书主要关注机器视觉领域中 CNN 的应用，其他模型不再详细展开。

卷积神经网络是一种包含大量卷积计算的深度神经网络，具有鲁棒的特征提取能力，是深度学习的典型代表之一，在图像处理、人脸识别、语音识别、目标检测与跟踪等领域具有广泛运用。

卷积神经网络的起源可以追溯到 20 世纪 60 年代，生物学家提出的高级动物视觉系统认知机理模型，即 Hubel-Wiesel 层级模型[10]。研究发现，在猫的视觉神经网络中，视觉处理遵循自上而下、逐层提取的原则，低阶超复杂细胞和高阶超复杂细胞之间的神经网络结构，与简单细胞和复杂细胞之间的神经网络结构类似，相同层级细胞拥有一致的工作特点，低阶细胞通常会选择性响应更简单的刺激模式，且对刺激模式的位置变化更敏感。这一发现为CNN 的提出和发展奠定了理论基础。

1980 年，福岛邦彦（Kunihiko Fukushima）受 Hubel-Wiesel 层级模型启发，开创性地提出一种神经认知机（neocognitron）模型[11]。该模型是一个多层神经网络模型，其结构由简单细胞层和复杂细胞层交替堆叠组成，如图 2.2所示。其中，简单细胞层对应于中低阶超复杂细胞，能最大限度地提取其输入层的局部特征，复杂细胞层对应于高阶超复杂细胞，对刺激位置不敏感。通过建立这种多层模型，可以有效提取局部特征，并将其组合以获得更高级别的信息。

1989 年，LeCun 等人提出卷积神经网络模型，这是神经认知机的一个重大改进。1998 年，LeCuu 等人进一步提出基于梯度学习的 LeNet 模型[12]，交替设置卷积层和池化层，利用特征提取优势进行图像识别，并将其成功应用于邮政系统，通过自动识别手写邮政编码进行包裹分拣，开启了 CNN 商业化运用的先河，为以后的发展奠定了坚实的基础。

2012 年，Krizhevsky 等人提出 AlexNet 模型[13]，在 ImageNet 图像识别与分类竞赛中力挫东京大学、牛津大学队伍以绝对优势一举夺冠，准确率超过以传统机器学习算法参赛的第二名 10% 以上，这也是第一个真正意义上的深度卷积神经网络。之后，越来越多的研究机构投入卷积神经网络研究中，相

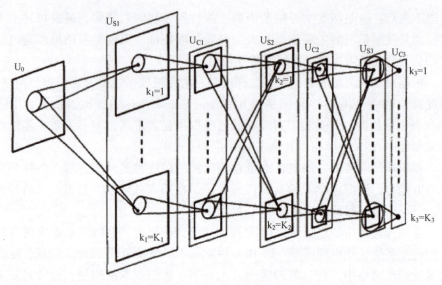

图 2.2　神经认知机模型

继提出 VGGNet 模型、GoogLeNet 模型、ResNet 模型等，并应用到多种产品中，逐渐开启卷积神经网络在计算机视觉领域的主导时代，如 Skype 语音实时翻译、Google 文本图像翻译、谷歌 AlphaGo 等。

2.2　CNN 基础操作

　　CNN 的本质是完成映射，通过其中一系列相对独立的功能单元，分别完成特征提取、非线性映射、下层采样、维度转换等功能，最终实现输入到输出的映射。与其他映射方法相比，CNN 从输入数据中提取大量特征信息，并以此为中间变量进行功能计算，以目标检测为例，功能单元实现的是从图像到类别、空间位置信息的映射；而一个用于语音识别的网络，功能单元则是实现从语言到文字的映射。

　　在 CNN 架构中，实现不同类型的功能单元一般称为"层"，典型的基本功能层主要有卷积层、池化层、全连接层等，这些基本层交替出现构成 CNN 的主体，如图 2.3 所示。除此之外，还有如空间变换层等复杂层，这些复杂层由多个模块组成，本节不再详细叙述，感兴趣的读者可以参考更全面的卷积神经网络相关书籍。

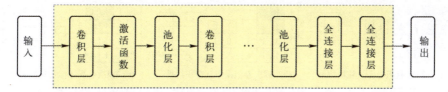

图 2.3 卷积神经网络基本流程

2.2.1 卷积操作

CNN 在机器视觉和图像处理领域中展现出突出优势，主要归功于其显著的特征提取能力，而这种特征提取的核心就是通过卷积层（convolutional layer）实现的。顾名思义，卷积层就是对输入数据进行卷积运算的单元层，这也是 CNN 区别于其他深度神经网络的关键。

卷积（convolution）是信号分析与处理中一种重要的运算方式，通过两个函数 f 和 g 生成第三个函数，表征函数 f 与 g 经过翻转和平移的重叠部分函数值乘积对重叠长度的积分，其本质是一种特殊的积分变换。其定义如式（2.1）所示，其中" $*$ "代表卷积运算，$f(n)$ 和 $g(n)$ 为卷积变量函数。

$$y(n) = f(n) * g(n) = \int f(t)g(n - t)\mathrm{d}t \tag{2.1}$$

对于离散信号，卷积形式表示为

$$y(n) = f(n) * g(n) = \sum f(t)g(n - t) \tag{2.2}$$

在卷积层中，对输入数据执行卷积运算以生成输出特征的部分称为滤波器（filter），也称为卷积核。通常来说，输入数据可能包含大量特征，仅利用单个滤波器无法独立完成特征提取。在实际运用中，CNN 一般包含多个卷积层，而每个卷积层内又包含一个或多个滤波器，这些滤波器对输入数据分别进行卷积运算，最终得到输出特征。由于卷积运算要求滤波器与输入图像完全重合，因此滤波器只与输入图像完全重叠的部分进行运算，输出图像一般小于输入图像。为了更直观理解卷积层工作原理，以二维信号为例，给定一个矩阵大小分别为 4×4 输入特征和一个 2×2 卷积滤波器，如图 2.4 所示。

其中，图 2.4（a）~（i）显示每个卷积步骤执行的计算，绿色阴影部分代表 4×4 输入特征中每次进行卷积操作的数据，对应的矩阵与滤波器矩阵大小相同，黄色部分即为 2×2 卷积滤波器，蓝色阴影为输出特征中每次卷积操作对应的卷积结果。可以直观看出，当滤波器沿着水平或者垂直方向逐步移动时，即采取步长为 1 的移动速度，完成卷积层功能需要进行 9 次卷积操作，

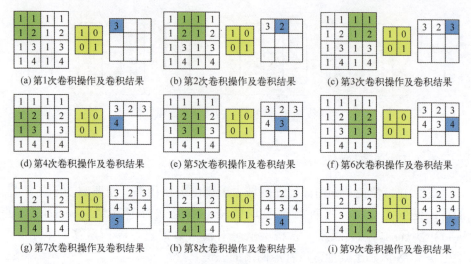

(a)第1次卷积操作及卷积结果 (b)第2次卷积操作及卷积结果 (c)第3次卷积操作及卷积结果

(d)第4次卷积操作及卷积结果 (e)第5次卷积操作及卷积结果 (f)第6次卷积操作及卷积结果

(g)第7次卷积操作及卷积结果 (h)第8次卷积操作及卷积结果 (i)第9次卷积操作及卷积结果

图 2.4 步幅为 1 的卷积层操作示例

最终卷积结果为 3×3 矩阵。在这里，步长称为卷积滤波器的步幅（stride）。

当步幅为 2 时，完成卷积层功能需要进行 4 次卷积操作，最终卷积结果为 2×2 矩阵，如图 2.5 所示。与步幅为 1 相比，增加步幅会导致输出特征图空间大小减小，这种维度缩减称为降采样操作。

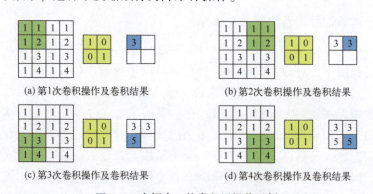

(a)第1次卷积操作及卷积结果 (b)第2次卷积操作及卷积结果

(c)第3次卷积操作及卷积结果 (d)第4次卷积操作及卷积结果

图 2.5 步幅为 2 的卷积层操作示例

对于尺寸为 $f×f$ 卷积核，输入特征尺寸大小为 $m×n$，步幅大小为 s，则输出特征尺寸可以表示为

$$m' = \frac{m-f+s}{s}, \quad n' = \frac{n-f+s}{s} \tag{2.3}$$

由式（2.3）可知，当网络层级较深时，输出特征尺寸越来越小，信息丢

失也越来越多。但是，在部分应用中，希望在不减小尺寸的基础上获取尽可能详细的特征信息，以实现高分辨率输出。这就需要在输入特征的周围进行零填充处理，如图 2.6 所示，其本质是通过增加输入特征维度避免卷积运算带来的维度损失，这在边缘信息的提取设计上提供了更多灵活性。

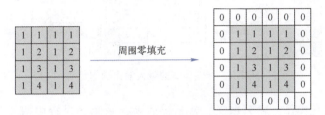

图 2.6　输入特征零填充示意图

在机器视觉中，输入信息往往是具有非常高的维度数，并且需要通过大量 CNN 模型进行处理，而滤波器往往会定义为远小于输入图像的尺寸，如通过 3×3 的滤波器处理 110×110 像素大小的图像。这种滤波器设计可以大大减小学习参数以提高运算效率，还可以确保从局部区域提取不同特征。同一卷积层的滤波器在分别进行特征提取后，还需要根据权重进行不同层次的组合，最终实现对复杂信息的充分描述。

2.2.2　池化操作

池化层是对输入数据进行池化（pooling）操作的单元层，往往出现在卷积层后。池化的本质是数据采样，通过特定的池化操作可以抑制噪声信号、降低网络规模，从而能在减少模型参数的同时避免过拟合现象，有助于利用尺寸较小的滤波器实现大尺寸特征学习。

与卷积操作类似，池化操作也需指定池化核尺寸和步长大小，对于尺寸为 $f×f$ 池化核，输入特征尺寸大小为 $m×n$，步幅大小为 s，则输出特征尺寸可以表示为

$$m' = \text{floor}\left(\frac{m-f+s}{s}\right), \quad n' = \text{floor}\left(\frac{n-f+s}{s}\right) \tag{2.4}$$

式中：floor 函数为取整函数，向下舍入。

常见的池化操作有最大池化和平均池化两种，为更直观理解池化操作，仍给定一个矩阵大小分别为 4×4 输入特征和一个 2×2 池化核进行步骤分解示意，其中池化步长均为 2。最大池化操作示例如图 2.7 所示，池化核在移动过程中，将覆盖范围内的最大值输出到下一层，形成输出特征。

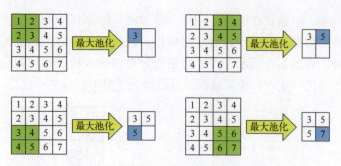

图 2.7　步幅为 2 的最大池化操作示例

平均池化操作，顾名思义，就是提取池化核移动过程中覆盖范围内的平均值，如图 2.8 所示。

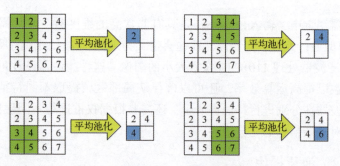

图 2.8　步幅为 2 的平均池化操作示例

值得注意的是，在 CNN 架构中，池化参数一般由人工定义，并不参与学习过程。

2.2.3　激活层

激活层是利用激活函数（activation function）实现非线性映射的单元层，一般位于卷积层后。卷积运算是线性运算的一种，线性运算堆叠仍是线性运算，因此，卷积层只能实现线性映射。而对于复杂问题，单纯线性映射难以实现精确描述，这就需要引入非线性函数（激活函数）增强网络映射能力。

从激活函数的作用可知，激活函数一定是非线性函数，但并非所有非线性函数都可以作为激活函数。激活函数需要满足非线性、可导性、单调性、计算简单、非饱和性的特点。除此之外，激活函数只针对输入数据的每个元素进行单独运算，不改变输入数据的维度。下面介绍几种典型激活函数，如图 2.9 所示。

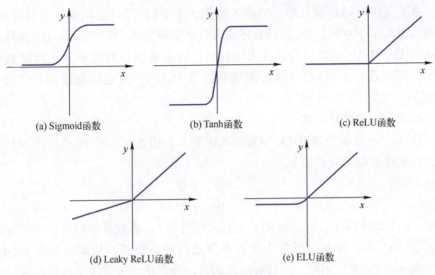

(a) Sigmoid 函数　　(b) Tanh 函数　　(c) ReLU 函数

(d) Leaky ReLU 函数　　(e) ELU 函数

图 2.9　典型激活函数

1. Sigmoid 函数

Sigmoid 函数形似 S 形函数，如图 2.9（a）所示，输出值域为（0，1），对每个神经元的输出进行归一化，其定义如下：

$$f(x) = \frac{1}{1 + e^{-x}} \tag{2.5}$$

Sigmoid 函数在早期的神经网络中得到广泛应用，但由于其输出不是以 0 为中心、计算量较大、梯度易消失等问题限制了激活层的使用。

2. Tanh 函数

Tanh 函数是双曲正切函数，形状和 Sigmoid 函数相似，如图 2.9（b）所示，输出值域为（-1，1），定义如下：

$$f(x) = \frac{e^x - e^{-x}}{e^x + e^{-x}} \tag{2.6}$$

Tanh 函数解决了 Sigmoid 函数输出不是 0 均值的问题，但当输入数据较大或较小时，输出梯度趋于 0 的问题仍然存在，这不利于权重更新。

3. ReLU 函数

ReLU（Rectified Linear Unit）函数是一种分段函数，如图 2.9（c）所示，定义如下：

$$f(x) = \begin{cases} x, x \geqslant 0 \\ 0, x < 0 \end{cases} \tag{2.7}$$

从定义中可以直观看出，当输入数据大于 0 时，ReLU 函数不进行处理，当输入数据小于 0 时，ReLU 函数将输入数据映射为 0。相比于 Sigmoid 函数和 Tanh 函数，ReLU 函数计算速度大幅提升，在输入为正时也不存在梯度饱和问题。但当输入为负时，ReLU 函数梯度完全为 0，且也存在输出均值非 0 问题。

4. Leaky ReLU 函数

Leaky ReLU 函数是 ReLU 函数的改进型，如图 2.9（d）所示，在 $x<0$ 区间进行其他处理，定义如下：

$$f(x) = \begin{cases} x, x \geqslant 0 \\ \alpha x, x < 0 \end{cases} \tag{2.8}$$

式中：α 为泄露因子，有效解决了负值区间内 ReLU 函数梯度问题。为更好选择 α 因子，可以将 α 因子作为学习参数进行训练更新，从而演变出 PReLU（Parametric ReLU）函数，或针对激活函数，独立从均值分布中随机产生一个 α 值并固定，即 R ReLU（Randomized Leaky ReLU）函数。

5. ELU 函数

为解决 ReLU 函数及其衍生函数没有解决的输出均值问题，又设计一种新的函数 ELU（Exponential Linear Unit）函数，定义如下：

$$f(x) = \begin{cases} x, x \geqslant 0 \\ \alpha(e^x - 1), x < 0 \end{cases} \tag{2.9}$$

如图 2.9（e）所示，ReLU 函数虽然解决了输出均值非 0 问题，但仍存在梯度饱和指数运算问题。

2.2.4　批归一化层

批归一化层（batch normalization），顾名思义，就是对输入进行归一化操作的单元层。在定义中，batch 指的是数据批量，批归一化就是把数据分成小批分别进行归一化处理，并且在每批数据前向传递时，对每一层都进行归一化处理。

事实上，在 CNN 架构中，归一化操作不一定独立存在，还有可能融合在其他单元层中，这种操作不仅出现在网络初始阶段，还存在于网络其他部分。那么为什么要进行归一化处理呢？

一般来说，在将数据传递到网络之前，通常会对数据进行预处理，其目的主要是控制输入数据范围，让输入值处于激励函数的敏感部分，从而保证模型容纳能力。常见处理步骤是：①归一化：将输入除以归一化为单位值的维度标准差；②均值减法（mean-subtraction）：通过减去均值使输入以 0 为中心；③PCA 白化（PCA whitening）：分别对输入进行标准化来减少不同数据维度间的关联。

以上操作通常只出现在数据预处理阶段，而批归一化层的位置则在卷积操作之后、激活函数之前。研究发现，在神经网络中，数据分布对训练会产生影响，网络层级越深，数据分布越在 0 附近。尤其是在使用了 Tanh 激励函数后，输出呈现激励函数饱和，即无论 x 如何扩大，Tanh 激励函数输出值都接近 1，换句话说，神经网络已经对较大的特征输入不再敏感。这就意味着，需要引入一种操作针对性解决这个问题，由此出现很多归一化方法，其中最常用的就是批归一化，定义如下：

$$Z_{norm} = \frac{Z_i - \mu}{\sqrt{\sigma^2 + \varepsilon}} \tag{2.10}$$

式中：Z_i 为输入数据；μ 为每一个小批平均值，即

$$\mu = \frac{1}{N} \sum_{i=1}^{N} Z_i \tag{2.11}$$

σ^2 为每个小批的方差，计算公式为

$$\sigma^2 = \frac{1}{N} \sum_{i=1}^{N} (Z_i - \mu)^2 \tag{2.12}$$

ε 为一个数值很小的定值，目的是防止方差为 0 产生无效运算。

通过计算可以看出，批归一化有以下显著优点：一是使输入数据的分布相对稳定，可以加速模型学习速度；二是降低模型对网络参数的敏感程度，使网络学习更加稳定；三是解决部分激活函数，如 Tanh 函数等带来的梯度消失问题。

2.2.5　全连接层

全连接层（fully connected layer）一般在 CNN 架构的最后部分，用于将二维特征信息转化为一维分类信息，起到分类作用，其原理示意图如图 2.10 所示。全连接层内的每一个节点都与上一层的所有节点分别相连，最终综合前面所有的节点提取特征。

在完整的 CNN 结构中，可以有一个或多个全连接层，下面以一层为例，如图 2.10 所示。二维输入信号需要先按照坐标顺序展开成一维信号，然后通过不同权值的全连接层分别连接，最终输出的是整合前一层输入中具有类别区分性的局部信息。对于同一输入信息来说，特征值相同、特征位置不同，

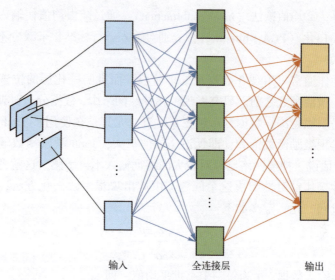

输入　　　　　　　全连接层　　　　　　　输出

图 2.10　全连接层原理示意图

可能会产生不同的分类结果。

由于全连接层的主要作用是进行目标分类，因此只有对实现分类有用的特征被输出，当输出的特征被组合在一起时，就实现了目标分类。

2.2.6　小结

本节介绍了组成 CNN 的基本单元层，包括卷积层、池化层、激活层和全连接层。随着机器视觉研究的不断发展，涌现出一批新的网络结构，但本节所介绍的这些基本单元层仍是 CNN 结构最核心的部分，因此仍然具有非常重要的学习意义，也为后续拓展建立基础。

2.3　常见的 CNN 模型结构

自著名的计算机科学家 Yann LeCun 于 1998 年在 *Gradient-Based Learning Applied to Document Recognition*[12]一文中提出了 LeNet-5 模型，开启了 CNN 商业化运用的先河后，CNN 模型结构经历了长时间的发展。2012 年，Hinton 等人提出 AlexNet 模型，并在当年的 ImageNet 大规模视觉挑战赛（ImageNet Large Scale Visual Recognition Challenge）中以绝对优势取得胜利。随后，VG-GNet、GoogLeNet、ResNet 相继面世，为 CNN 在计算机视觉领域的发展带来巨

大变革。本节将根据这些模型结构设计演变的自然顺序进行介绍。

2.3.1 LeNet

LeNet 作为最早提出的一种经典的 CNN 架构，主要适应领域为手写数字识别，已有大量的文献进行讨论。LeNet 性能优异，在邮政编码数字数据集上表现良好，受限于当时计算机硬件能力，未能在当时引起学术界与工业界的广泛关注。但这并不影响 LeNet 在卷积神经网络发展史上的重要地位，其基本思想与架构也对于学习其他 CNN 结构有着借鉴意义。大多数文献专注于其中一个版本，即 LeNet-5[12]。LeNet-1、LeNet-4 和 boost LeNet-4 通常不做回顾。本节同样以 LeNet-5 作为典型案例进行介绍，如对其他 LeNet 架构感兴趣，可以参考文献［14］。

LeNet-5 的网络结构并不复杂，主要包含卷积层、池化层、全连接层 CNN 基本模块。这些模块的操作已在 2.2 节进行了简单介绍。LeNet-5 的输入层为 32 像素×32 像素的图像，后接两个卷积层，每个卷积层后面是子采样层，最后是三个全连接层。LeNet-5 的结构图如图 2.11 所示。

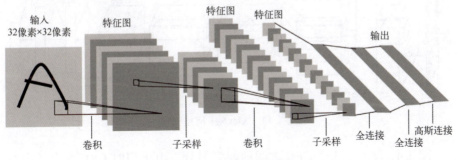

图 2.11　LeNet 网络架构

2.3.2 AlexNet

自 1998 年 LeCun 等人提出了 LeNet 后，因为受限于计算机硬件，卷积神经网络并未进入飞速发展阶段。进入 21 世纪后，CNN 的第一个突破口主要在硬件的革新上。2006 年，研究人员成功利用图形处理器（Graphics Processing Unit，GPU）加速了 CNN 算法[15-16]，为 2012 年 AlexNet[13] 的提出夯实了基础。

AlexNet 由 Krizhevsky 等人于 2012 年在 ILSVRC（the ImageNet Large Scale Visual Recognition Challenge）提出，他们通过加深 CNN 并进行参数优化来增

强 CNN 的学习能力[13]。这里简单介绍一下 ILSVRC。在 ImageNet 出现前，像 CIFAR（Canadian Institute for Advanced Research）这样的小型数据集被广泛使用。这些数据集可以满足机器学习模型学习基本的识别任务，但却不能代表生活中的大部分场景。ImageNet 包含超过 2 万种类别的 1500 万张图片数据。同时，ImageNet 举办了基于此数据集的长期赛事 ILSVRC。竞赛采用 ImageNet 一个超过 120 万张训练集、5 万张验证集、10 万张测试集的子集，每个子集具有 1000 个分类。AlexNet 在 2012 年以超过第二名近 10 个百分点的精度取得胜利，同时也宣告了计算机视觉深度学习时代的到来。

　　AlexNet 网络结构由 5 层卷积层和 3 层全连接层构成，其网络架构如图 2.12 所示。

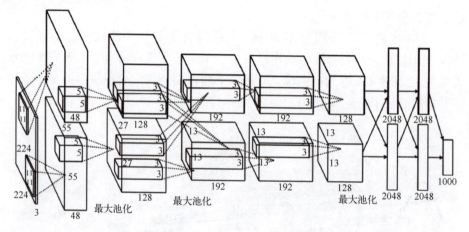

图 **2.12**　**AlexNet** 网络架构

　　图 2.12 显示了两个 GPU 之间的职责划分，由于当时 GPU 内存的限制，笔者在计算时使用了两个 GPU 进行拆分训练，因此架构图分为上下两部分。一个 GPU 在图的顶部运行图层部件，而另一个在底部运行层部件。

　　整个网络架构包含 5 个卷积层、3 个全连接层，共 8 个参数层。最终输出层将输入图像分为 ImageNet 数据集中的 1000 种分类之一，所以最终输出层包含有 1000 个单元。输入层为 $224 \times 224 \times 3$ 输入图像，第 1 个卷积层具有 96 个大小为 $11 \times 11 \times 3$ 的内核，步幅为 4 像素。第 2 个卷积层将第 1 个卷积层（归一化、池化）的输出作为输入，并用 256 个大小为 $5 \times 5 \times 48$ 的内核过滤它。第 3、第 4 和第 5 个卷积层相互连接，没有任何干预池化或归一化层。第 3 个卷积层有 384 个大小为 $3 \times 3 \times 256$ 的内核连接到第 2 个卷积层（归一化、池化）的输出。第 4 个卷积层有 384 个大小为 $3 \times 3 \times 192$ 的内核，第 5 个卷积层有 256 个大小为 3 × 3 × 192 的内核。每个全连接层有 4096 个神经元。转换后 AlexNet 网络架构如图 2.13 所示。

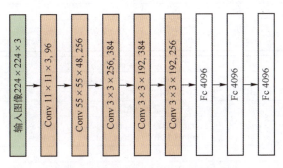

图 2.13　转换后 AlexNet 网络架构

AlexNet 使用 ReLU 取代 Tanh 作为激活函数。使用 ReLU 的深度 CNN 训练比使用 Tanh 训练速度快了几倍。在 CIFAR-10 数据集的表现上来看，具有 ReLU 的 4 层卷积神经网络达到 25% 的训练错误率需要 6 次迭代，而使用 Tanh 的等效网络则需要 37 次迭代。

2.3.3　VGGNet

随着卷积神经网络在计算机视觉领域成功商业化，研究人员进行了许多尝试来改进 Krizhevsky 等[13] 的原始架构，以获得更好的准确性。牛津大学视觉几何组（Visual Geometry Group）同 Google DeepMind 公司一起研发了新的卷积神经网络，并命名为 VGGNet。VGGNet 架构[17] 在 2014 年 ILSVRC 竞赛中获得亚军，尽管它并未赢得 ILSVRC，但自 2014 年提出被广泛用于提取图像特征。与 AlexNet 相比，VGGNet 模型深度更深，最多有 19 层，同时也讨论了模型深度与网络表现能力的关系。VGGNet 反复使用 3×3 卷积核代替了如 AlexNet 中的 11×11 卷积核，逐层构建至 19 层的卷积神经网络，减少了计算量。重复多次使用小规模卷积核，构建更深的网络结构的思路在之后也被广泛使用。

VGGNet 同 AlexNet 的架构相似，如图 2.14 所示，从配置上看，VGGNet 使用了 5 组卷积层（Conv），每组卷积层后接一个最大池化层（maxpool），最后是 3 个全连接（Fully Connected，FC）层。配置的深度增加从左（A）到右（E），随着添加更多图层（添加的图层以粗体显示），深度从左边的 11 层到右边的 19 层。相比于 AlexNet，VGGNet 的卷积层数量明显增加，甚至在 E 型网络中达到了 19 个层级。全连接部分与 AlexNet 并无不同。

卷积网络					
A	A-LRN	B	C	D	E
11 weight layers	11 weight layers	13 weight layers	16 weight layers	16 weight layers	19 weight layers
输入（224×224彩图）					
conv3-64	conv3-64 **LRN**	conv3-64 **conv3-64**	conv3-64 conv3-64	conv3-64 conv3-64	conv3-64 conv3-64
最大池化					
conv3-128	conv3-128	conv3-128 **conv3-128**	conv3-128 conv3-128	conv3-128 conv3-128	conv3-128 conv3-128
最大池化					
conv3-256 conv3-256	conv3-256 conv3-256	conv3-256 conv3-256	conv3-256 conv3-256 **conv1-256**	conv3-256 conv3-256 **conv3-256**	conv3-256 conv3-256 conv3-256 **conv3-256**
最大池化					
conv3-512 conv3-512	conv3-512 conv3-512	conv3-512 conv3-512	conv3-512 conv3-512 **conv1-512**	conv3-512 conv3-512 **conv3-512**	conv3-512 conv3-512 conv3-512 **conv3-512**
最大池化					
conv3-512 conv3-512	conv3-512 conv3-512	conv3-512 conv3-512	conv3-512 conv3-512 **conv3-512**	conv3-512 conv3-512 **conv3-512**	conv3-512 conv3-512 conv3-512 **conv3-512**
最大池化					
FC-4096					
FC-4096					
FC-1000					
soft-max					

图 2.14　VGGNet 网络架构

作为 2014 年 ILSVRC 竞赛的亚军，VGGNet 在 ILSVRC-2012 数据集的表现不俗。ILSVRC 竞赛通常使用 top-1 error 和 top-5 error 两种度量判断一个神经网络的分类性能高低。前者是多类分类误差，即错误分类图像的比例；后者作为 ILSVRC 中使用的主要评估标准，其计算方法为分类图像不在 top-5 预测分类中的比例。图 2.15 所示为 VGGNet 在 ILSVRC-2012 数据集上的分类结果比较，容易发现，当网络深度增加时（A→E），top-1 error 与 top-5 error 明显下降，性能显著提升，这说明网络深度与分类性能之间是存在一定关联的。

卷积网络	最小图像面		top-1测试错误率/%	top-5测试错误率/%
	训练(S)	测试(Q)		
A	256	256	29.6	10.4
A-LRN	256	256	29.7	10.5
B	256	256	28.7	9.9
C	256	256	28.1	9.4
	384	384	28.1	9.3
	[256;512]	384	27.3	8.8
D	256	256	27.0	8.8
	384	384	26.8	8.7
	[256;512]	384	25.6	8.1
E	256	256	27.3	9.0
	384	384	26.9	8.7
	[256;512]	384	25.5	8.0

图 2.15　**VGGNet 性能表现**

2.3.4　GoogLeNet

GoogLeNet[18]是 Google 公司推出的基于 Inception 模块的深度神经网络模型，该模型在 2014 年的 ImageNet ILSVRC 中夺得了冠军，并在之后的几年持续改进，形成了 Inception V2、Inception V3、Inception V4 等版本。本节主要介绍最初提出的 GoogLeNet，也称为 Inception V1。这种架构的主要标志是提高了网络内部计算资源的利用率。这是通过精心设计来实现的，该设计允许增加网络的深度和宽度，同时保持计算预算不变。

GoogLeNet 在卷积神经网络架构中引入了 Inception 模块的新概念，通过拆分、变换和合并思想整合了多尺度卷积变换。Inception 模块架构如图 2.16 所示。模块包含了不同大小的滤波器（1×1、3×3 和 5×5），从某种意义上来说，"Inception module" 的新型卷积层表现形式是一种新层次的组织方式，以 Inception module 的堆叠构建神经网络直接增加了网络的深度。

2.3.5　ResNet

残差网络（Residual Network，ResNet）是由 He 等[19]提出，并在 2015 年 ImageNet ILSVRC 斩获冠军。相比 2014 年冠军 GoogLeNet 6.7%的 top-5 错误率，ResNet 达到了惊人的 3.6%，在神经网络性能方面实现了巨大突破。

卷积神经网络的发展从最早的 LeNet 开始，到 AlexNet，再到 VGGNet、GoogLeNet，发展的方向一致专注于网络架构的深度。这是基于一个假设：当

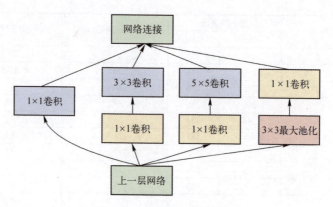

图 2.16 **Inception 模块架构**

网络深度增加时，神经网络的分类性能随之提高。这个假设也在实践中得到证实，从 LeNet、AlexNet 的 8 层网络到 VGGNet 的 19 层，再到 GoogLeNet 的 22 层，神经网络的性能显著提升。但是，令人诧异的是，当网络层级再次加深时，这个假设被打破了，更深的网络层级反而有着更高的误差。如图 2.17 所示，56 层的神经网络相比 20 层的神经网络在 CIFAR-10 数据集上的表现存在显著差异，56 层的神经网络性能明显弱于 20 层的神经网络。

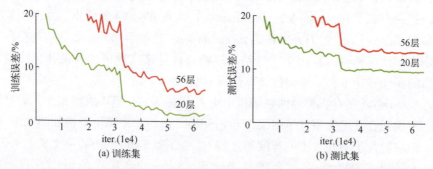

图 2.17 **CIFAR-10 数据集 20 层与 56 层神经网络表现对比**

当深度神经网络开始收敛时，就会暴露出一个退化问题（degradation）：随着网络深度的增加，精确度会达到饱和，然后迅速下降。这个退化问题并不是由过拟合导致的，并且对一个深度网络模型添加更多的层将会导致更高的训练误差[20-21]。随着网络深度的增加，反向传播的梯度逐渐减小，最终导致梯度消失，并且网络越深，反向传播的梯度下降越慢，使浅层网络的梯度无法更新，训练没有突破。

为解决此退化问题，He 等人提出了一种残差学习（residual learning）方法，其结构如图 2.18 所示。残差学习结构接受前一层的输入 X 后，正常通过卷积层向下输出为 $F(X)$，在残差学习法中，输出结果既包含卷积学习结果 $F(X)$，又包含前一层的输出数据 X，即 $F(X)+X$ 输出到下一单元。这使得下一层网络结构可以获得上一层结构的完整信息，并重新进行学习，然后向下输出。如果每个新添加的层都可使用恒等映射（identity mapping）来构建，那么深层的网络模型的训练误差应该不会大于浅层网络模型。

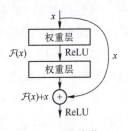

图 2.18　残差学习结构

具体公式表述如下：

$$y = F(X, \{W_i\}) + x \qquad (2.13)$$

式中：x、y 为每一层的输入向量和输出向量；$F(X, \{W_i\})$ 为每一层需要学习的残差映射，F 为残差函数，这时输入与输出保持相同的维度。此操作称为短路连接（shortcut connection）。当 x 与 F 维度不同时，使用投影短路对 x 进行投影短路（projection shortcut）操作，其公式表达如下（投影短路仅用于解决维度匹配问题，其中 W_S 代表线性映射）：

$$y = F(X, \{W_i\}) + W_S x \qquad (2.14)$$

　　ResNet 包含两种残差学习单元，图 2.19（a）是标准残差模块，包含两个 3×3 卷积层，适应于网络层数较少的情形，如 ResNet-34。图 2.19（b）适应于 ResNet-50/101/152，其残差单元对于每个残差函数 F，使用三层堆叠。这三层分别是 1×1、3×3 和 1×1 卷积层，首先使用 1×1 卷积减少维度，最后用 1×1 卷积恢复维度。图 2.19（b）的参数数量小于图 2.19（a），适应于更深的神经网络。

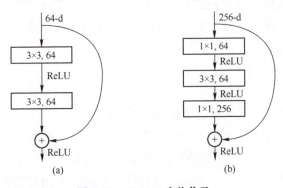

图 2.19　ResNet 残差单元

34 层 ResNet 神经网络架构，图 2.19（a）代表的是 19 层 VGGNet 网络架构，图 2.19（b）是包含残差学习单元的 34 层 ResNet。从整个架构上看，ResNet 同 VGGNet 结构相似，多次使用 3×3 卷积核，但在堆叠卷积层时，加入了残差单元用于解决梯度消失问题。实线表示使用恒等映射，这时输入和输出保持同样的维度。当维度增加时，使用填充或者投影短路。通过使用残差单元，成功将神经网络深度加深至 50/101/152 层，并在加深神经网络的同时解决了梯度消失问题。

2.3.6　小结

本节按照神经网络的提出顺序逐次介绍了 LeNet、AlexNet、VGGNet、GoogLeNet 和 ResNet 共 5 种经典的神经网络模型。通过了解这些经典的神经网络，对其架构形成一个基本的认识，能够对学习其他 CNN 架构知识带来帮助。神经网络的架构并不局限于文中所提到的这些，随着计算机硬件与算法的发展，卷积神经网络也在持续发展，如 Dense Net，Highway Networks，Inception V3、V4 等也是经常使用的神经网络。如希望更细致地了解卷积神经网络的历史与发展，可阅读相关文献。

2.4　常见目标损失函数

在自主学习后，CNN 最终要面临算法学习是否为最优解问题，这就需要人为构建一个目标函数（objective function），通过标记样本预测结果与真实值之间的关系反向传播指导网络学习，进而优化机器学习算法的模型。选择合理的目标函数，是优化学习算法的前提，一旦目标函数确定，下面只需要解决如何优化的问题。

损失函数（loss function）又称为代价函数（cost function），用来衡量模型的预测值与真实值之间的差异，是一个非负实值函数。损失函数值越小，代表模型拟合越好，但同时也会带来函数过于复杂的过拟合问题。

损失函数通常出现在模型的训练阶段，通过计算网络预测值和已知的真实值之间的差异，反向作用模型用以更新各个参数，从而使预测值逐渐靠近真实值，以达到学习目的。下面介绍几种常见的损失函数以供参考，在实际选择损失函数时，应选取合理，将数据的主要特征嵌入损失函数，并依据函数优点组合使用，进而有效提升模型准确度。

2.4.1　交叉熵损失函数

交叉熵（cross entropy）损失函数，又称柔性最大（softmax）损失函数，是目前最常用的分类目标函数，用于评估训练得到的概率分布与真实分布的差异情况，定义如下：

$$L_{cross-entropy} = -\frac{1}{N} \sum_{i=1}^{N} \sum_{j=1}^{M} y_{ij} \log(p_{ij}) \tag{2.15}$$

式中：N 为样本数量；M 为目标类别的数量；y_{ij} 为符号函数（0 或 1），当样本预测值与真实类别相符取 1，反之为 0；p_{ij} 为每个类别的概率：

$$p_{ij} = \frac{x_{ij}}{\sum_{j=1}^{M} x_{ij}} \tag{2.16}$$

$L_{cross-entropy}$ 的值越小，说明模型输出的预测值与真实值越接近，即模型的拟合效果越好，下面通过两个模型预测结果进一步加深对公式的理解。给定一个包含一个样本的示例 1，即 $N=1$，如表 2.1 所示。

表 2.1　样本模型 1

值	目标 1	目标 2	目标 3
真实值	0	0	1
预测值	0.1	0.2	0.7

则 $L_{cross-entropy}1 = -(0 \times \log 0.1 + 0 \times \log 0.2 + 1 \times \log 0.7) \approx 0.15$。

给定一个包含一个样本的示例 2，$N=1$，如表 2.2 所示。

表 2.2　样本模型 2

值	目标 1	目标 2	目标 3
真实值	0	0	1
预测值	0.3	0.3	0.4

则 $L_{cross-entropy}2 = -(0 \times \log 0.3 + 0 \times \log 0.3 + 1 \times \log 0.4) \approx 0.40$

通过上述示例可以明显看出，模型 1 的交叉熵值更小，说明其模型预测效果明显优于模型 2。

2.4.2　平均绝对误差损失函数

平均绝对误差损失（Mean Absolute Error，MAE）函数，也称 L_1 损失函

数，描述的是样本预测值和真实值之间绝对误差的平均值，表示预测值平均误差幅度，定义为

$$L_{MAE} = \frac{1}{N} \sum_{i=1}^{N} |f(x_i) - y_i|$$ (2.17)

式中：$f(x_i)$ 为模型预测值；y_i 为真实值；L_{MAE} 的值越小，说明模型输出的预测值与真实值越接近，即模型的拟合效果越好。平均绝对误差损失函数的优点是平等处理所有误差值，有着稳定的梯度，但同时由于大部分情况下梯度相等，不利于函数的收敛。对于上面的示例，同样可以用平均绝对误差损失函数来解释。

$$L_{MAE}1 = |0.1-0| + |0.2-0| + |0.7-1| = 0.6$$
$$L_{MAE}2 = |0.3-0| + |0.3-0| + |0.4-1| = 1.2$$

通过上述计算可知，模型 1 的平均绝对误差损失值更小，模型预测效果好于模型 2，这与交叉熵损失函数的计算结果也是一致的。

2.4.3　均方差损失函数

均方差损失（Mean Squared Error，MSE）函数，描述的是样本预测值和真实值之间差的平方，常用于回归问题处理中，定义为

$$L_{MSE} = \frac{1}{N} \sum_{i=1}^{N} (f(x_i) - y_i)^2$$ (2.18)

式中：$f(x_i)$ 为模型预测值；y_i 为真实值；L_{MSE} 的值越小，说明模型输出的预测值与真实值越接近，即模型的拟合效果越好。均方差损失函数的目的是通过平方运算放大误差，当差值大于 1 时会放大误差，当差值小于 1 时则会缩小误差，这也是由平方运算决定的。对于上面的示例，同样可以用均方差损失函数来解释。

$$L_{MSE}1 = (0.1-0)^2 + (0.2-0)^2 + (0.7-1)^2 = 0.14$$
$$L_{MSE}2 = (0.3-0)^2 + (0.3-0)^2 + (0.4-1)^2 = 0.54$$

通过上述计算可知，模型 1 的均方差损失值更小，模型预测效果好于模型 2，这与上面两种函数的计算结果也是一致的。当样本中出现少量与真实值差异较大的预测值时，均方差损失函数会受到较大影响，无法充分描述模型预测结果。

2.4.4　小结

本节介绍了三种典型目标损失函数，用于评价神经网络模型，核心思想

是通过已知的真实值与网络预测值进行比较，利用差值反作用于神经网络，进而优化网络模型。损失函数通常出现在模型训练阶段，引入一系列简单函数描述真实值与预测值之间的关系，其值越小，说明模型拟合越好，通过选择合适的损失函数，可以有效进行网络优化。

2.5　网络参数与超参数

深度卷积神经网络（Deep Convolutional Neural Network，DCNN）作为深度学习领域的重要模型，在计算机视觉、自然语言处理等多个领域展现出了卓越的性能。其中，网络参数和超参数的设置至关重要。网络参数包括卷积层和全连接层的权重以及偏置项，通过训练过程的优化算法进行调整，直接影响着 DCNN 的特征提取和分类准确性。合理的参数设置对于模型的性能至关重要，因此后续将深入研究如何初始化和调整这些参数。

另外，超参数是在训练 DCNN 之前必须预先设置的参数，如学习率、批量大小、迭代次数、卷积核大小和网络深度等。超参数的选择对于训练和性能同样至关重要。不恰当的超参数选择可能导致训练不稳定，影响训练速度和模型性能。因此，本节将深入讨论如何选择和调整这些超参数，以便在不同任务和数据集上获得最佳性能。通过深入了解 DCNN 中的网络参数和超参数，能够更好地理解它们的作用和影响，以及如何根据具体任务和数据集来优化和调整它们。这将为 DCNN 的应用提供更多洞察力和指导，有望在各个领域中推动其更进一步的发展。

2.5.1　参数和超参数区别

卷积神经网络作为一种深度学习模型，在计算机器视觉、自然语言处理等领域取得了显著的成功。其中，每一层都具有一定数量的参数，而这些参数可以分为参数（parameters）和超参数（hyperparameters）两类。在使用 CNN 进行模型训练和优化时，参数和超参数是两个重要的概念。

参数指的是卷积神经网络中可被学习和更新的变量。在 CNN 中，参数是指连接各个神经元的权重。通过反向传播算法，CNN 会自动学习和更新这些参数，以最小化损失函数。参数的数量取决于模型的结构和层数，它们直接影响模型的表达能力。

超参数是在模型训练之前设置的一组固定值，它们不能通过反向传播来学习和更新。而是由研究人员根据经验和实验进行调整。超参数的取值对于模型的训练和优化非常重要。常见的超参数包括学习率、批尺寸（batch size）、迭代次数、卷积核大小等。通过合理调整超参数的取值，可以改善模型的输出结果。

参数是卷积神经网络中可被学习和更新的变量，其数量取决于模型的结构和层数。而超参数是在模型训练之前设置的一组固定值，可以通过调整其取值来影响模型的性能。参数随着模型的训练而不断更新，而超参数需要根据实验进行调整。参数直接影响模型的表达能力，而超参数则影响模型的训练和优化过程。

在卷积神经网络中，参数和超参数分别扮演着不同的角色。参数是可被学习和更新的变量，直接影响模型的表达能力。而超参数是固定的设定值，影响模型的训练和优化过程。深入理解参数和超参数的区别，对于构建和优化卷积神经网络模型具有重要意义。

2.5.2　参数类别

参数在卷积神经网络中根据学习能力可细分为可学习参数和非可学习参数两类。可学习参数是指在模型训练过程中通过反向传播自动学习和更新的参数，它们直接影响模型的表达能力和性能。这些参数包括卷积层和全连接层中的权重矩阵、偏置向量等。通过梯度更新算法，模型通过最小化损失函数来优化这些可学习参数，使其能够更好地拟合训练数据。

非可学习参数是指在模型训练之前就设置好的固定值，不能通过反向传播进行学习和更新。这些参数也称为超参数，需要通过经验和实验来调整和选择。常见的超参数包括学习率、批尺寸、迭代次数、卷积核大小等。调整合适的超参数取值对于模型的训练和优化过程至关重要，可以影响模型的性能和收敛速度。

理解和管理这两类参数的不同，对于构建和优化卷积神经网络模型非常重要。在实践中，需要注意调整超参数以获得最佳的模型性能，同时利用学习算法自动更新可学习参数来提高模型的表达能力。

同时，在网络不同的作用上，参数可分为以下几种：

1. 网络参数

（1）网络层与层之间的交互方式（相加、相乘或者串接等）。

（2）卷积核数量和卷积核尺寸，卷积核的核参数是模型参数。

（3）神经网络层数（也称深度）。

（4）隐藏层神经元（hidden units）个数。

（5）输出神经元的编码方式。

（6）神经元激活函数。

2. 优化参数

（1）学习率（learning rate）α 以及学习因子下降参数（learning rate decay）。

（2）批尺寸。

① 说明：批样本越大，可以充分利用矩阵、线性代数库来进行计算的加速；批样本越小，则加速效果可能越不明显。批样本太小还会导致更新进入局部最小值；相反，如果太大，权重的更新就不是很频繁，导致优化过程太漫长。

② 选取：根据数据集规模、设备计算能力去选取。

因此，采用一些可接受的其他超参数值，根据不同的批量大小去匹配网络。绘制准确度与时间的关系来确认更优数值。

（3）不同优化器的参数。例如，动量梯度下降算法参数：β；Adagrad 算法参数：ε；Adadelta 算法参数：β，ε；Adam 算法参数：β。

（4）损失函数及其可调参数。

3. 正则化参数

1）正则化系数 η

增大 η 会导致更小的权值 w，表示网络的复杂度更低；对数据的拟合较好，而在实际应用中，也验证了这一点。

2）权重衰减系数

机器学习过程中，常出现过拟合现象。当网络过拟合时网络权值也会逐渐变大。权重衰减系数可调节模型复杂度对损失函数的影响，避免模型出现过拟合。

3）随机失活（dropout）

当训练一个深层神经网络时，随机丢弃一部分神经元（同时丢弃其对应的连接边）来避免过拟合的方法称为丢弃法。丢弃的神经元是随机选择的。

2.5.3　超参数调优

1. 优化原因

卷积神经网络（CNN）的超参数优化是一个关键步骤，因为它直接影响模型的性能和效果。在深度学习中，超参数是指那些不会被模型自动学习的参数，而是需要人工设置和调整的值。这些超参数包括学习率、批处理大小、层的数量、每个层的神经元数量等。

超参数的选择不当可能导致模型的训练不稳定，收敛速度慢，性能低下，甚至无法收敛到一个满意的结果。因此，进行超参数调优是至关重要的，它可以帮助人们找到最适合模型和任务的超参数组合。

超参数调优的过程通常涉及多次训练模型，每次训练使用不同的超参数设置。这意味着需要花费大量的计算资源和时间来完成这个过程。但一旦完成，就可以得到一个最优的超参数组合，使模型能够达到最佳性能，提高了模型在实际任务中的表现。

通过超参数优化，可以在数据集上实验，从而验证了这一过程的重要性。这进一步强调了超参数调优在卷积神经网络和深度学习项目中的必要性。通过正确的超参数设置，可以更好地利用 CNN 的能力，以获得更准确、更高效的模型，从而在各种应用领域取得鲁棒、适用的结果。

2. 优化策略

作为自动化机器学习（auto-machine learning）领域的一个重要分支，卷积神经网络结构搜索的目的是针对目标任务、场景或者数据，在预先设定的搜索空间中自动搜索出最优的网络结构。早期简单的神经网络结构如多层感知器，通常只需要人工设定网络层数、每一层的神经元个数和激活函数类型，这个过程可以称为超参数优化。而深度神经网络结构包含更加复杂的结构，需要设定每一层的操作类型以及层间连接关系等网络拓扑结构。神经网络结构搜索的基本框架如图 2.20 所示，通常可以将整体流程分为：搜索空间、搜索算法和性能评估策略三个部分。首先由搜索算法在预先定义的搜索空间中对候选网络结构进行采样，然后通过性能评估策略得到这些候选网络结构的性能评估值，再将这一信息反馈给搜索算法，更新其搜索参数并进行下一次的采样搜索，经过迭代训练和最优化搜索，最终得到最优的神经网络结构。

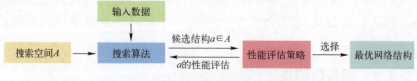

图 2.20 神经网络结构搜索的基本框架

在构建好搜索空间后，需要设计一个快速、高效的搜索算法去探索空间中的候选网络结构，以实现最优网络结构的搜索。搜索算法往往需要根据搜索空间大小、搜索时间、计算代价等要求进行设计。神经网络结构的搜索过程可以分为控制器（controller）和网络性能评估器（evaluator）两个部分。其中，控制器是核心搜索算法，负责从当前生成的网络结构和评估器反馈的网络结构性能中学习，更新搜索算法的参数，并生成更好的网络结构。评估器负责对控制器生成的候选网络结构在目标任务上进行性能评估。这两个过程通常是交替进行的，这样就使得控制器生成的网络结构逐渐逼近最优性能。设计控制器的核心是选择有效的搜索策略，目前主流的搜索策略包括随机搜索（random search）、贝叶斯优化（Bayesian optimization）、进化算法（evolutionary algorithm）、强化学习（reinforcement learning）和基于梯度搜索的方法（gradient-based method）。在早期的研究工作中，随机搜索是一种常用的超参数优化方法，但是神经网络结构搜索空间较大，简单的随机搜索需要消耗大量的计算资源。因此，目前随机搜索常用作其他搜索策略的基准对比算法。贝叶斯优化是一个适用于黑盒函数优化问题的全局优化框架，它包含：概率代理模型（probabilistic surrogate model）和采集函数（acquisition function）两个关键要素。其中，采集函数主要用于生成下一个待评估的数据点。在每一轮迭代中，概率代理模型会对当前所生成的数据点根据其对应的目标函数观测值进行拟合，而采集函数会基于概率代理模型（如高斯过程）的预测分布来评估候选采样点的效用，同时对探索（exploration）和开发（exploitation）进行平衡。贝叶斯优化最早在超参数优化领域取得了良好的效果，但是由于标准的贝叶斯优化通常采用高斯过程作为概率代理模型，只适用于低维连续优化问题，因此没有在神经网络结构搜索领域得到广泛的应用。

神经网络模型最初的灵感来自作为自然进化产物的神经系统。直观地说，将进化算法应用于人工神经网络结构的优化可能会提高其性能。事实上，20多年前，进化算法不仅广泛用于搜索神经网络结构，而且还用于搜索网络权重，这也称为神经进化。具体来说，进化算法是一种基于种群的随机搜索算法，它模拟自然界中的物种进化或种群行为，主要包括遗传算法、遗传编程和粒子群优化等。因其适用于求解高度复杂的非线性问题，进化算法已广泛应用于解决非凸优化问题以及黑盒优化问题。近年来，将进化算法用于深度神经网络结构搜索的开创性工作是由 Google Brain 团队提出的 LargeEvo 框架。随后出现了许多代表性工作。目前，大多数基于强化学习的方法都存在延时奖赏的问题，即 RNN 控制器在自回归地做出每一步动作选择时，无法评估这一步选择的好坏，需要生成完整的网络结构后才能获得反馈，这大大影响了其搜索效率和稳定性。当搜索空间变大时，这个问题将会对搜索过程产生更大的影响。

由于对神经网络结构的描述和设计通常是离散的（从固定候选操作和连接方式中选择），上述基于强化学习和进化算法的方法都是在离散空间中进行搜索的。然而，搜索空间将随着候选操作数量的增长呈指数级增长，因此目前基于强化学习和进化算法的搜索策略普遍具有较大的搜索代价，难以满足实际应用需求。连续空间的搜索策略将离散的结构映射到连续的空间，构建可微分的超网络结构并进行基于梯度下降的优化，再将优化得到的结构分布映射为离散空间中相应的结构，具有搜索效率高、形式简单等特点。

其中开创性的工作是 Liu 等人提出的可微分结构搜索框架 DARTS，其首先构建了一个包含所有候选操作的超网络结构，并将整个超网络看作一个有向无环图（Directed Acyclic Graph，DAG）。然后赋予每一条边一个连续的可学习结构参数，这样就可以利用基于梯度的优化方法对超网络的权重参数（weight）和结构参数（architecture parameter）进行联合优化。搜索过程结束后，可以根据每一条边上候选操作的权重大小获得最终的网络结构。该搜索框架相比于基于强化学习和进化算法的搜索算法，大幅提高了搜索效率，首次将 CIFAR-10 数据集上的搜索代价缩短到了 1.5 GPU 天。

3. 学习率和批尺寸

学习率（learning rate）和批尺寸是卷积神经网络中两个常见的超参数，它们对模型训练和优化有着重要的影响。

学习率是控制参数更新步长的超参数。在训练过程中，模型通过计算损失函数的梯度来更新可学习参数。学习率决定了每次参数更新的幅度。较小的学习率可以使模型更稳定地收敛，减少参数更新的幅度。这有助于避免参数跳过局部最优解，但可能导致训练时间较长。另外，较大的学习率可以加快模型的训练速度，但过大的学习率可能导致参数在优化过程中不收敛或错过最优解。

选择合适的学习率取决于数据集、模型结构和优化算法等因素。常见的优化算法（如随机梯度下降法）通常具有学习率衰减（learning rate decay）机制，可以在训练过程中逐渐减小学习率，从而平衡收敛性和训练速度。

批尺寸是指在每次迭代训练中使用的样本数。在训练过程中，样本数据被划分成多个批次，每个批次的样本用于计算损失函数的梯度和参数的更新。较小的批尺寸会产生更多的参数更新，使训练过程更加灵敏，但也会增加计算开销。此外，较小的批尺寸可能导致梯度估计的噪声增加，从而影响模型的稳定性。相反，较大的批尺寸会减少参数更新的频率，减少噪声，但也可能消耗较多的内存。

选择合适的批尺寸需要在时间效率和模型性能之间进行权衡。通常，在训练初始阶段，使用较大的批尺寸可以加快收敛速度。然后，随着训练过程的进行，逐渐减小批尺寸可以提高模型的泛化能力和稳定性。

学习率和批尺寸是卷积神经网络中需要仔细调整的两个超参数。合理选择学习率可以平衡模型的收敛性和训练速度，而合适的批尺寸可以在时间效率和稳定性之间找到平衡点。根据具体任务和数据集的不同，需要通过实验和调整参数来找到最佳的学习率和批尺寸取值，以达到优化模型和获得良好性能的目标。

4. 学习率调优

学习率调优是卷积神经网络训练过程中重要的一环，它可以帮助人们找到最佳的学习率取值，以提高模型的性能和收敛速度。

下面是一般的学习率调优流程。

（1）初始设定学习率范围：首先，需要设置一个学习率的初始范围。通常，会选择一个较小的初始学习率作为起点，如 0.1 或 0.01。

（2）学习率衰减策略：为了逐渐减小学习率，可以使用学习率衰减策略。在 PyTorch 中，常见的学习率衰减策略包括：

① 学习率衰减器（learning rate scheduler）：可以根据预定义的规则，在训练的每个阶段调整学习率。常见的衰减策略有余弦退火衰减、步进式衰减等。

② 学习率衰减的表达式：在某些情况下，可以使用数学公式来计算学习率的衰减规则。

③ 训练过程中的学习率调整：在训练过程中，可以根据模型的性能进行动态的学习率调整。例如，当模型的性能不再改善或损失函数停止减小时，通过减小学习率来提高模型的鲁棒性，并帮助其更好地适应数据。

5. PyTorch 中常见优化器

深度学习中一般使用梯度下降来求解网络的参数，一个网络的训练完成往往需要花费大量时间和计算资源，但理想的优化方法可以加快网络的训练速度。目前，大部分神经网络中都使用随机梯度下降（Stochastic Gradient Descent，SGD）法作为网络训练的优化方法，但是随机梯度下降法在网络训练过程中学习率一直保持不变，需要额外手动设置学习率的变化。

在 PyTorch 中，可以使用各种优化器来自动调整和更新学习率，常见的优化器示例包括：

随机梯度下降是深度神经网络中常用的优化方法之一。它是一种用于训练神经网络的迭代优化算法，旨在最小化损失函数，从而使神经网络的参数逐渐调整以提高性能。

SGD 法的核心思想是基于每个训练样本的梯度来更新模型参数，而不是基于整个训练数据集的梯度。这是为了加速训练过程，特别是在大型数据集上，因为计算整个数据集的梯度通常会非常耗时。下面是 SGD 法的工作流程：

步骤 1：初始化参数。首先，需要初始化神经网络的参数，通常是随机选择的一组值。

步骤 2：随机选择样本。从训练数据集中随机选择一个样本。

步骤 3：计算梯度。对于选择的样本，计算损失函数相对于模型参数的梯度。这个梯度告诉人们在当前参数设置下，如果朝着哪个方向改变参数，就可以降低损失函数的值。

步骤 4：更新参数。使用计算得到的梯度来更新模型的参数。SGD 法使用一个称为学习率的超参数来控制参数更新的步长。较小的学习率会导致收敛较慢但更稳定，而较大的学习率会导致更快的收敛但可能不稳定。

步骤 5：重复。重复步骤 2~步骤 4，直到满足某个停止条件，如达到最大迭代次数或损失函数收敛到某个阈值。

SGD 法的优点是它的计算开销相对较小，因为它只需要计算一个样本的梯度。但它也有一些缺点，如可能会陷入局部极小值，需要精心调整学习率，以及可能存在随机性。

为了改进 SGD 法，人们提出了许多其他的优化方法，如动量优化、Adagrad、RMSprop 和 Adam 等。这些方法在不同情况下表现更好，但 SGD 法仍然是一种常见且有效的优化方法，特别是在大型神经网络的训练中。

Adagrad 优化器是一种有着自适应学习率的梯度下降优化算法，它会对更新不频繁的参数使用较大的学习率，对频繁更新的参数使用较小的学习率。核心算法在于将每个参数，以及与这个参数之前迭代的目标函数历史所有梯度均值总和平方根相除实现缩放的效果。随着迭代的进行，梯度所累加的值越来越大，也会对参数的缩放效果越来越好，这会让学习率逐渐下降最终趋近于 0。它在一定程度上代替了手动调整学习率的方法，在稀疏数据和不均衡的数据上有着良好的适应性。

Kingma 提出的适应性矩估计（Adaptive Moment Estimation，Adam）优化算法。Adam 优化器融合了 Adagrad 优化器自适应学习率和动量梯度下降中的指数加权平均的均值特点。Adam 优化器首先求出指数加权平均的梯度动量，再用另一个指数加权平均参数计算除以梯度平方的加权均值，在两者经过偏差修正后使用 Adagrad 优化器的方法对新的更新梯度进行缩放。可以使网络权值更新的学习率从梯度均值和梯度平方均值两个角度进行自适应调节，而不只依赖于当前的梯度值，可以使网络训练的计算更加高效，训练曲线更加平滑。

Adam 优化器与 SGD 优化器有所区别的是，Adam 优化器结合了梯度中的一阶矩和二阶矩，即当前以及过往梯度的均值和平方的均值，可以在网络训练过程中根据训练损失自动更新学习率。Adam 优化器主要有以下优势：

（1）在 Kreas 中实现简单，超参数具有良好的可解释性，基本无须调整参数。

（2）加快网络收敛速度，计算高效，占用内存较少。

（3）记录了梯度的均值，这个操作可以在每一次进行梯度更新时，更新的梯度与前一个梯度保持较小的差值，有利于保持梯度的更新趋势的平稳，针对不稳定的目标函数的情况也同样适用。

（4）记录了梯度的方差，可以在不同参数的情况下产生自适应的学习率。

2.5.4　小结

深度卷积神经网络（CNN）的性能往往受到参数和超参数设置的显著影响。在实践中，精心调整和优化这些设置可以使 CNN 在不同领域和任务中展现出卓越的性能。通过对参数的精确调整，可以使 CNN 更好地适应特定任务的数据，提高模型的拟合能力。而超参数的调优则类似于微调模型的"触角"，它能够在各种选择中找到最佳组合，以获得最佳性能。这个过程可能需要多次尝试和实验得到正反馈，通过海量数据的拟合及参数优化可以使 CNN 在不同问题上取得更好的结果。参数和超参数的优化是 CNN 训练中不可或缺的步骤，它能够优化模型性能，使 CNN 在广泛的应用领域中发挥出色的作用。

第 **3** 章

基于深度学习的红外与微光图像处理理论基础

3.1　异源图像融合相关理论基础

对于一些特殊场景，如雨、雪、雾等环境因素、障碍物遮挡、目标遮蔽、光线暗度和传感器本身固有的一些特性，使得单个传感器所获取的特定场景图像信息不够全面，无法用于详细描述场景。因此，为了更好地满足现场观测的需要，利用多种类型传感器可以获得更多的场景信息，最大限度地提取源图像中包含的图像特征信息，最后利用相应的融合规则生成高质量、多特征的重建图像。

异源图像探测器融合不仅可以输出更符合人眼视觉感知的图像，而且能为后续的目标检测、目标识别和目标分析处理等提供更多有效的信息。图像融合技术能充分利用不同源图像中所含的成像特性，通过合理分配和使用不同源图像信息，借助不同的源图像在空间或时间上的冗余性和互补信息进行信息融合，从而由一个维度下的图像输出多维度、多源感知的融合图像。与任何一幅源图像相比，融合图像包含的数据或目标信息更丰富，并且融合图像能更准确地反映场景或目标的真实情况。

在异源图像融合规则中，相应的冗余信息是指由不同种类的传感器在同一场景中所获得的图像数据信息，这种冗余信息代表着各自传感器的成像特质，并且可以通过某种转换规则实现信息的传递及互换，充分利用这些冗余信息，可以有效提高系统对场景的表达能力。互补性信息是指通过不同成像机理的探测器获得同一场景下全方位的信息表达，充分利用互补信息弥补单一传感器因成像机理所导致的固有信息缺失。因而，与任何一幅源图像相比，融合图像具有更高的可信度和更多的特征信息，能够更好地满足对场景或目标探测的应用需求。

3.1.1　红外与可见光成像机理

可见光传感器是通过对反射光和光源光线的捕捉产生电信号，从而得到对应的图像。可见光属于人眼可以感知的波长范围，因此输出的图像也是最符合人眼视觉感知系统的图像类型。可见光图像通常具有分辨率高、细节纹理信息丰富、色彩饱满等特点，可以提供更多的高频信息及彩色信息，有助于对目标进行检测、识别以及处理等过程。可见光传感器技术目前较为成熟，市场上已经有许多高质量低成本的可见光传感器（1μm 像元大小），并且已经搭载在日常用到的智能手机中。日常生活中，可以通过智能手机获得高分辨率、高动态范围的可见光图像。但是，可见光传感器受到光线和环境的影响较大，在夜晚低光照、雨雪大雾等恶劣环境下，其成像能力较差。

红外传感器的工作原理是将物体的红外辐射转为电信号，从而实现对目标信息的获取。根据普朗克（Planck）定律，物体的绝对温度超过−273.15℃，就会向外界环境辐射红外能量。在其他条件相同的情况下，物体的温度越高，它所散发出来的红外辐射也越大。一般将红外分成近红外、短波红外、中波红外和长波红外。其中，近红外的波长为 0.75～1.1μm，短波红外的波长为 1.1～2.5μm、中波红外的波长为 3～5μm，长波红外的波长为 7～14μm。具体光谱波段范围如图 3.1 所示。

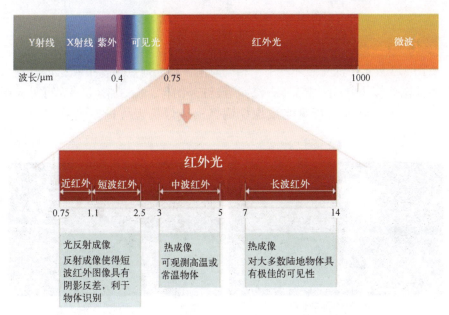

图 3.1　夜视成像装备光谱范围与具体成像波段

根据红外传感器的成像原理，只要被探测目标与其所处的背景环境有温度差就可以成像，因此可以对自然界中一切发热的物体进行感知。红外传感器可以全天候进行工作，能够克服雨雪、大雾等恶劣天气的影响，抗干扰性能力强，并且产生的图像能够反映出环境中各个物体的热度信息，这在可见光图像中是无法展现的。但是由于受到制作工艺、工作条件、功耗成本等因素的限制，红外传感器的像元尺寸比可见光传感器的像元尺寸更大，因此红外图像的分辨率较低，红外图像细节纹理信息较差，并且目前的红外成像探测器均存在非均匀性、背景噪声、锅盖效应等固有成像缺陷，如图 3.2 所示。

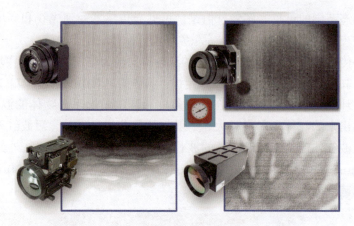

图 3.2 红外成像探测器所产生的固定背景噪声

图 3.3 展示了低光照环境下，相同时间、相同地点条件下拍摄的红外与可见光图像。其中，图 3.3（a）为长波红外图像，图 3.3（b）为可见光图像。基本上对红外与可见光成像探测器的成像机理可以归纳总结为以下几点[22]：

(a) 长波红外图像   (b) 可见光图像

图 3.3 低光照环境下，相同时间相同地点条件下拍摄的红外与可见光图像

（1）在图像分辨率方面，受到传感器制作工艺、工作条件以及功耗成本等因素的影响，一般可见光图像分辨率要高于红外图像。

（2）在像素灰度方面，由于红外和可见光两种不同的成像原理，两者图像中的相同位置在灰度值上存在差异，甚至出现差异较大的情况。

（3）在成像质量方面，在环境光照条件良好的情况下，可见光图像具有丰富的细节特征信息，并且图像色彩丰富，对比度高，符合人类的视觉感知系统。相比来说，红外图像主要反映的是场景中的热度信息，相比于可见光成像探测器部分细节纹理性信息丢失，且图像是灰度图像，视觉感知效果较差。

（4）在成像条件方面，可见光图像易受外界环境干扰，在夜间低光照、雨雪、大雾等恶劣环境下，容易受到光照条件、遮挡物等因素的影响，抗干扰性较差。由于红外图像的热辐射感知特性，能够全天候并且在恶劣的天气环境下进行工作，抗干扰性能力强。

可以看出，红外图像与可见光图像之间有着密切的联系与区别，两者具有互补性。因此，可以充分利用这两类图像进行图像融合，从而得到具有高分辨率、图像信息丰富的融合图像。尤其是在夜间环境下，红外与可见光图像融合可以有效提升低光照环境下图像的信息量，从而达到夜间图像增强的目的，也有利于在低光照环境下进行目标探测。

3.1.2　异源图像融合基本流程与算法

由于研究对象、目的、应用场合等因素存在不同程度的差异，因此图像融合方式也各有不同。图像融合流程示意图如图 3.4 所示。

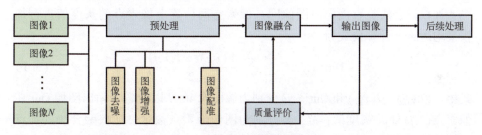

图 3.4　图像融合流程示意图

在采集图像时，经常会产生一些背景噪声，它们有可能来源于摄影器材、传感器和光学介质等，它们的存在会使图像产生噪点。若使用这些含有噪点的图像进行融合，融合后的图像也会包含这些噪点，这将导致融合后的图像失真、降质。利用不同的算法先对原始图像进行一系列的变换和改进，称为图像预处理过程。在图像预处理过程中，主要目的是将无效干扰信息去除，保留有效的原始信息并对特征信息进行强化。原图像经过合适的预处理后，再进行图像融合，它的融合效率及成像效果都将得到显著提升。

目前，对图像降噪常用的方法是对图像进行滤波或者平滑处理。例如，均值滤波法、中值滤波法、高斯滤波法等是图像滤波中较为常用的方法，可以减少散粒噪声，使图像更加柔和自然。

另外，对不同传感器获得的图像融合而言，图像配准是在图像融合之前必不可少的一步。一般而言，待融合的图像来自不同传感器，它们获取信息的位置是不同的，它们中表现的同一个物体，在各自图像上的大小方向可能都是不同的。从不同传感器获得图像没有对准的话，它们的融合结果将会非常模糊，严重影响图片质量。不同图像在空间上差得越多，最终融合出的图像就越模糊。因此，首先需要对图像进行配准变换，再进行图像融合，这样可以提高融合图像的准确性和清晰度。图像配准的步骤是，先对原图像提取与选择特征，提取出图像的关键特征点，将它们匹配起来，得到特征点在各自空间上的关系，再根据得到的映射关系利用投影变换将两幅图像中的特征点逐个对齐，继而完成两幅图像配准。在获得两幅空间坐标位置相同的图像后，最关键的一步就是如何对多幅图像进行加权融合。

1. 空间域融合方法

通常，基于空间域的融合方法是直接在图像的像素灰度空间上进行融合，如加权融合法、主成分分析法、基于调制的图像融合法、颜色空间融合法等。

1）加权融合法

加权融合法是直接异源图像同一像素空间位置上像素点的灰度值进行加权平均运算，计算公式为

$$\text{Out}(i,j) = \sum_{i=0}^{M} \sum_{j=0}^{N} \frac{V(i,j) + I(i,j)}{2} \tag{3.1}$$

式中：$V(i,j)$、$I(i,j)$ 和 $\text{Out}(i,j)$ 分别为源图像 V、I 以及融合输出图像 Out 在像素点 (i,j) 处的灰度值；M、N 分别为图像像素点数量。加权融合法的优点是算法简单，易于实现，提高了图像信噪比等。但这种方法所获得的融合图像对比度低，边缘模糊，特别是对单一图像中重要信息特征弱化严重。所以，这种方法在大多数情况下不能满足应用需求。

2）主成分分析法

考虑多源信息的重要性不同于系统的要求，在进行多源图像融合之前，可以先用主成分分析法将多幅源图像缩小为少数图像。然后采用主成分分析的原理，通过计算图像的协方差矩阵得到特征值和特征向量，再根据特征向量优化设计各个图像的分配权重，从而得到融合图像。

3）基于调制的图像融合法

图像融合中常用的调制方法的基本思想是将其中一幅图像进行归一化，再作为比例因子与另一幅图像进行相乘，然后在同一空间进行量化处理，主要分为基于对比度的调制方法与基于灰度的调制方法。

4）颜色空间融合法

颜色空间融合的原理是将图像数据转换为不同的颜色通道。例如，可以将 RGB 图像转换到 HSI 空间，分别利用不同颜色空间的映射特性，利用某一通道或几个通道间的转换关系，重新获得一个伪彩色的重建图像。这类算法的关键在于如何采用合适的颜色空间进行转换，得到符合人类的视觉特征的图像，保留或增强特征信息，增强信息感知能力。

2. 变换域融合算法

基于多尺度变换的图像融合规则框架如图 3.5 所示。该算法主要包括以下几个步骤：首先对异源图像进行多尺度分解得到高低频信息；其次通过不同的融合规则对高低频系数进行加权融合；最后对处理后的高低频信息进行逆变换，得到重建的融合图像。多尺度分解方法的选择和不同维度下图像所采用的融合策略是该融合方法中的两个关键点。常见的分解方法有基于金字塔变换的图像融合方法[23-24]、基于小波变换的图像融合方法[25]、基于多尺度几何变换的图像融合方法[26-28]。在融合规则设计方面，通常有加权平均和最大值优先两种方法。

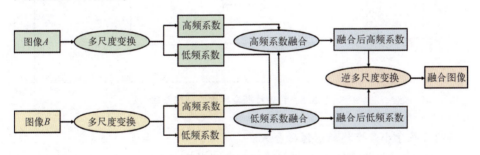

图 3.5　基于多尺度变换的图像融合规则框架

1）基于金字塔变换的图像融合方法

图像融合中的拉普拉斯金字塔变换分为分解与重建两部分。首先，通过对源图像进行低通滤波和降采样，得到不同维度下的高斯（Gauss）金字塔图像；其次，对高斯金字塔图像做差值膨胀，并通过低通平滑滤波得到相应的膨胀序列图像，与其对应的高斯金字塔图像之间的差为拉普拉斯金字塔图像。

该方法是将低通高斯窗口函数和金字塔底层图像卷积，之后进行降采样获得近似图像，降采样后采用低通高斯窗口函数卷积和降采样。反复进行这些步骤可获得高斯金字塔图像。在此过程中，高斯金字塔中每一级图像都在前一层图像经过低通滤波后的间隔下采样：

$$G_l(i,j) = \sum_{m=-2}^{2} \sum_{n=-2}^{2} \omega(m,n) G_{l-1}(2i+m, 2j+n) \tag{3.2}$$

式中：$1 \leq l \leq N$，$0<i<C_l$，$0<j<R_l$。$G_l(i,j)$为第 l 层的高斯金字塔图像。G_0 为原始图像，是金字塔图像中最底层的图像；N 为高斯金字塔的总层数；C_l 为第 l 层高斯金字塔子图像的列数；R_l 为第 l 层高斯金字塔子图像的行数。

拉普拉斯金字塔的分解原理如图 3.6 所示。

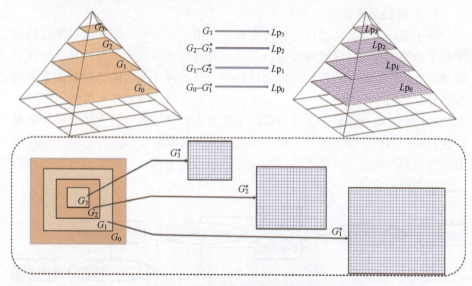

图 3.6　拉普拉斯金字塔的分解原理

2）基于小波变换的图像融合方法

小波变换是与传统金字塔方法相似的一种图像处理方法，它主要是通过建立小波变换函数。因为连续小波变换的冗余性很大，所以一般采用离散小波变换。而在图像融合技术中，通常采用马拉特（Mallat）二进制离散小波。对于离散小波变换，基本原理为对原始图像进行低频分量与高频分量的提取，在提取低频分量的同时获得在其他三个维度上的高频信息。图 3.7 所示为离散小波变换图像分解示意图。

3）基于多尺度几何变换的图像融合方法

针对小波变换只能反映图像奇异点处的信息，而难以表达诸如边缘等细节的信息特征固有缺陷，在图像表示领域结合人眼视觉感受机制提出了最优图像评价指标。一是多尺度性：能够反映图像在不同尺度、不同维度下的信息，实现全方位的评价；二是方向性：能够提供更多的方向性的信息尺度。

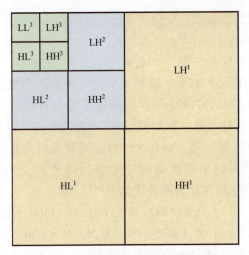

图 3.7　离散小波变换图像分解示意图

目前，提出的多尺度几何分析方法主要有脊波（ridgelet）变换、曲波（curve-let）变换和轮廓波（contourlet）变换等均满足人类视觉皮层对图像的有效表示的三个要求。而且这些变换所采用的基函数的支撑区间均表现出更高的方向敏感性，即具有"各向异性"，因此它们比小波分析能更好地表现边缘特征，更适合于进行稀疏的图像表示。

3. 彩色图像融合算法

一般的图像融合为灰度图像融合，可以先将可见光图像转换到其他色彩空间保留下可见光图像颜色信息，再加入融合图像中，形成彩色融合图像。

人们根据不同的场景和需求定义了多种色彩模型，可在多维度空间坐标上描述色彩，这种定义的坐标系称为色彩空间。一般用到的色彩空间主要有 RGB、HSV 等。色彩空间又分为线性变换色彩空间和非线性变换色彩空间。线性变换色彩空间有 YIQ、YUV 等，非线性变换色彩空间有 HSV 空间、归一化 RGB 空间等。

1）RGB 色彩空间

RGB 色彩空间使用三个分量红色（R）、绿色（G）和蓝色（B）对颜色进行叠加。这种叠加色法是一种利用人类眼睛的功能原理，即通过加入不同强度的红光、绿光、蓝光，可以重现可见的颜色。

其最大的优点就是看起来很直观，人们容易理解。但是它对于亮度和色度属性没有分开，欧几里得（Euclid）距离不能应用于正确捕获色差，R、G、B 之间都高度相关。此外，它对照明变化和噪声也非常敏感。在 RGB 色彩空间下，可以通过线性或非线性变换推导出其他的色彩空间。

2）YCbCr 色彩空间

YCbCr 是色彩空间的一种，Y 表示亮度分量，Cb 表示蓝色浓度偏移量，Cr 表示红色浓度偏移量。YCbCr 通常用于视频或是数字摄影系统中，它是联合图像专家组提出的 JPEG1992 图像压缩标准的组成部分。YCbCr 是从 RGB 色彩空间直接进行线性变换。如果基础 RGB 色彩空间是绝对颜色，则 YCbCr 色彩空间也是绝对色彩空间。YCbCr 色彩空间将亮度分量（Y）与色度分量（Cb 和 Cr）分开，可以采用更高的带宽分通道传输，实现海量数据传输。YCbCr 与 RGB 色彩空间相互转换公式如下[29]：

$$
\begin{bmatrix} Y \\ Cb \\ Cr \end{bmatrix} = \begin{bmatrix} 0.299000 & 0.58700 & 0.11400 \\ -0.16875 & -0.33126 & 0.50000 \\ 0.50000 & -0.41869 & -0.01831 \end{bmatrix} \begin{bmatrix} R \\ G \\ B \end{bmatrix} \quad (3.3)
$$

$$
\begin{bmatrix} R \\ G \\ B \end{bmatrix} = \begin{bmatrix} 0.9117 & -0.1565 & 1.402 \\ 1.045 & -0.2644 & -0.7141 \\ 1 & -1.722 & 0.0 \end{bmatrix} \begin{bmatrix} Y \\ Cb \\ Cr \end{bmatrix} \quad (3.4)
$$

3）YIQ 色彩空间

YIQ 色彩空间的 Y 分量表示亮度，而 I 和 Q 分量表示色度分量。YIQ 既应用在电视系统中，也应用在某些图像处理中。例如，在 RGB 空间中应用直方图均衡化可能会更改图像的颜色平衡。因此，应用于图像的 Y 通道的直方图均衡化只会使图像的亮度级别归一化，并且将保留颜色信息。YIQ 是与 RGB 色彩空间之间的线性变换。假设 R、G、B 和 Y 的范围是 0~1，即 $I \in [-0.5957, 0.5957]$ 和 $Q \in [-0.5226, 0.5226]$，则下列等式分别给出了 YIQ 的正变换和反变换。

$$
\begin{bmatrix} Y \\ I \\ Q \end{bmatrix} = \begin{bmatrix} 0.298936 & 0.587043 & 0.114021 \\ 0.595946 & -0.274389 & -0.321557 \\ 0.211497 & -0.522911 & 0.311413 \end{bmatrix} \begin{bmatrix} R \\ G \\ B \end{bmatrix} \quad (3.5)
$$

$$
\begin{bmatrix} R \\ G \\ B \end{bmatrix} = \begin{bmatrix} 1 & 0.955999 & 0.620999 \\ 1 & -0.271999 & 0.647000 \\ 1 & -1.105999 & 1.703001 \end{bmatrix} \begin{bmatrix} Y \\ I \\ Q \end{bmatrix} \quad (3.6)
$$

4）HSV 色彩空间

HSV 色彩空间创建于 1978 年，这个模型中颜色的三个分量分别是色调（H）、饱和度（S）和明度（V）。色调分量（H）代表一种真实的颜色，如红色、黄色、绿色、青色、蓝色、洋红色等，它包括了这些颜色相互之间的混合色。色调所显示的颜色其实是取决于对不同波长光的反射。饱和度分量（S）代表色纯度。它可以衡量白色稀释了多少真实色彩。低百分比的 S 通道产生较淡的颜色，而高百分比的 S 通道则产生较深的颜色。若降低 S 值，就是去饱和度，相当于增加了图像的白度。明度分量（V）表示色彩所展现的亮度。它测量真实颜色与黑色（即零坐标）的偏离。若降低 V，则相当于增加图像的黑度。

HSV 色彩空间设计为 RGB 颜色立方体的变形。换句话说，HSV 是描述 RGB 模型的不同坐标系。

六边形锥的中心垂直轴是灰轴，明度（V）是沿着灰度轴进行变化的，它的最低点是黑色，最高点是白色。色调（H）和饱和度（S）则对应了平面六边形上具体的点，色调（H）是绕灰轴的一个有角度的向量，用得最多的颜色分类如下：0°代表红色，并以 60°为间隔分别表示黄、绿、青、蓝、品红 5 种颜色。饱和度（S）则表示在垂直于灰轴的平面上离中心的距离，它的最大距离是根据色调的变化而变化的，即是那些在平面六边形上的边界。若色调（H）未定义，饱和度（S）沿灰轴等于 0。

RGB 和 HSV 模型之间正向和反向转换的算法如下：

$$\begin{cases} R = R/255 \\ G = G/255 \\ B = B/255 \\ C_{max} = \max(R, G, B) \\ C_{min} = \min(R, G, B) \\ \Delta = C_{max} - C_{min} \end{cases} \tag{3.7}$$

$$V = C_{max} \tag{3.8}$$

$$S = \begin{cases} 0 & , C_{max} = 0 \\ \dfrac{\Delta}{C_{max}} & , C_{max} \neq 0 \end{cases} \tag{3.9}$$

$$H = \begin{cases} 0° & , \Delta = 0 \\ 60° \times \left(\dfrac{G' - B'}{\Delta} + 0 \right) & , C_{max} = R' \\ 60° \times \left(\dfrac{B' - R'}{\Delta} + 2 \right) & , C_{max} = G' \\ 60° \times \left(\dfrac{R' - G'}{\Delta} + 4 \right) & , C_{max} = B' \end{cases} \tag{3.10}$$

假设 $0°{\leqslant}H{<}360°$，$0{\leqslant}S{<}1$，$0{\leqslant}V{\leqslant}1$，反向转换公式如下：

$$\begin{cases} C=V{\times}S \\ X=C{\times}(1-|(H/60°)\bmod 2-1|) \\ m=V-C \end{cases} \quad (3.11)$$

$$(R',G',B')=\begin{cases} (C,X,0), & 0°{\leqslant}H{<}60° \\ (X,C,0), & 60°{\leqslant}H{<}120° \\ (0,C,X), & 120°{\leqslant}H{<}180° \\ (1,X,C), & 180°{\leqslant}H{<}240° \\ (X,0,C), & 240°{\leqslant}H{<}300° \\ (C,0,X), & 300°{\leqslant}H{<}360° \end{cases} \quad (3.12)$$

$$(R,G,B)=((R'+m){\times}255,(G'+m){\times}255,(B'+m){\times}255) \quad (3.13)$$

4. 深度学习图像融合算法

神经网络通常是由许多神经元组成的，多个神经元之间相互传递信息以及对信息进行拟合，通过海量的样本进行学习，具有较好的容错性及高拟合度，因此，广泛地应用于机器视觉、图像处理等应用中。

早期多采用脉冲耦合神经网络（Pulse Coupled Neural Network，PCNN）或其变体进行图像融合。在 1999 年，有学者首次利用 PCNN 建立了基于生理学启发的理论模型[30]。验证了 PCNN 的可行性和优越性。在此基础上，学者提出了很多基于 PCNN 的图像融合方法[31-33]。基于 PCNN 的图像融合一般采用多尺度变换，将源图像分解为高频特征和低频特征，再利用 PCNN 及其变体进行融合，得到融合后的高频和低频两种特征。通过反向变换得到融合结果。

近年来，人们一直在寻找更简单的特征提取和融合方法，而基于深度学习的相关方法正好能满足这一需求。经过大量的训练数据训练一个端到端的网络，通过训练得到的网络直接对融合图像进行特征提取和融合，生成融合图像。

2016 年，Liu 等人提出了基于卷积稀疏表示的图像融合方法[34]。其超分辨率方法与卷积神经网络图像融合方法不同，图像中的超分辨率特征仍是深度特征。首先提取多层及多维图像特征，再利用多层特征生成融合图像。随后在 2017 年提出了基于 CNN 的图像融合技术[35]。用不同模糊程度的图像作为输入图像，对网络进行训练，得到决策图，然后根据决策图进行融合生成。CNN 模型可以在没有人工设计的情况下，对信息量进行提取和融合规则的制定。同年，有学者提出了基于 CNN 的融合框架，并解决了多个曝光的图像融合问题。该系统采用 Siamese 网络结构，由两层 CNN 组成，重构网络由三层

CNN 构成。将两幅待融合图像输入特征提取网络，得到两组原始图像的特征，再利用融合策略进行融合，并输入重建网络进行融合。

虽然两种 CNN 框架都取得了很好的融合效果，但是仍然存在一些不足，如训练数据不足、难以进行网络训练等，而基于 CNN 的融合算法往往适合特定的融合任务，而有些基于 CNN 的融合算法并没有充分利用网络的中间层特征。

2018 年，Li 等人提出利用预先训练好的网络模型 VGG-19 提取图像特征[36]，利用 L_1 范数计算多通道特征，最终得到融合细节特征。算法充分利用各层次特征进行决策，采用预先训练好的网络提取图像特征，有效降低了模型的复杂性及训练成本。2018 年，Li 和 Xu 提出全新的设计模式，并巧妙地解决了训练样本不足的问题。这种融合模型主要由编码器、融合层和解码器三部分组成，如图 3.8 所示。编码器采用了由 4 层 CNN 构成的稠密连接网络（DenseNet）框架[8]，充分利用了中间层的特性。训练网络不包括融合层，仅包含编码器和解码器，显然训练网络的功能是重建输入图像，从而实现图像特征提取和设备解码的能力。该方法可以有效地解决与融合图像类型相同的训练图像数量不足的问题，得到了较好的融合效果。

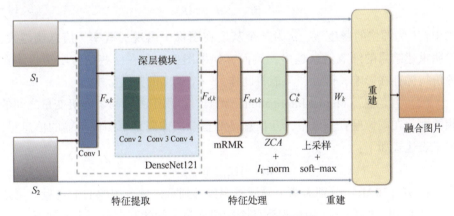

图 3.8　DenseNet 融合网络示意图

3.1.3　图像融合质量评价

随着图像融合技术的日益成熟，可见光图像融合与红外融合技术日益受到重视，然而不同的融合方式其呈现效果也不尽相同，因此如何建立一个统一的评价准则，指导图像融合质量的提升，目前来看，评价体系大致可以分为主观评价方式和客观评价方式两大类[37]。

1. 主观评价方式

主观评价方式是通过人类视觉系统对融合图像质量进行评价的一种方式，根据图像细节、图像失真度和频率成分的完整性等标准对不同的融合方式进行对比判断，具有方便、直观、可靠等优点，在可见光和红外图像融合的质量评价中较为常用。但是，采用主观评价方式时，融合图像的观察者必须对融合图像进行评分，需要较高的时间成本和经济成本，并且会产生人工干预和不可复制等缺点。

2. 客观评价方式

客观评价方式与主观评价方式不同点在于，前者可以对重建图像的质量进行定量评估。这种评价方式与人类的视觉系统相类似，但是不容易存在人为干预，因此更加可靠。客观评估方式有不同的类型，它们基于信息论、结构相似性、图像梯度、统计数据等方面。

（1）信息熵（Entropy，EN）[38]：基于信息学的信息熵，是对融合图像中的信息进行度量，数学上可表示为

$$EN = -\sum_{l=0}^{L-1} p_l \log_2 p_l \tag{3.14}$$

式中：L 为图像的灰度级；p_l 为某个灰度在图像中出现的概率。信息熵越大，说明重建结果的细节信息越多，然而，如果图像中存在一些信号噪声也将对评价指标存在影响，因此，只能将此作为一个辅助的判断标准。

（2）互信息（Mutual Information，MI）[39]：用于测量两个随机变量之间的相关性。在图像融合领域中，互信息是测量源图像向融合图像传输的信息量，定义表达式如下：

$$MI = MI_{A,F} + MI_{B,F} \tag{3.15}$$

式中：$MI_{A,F}$ 和 $MI_{B,F}$ 分别为两个异源图像传输到重建融合图像的信息量。可通过计算 Kullback-Leibler 距离得到两个随机变量之间的互信息，定义如下：

$$MI_{X,F} = \sum_{x,f} p_{X,F}(x,f) \log \frac{p_{X,F}(x,f)}{p_X(x)p_F(f)} \tag{3.16}$$

式中：$p_X(x)$ 和 $p_F(f)$ 分别为源图像 X 和融合图像 F 的边缘直方图；$p_{X,F}(x,f)$ 为源图像 X 和融合图像 F 的联合直方图。互信息的值越大，意味着从源图像向融合图像传输信息越多，说明融合性能越好。

（3）边缘纹理信息（$Q^{AB/F}$）[40]：在源图像边缘保持良好的条件下，$Q^{AB/F}$ 度量从源图像传输到融合图像的边缘信息量，可表示为

$$Q^{AB/F} = \frac{\sum_{i=1}^{N}\sum_{j=1}^{M} Q^{AF}(i,j)\,w^A(i,j) + Q^{BF}(i,j)\,w^B(i,j)}{\sum_{i=1}^{N}\sum_{j=1}^{M}\left(w^A(i,j) + w^B(i,j)\right)} \tag{3.17}$$

$$Q^{XF}(i,j) = Q_g^{XF}(i,j)\,Q_a^{XF}(i,j) \tag{3.18}$$

式中：$Q_g^{XF}(i,j)$ 和 $Q_a^{XF}(i,j)$ 分别为在 (i,j) 处的强度和方向；w^X 为源图像在 (i,j) 处的权重系数。较大的 $Q^{AB/F}$ 意味着将大量边缘信息传输到融合图像。

（4）结构相似性（Structural Similarity Index Measure, SSIM）[41]：测量两幅图像相似度的一种度量。待融合图像 A 和 B 的结构相似度的定义为

$$SSIM(A,B) = \left[l(A,B)\right]^{\alpha}\left[c(A,B)\right]^{\beta}\left[s(A,B)\right]^{\gamma}$$

$$= \left(\frac{2\mu_A\mu_B + C_1}{\mu_A^2 + \mu_B^2 + C_1}\right)^{\alpha}\left(\frac{2\sigma_A\sigma_B + C_2}{\sigma_A^2 + \sigma_B^2 + C_2}\right)^{\beta}\left(\frac{\sigma_{AB} + C_3}{\sigma_A\sigma_B + C_3}\right)^{\gamma} \tag{3.19}$$

式中：μ_A 和 μ_B 为图像 $A(i,j)$ 和 $B(i,j)$ 的均值；σ_A、σ_B 和 σ_{AB} 分别为方差和协方差；$l(A,B)$、$c(A,B)$ 和 $s(A,B)$ 分别为亮度、对比度和结构；参数 α、β 和 γ 对于调整三个分量的权重通常一致；定义常数 C_1、C_2 和 C_3 是为了避免分母非常接近 0 时的不稳定性。通常设置 $\alpha = \beta = \gamma = 1$ 和 $C_3 = C_2/2$。

融合结果 F 与待融合图像 A 和 B 之间的 SSIM 表达式为

$$SSIM = \frac{SSIM(A,F) + SSIM(B,F)}{2} \tag{3.20}$$

SSIM 函数的值域为 $[0,1]$，数值越大说明图像失真程度越小，两幅图像就越相近。

（5）平均梯度（Average Gradient, AG）[42]：可用于测量融合图像的清晰程度，平均梯度越大，图像的清晰度和融合质量就越好。其计算公式如下：

$$AG = \frac{1}{(M-1)(N-1)}$$

$$\sum_{i=1}^{M-1}\sum_{i=1}^{N-1}\sqrt{\frac{(F(i+1,j) - F(i,j))^2 + (F(i,j+1) - F(i,j))^2}{2}} \tag{3.21}$$

式中：F 为融合图像；M 和 N 分别为图像的高和宽。

（6）空间频率（Spatial Frequency, SF）[42]：反映图像灰度的变化率，数值越大，代表融合图像质量越好。其计算公式如下：

$$SF = \sqrt{RF^2 + CF^2} \tag{3.22}$$

$$RF = \sqrt{\frac{1}{MN}\sum_{i=1}^{M}\sum_{j=1}^{N}|F(i,j) - F(i,j-1)|^2} \tag{3.23}$$

$$CF = \sqrt{\frac{1}{MN}\sum_{i=1}^{M}\sum_{j=1}^{N}|F(i,j) - F(i-1,j)|^2} \tag{3.24}$$

（7）相关系数（Correlation Coefficient，CC）：图像融合评价中的相关系数通常是指皮尔逊（Pearson）相关系数。该指标可通过计算图像间协方差与标准差的商而获得。相关系数能够衡量图像间的相关程度。其计算公式如下：

$$r_{A,F} = \frac{\sum_{i=1}^{H}\sum_{j=1}^{W}(A(i,j) - \mu_A)(F(i,j) - \mu_F)}{\sqrt{\sum_{i=1}^{H}\sum_{j=1}^{W}(A(i,j) - \mu_A)^2 \sum_{i=1}^{H}\sum_{j=1}^{W}(F(i,j) - \mu_F)^2}} \tag{3.25}$$

$$r_{B,F} = \frac{\sum_{i=1}^{H}\sum_{j=1}^{W}(B(i,j) - \mu_B)(F(i,j) - \mu_F)}{\sqrt{\sum_{i=1}^{H}\sum_{j=1}^{W}(B(i,j) - \mu_B)^2 \sum_{i=1}^{H}\sum_{j=1}^{W}(F(i,j) - \mu_F)^2}} \tag{3.26}$$

式中：μ_A、μ_B 和 μ_F 为源图像 $A(i,j)$、$B(i,j)$ 和融合图像 $F(i,j)$ 的像素均值。实际评价时，采用平均相关系数，公式如下：

$$CC = \frac{r_{A,F} + r_{B,F}}{2} \tag{3.27}$$

其中，相关系数值越高，融合图像质量越好。

3.2　图像超分辨率成像相关理论基础

3.2.1　图像退化正向模型

一个图像的退化可以认为是对原始图像进行线性化退化，其中传感器的噪声、光学透镜等光学特性都会对其产生影响，在理想情况下，可以将这一过程建模为线性空间不变过程。其次，由于镜头非理想光学元件，经过镜头所成的图像往往会产生畸变。因此，为了校正镜头畸变，原始元数据提供了一个校准矩阵，可用于校正图像，以确保输出照片无镜头畸变。除此之外，由于成像设备的照明条件差，动态范围有限，尤其当探测器像素大小超过限制时，像素混叠会导致高频信息丢失，因此必然会引入子采样矩阵，前向生成模糊的高分辨率图像，再由探测器采样，生成混叠的低分辨率图像。传统的超分辨率图像重建技术是利用多幅低分辨率观测图像重建底层有噪声和轻微运动的高分辨率场景。因此，假设每个高分辨率和低分辨率图像配准完美，则观测高分辨率图像、采样场景 x 的矩阵形式为

$$y = BDx + n \tag{3.28}$$

式中：B 为子模糊矩阵；D 为子采样矩阵；x 为所需的高分辨率图像；y 为观测的低分辨率图像；n 为与观测图像相关的零均值高斯白噪声。图 3.9 所示为图像退化正向模型。基于深度学习超分辨率重建的方法是通过低分辨率和高分辨率图像之间的映射关系，实现不同维度的信息提取，有效地解决了图像像素化成像问题，从而实现超像素分辨率成像。

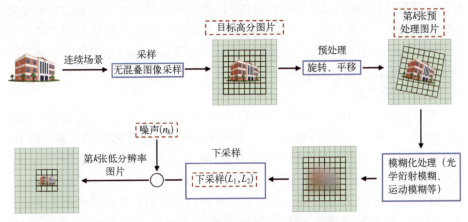

图 3.9　图像退化正向模型

　　光学成像系统正向模型的准确性直接影响重建图像成像性能，尤其在多帧超分辨率中是否准确预知成像系统的模糊核[43]对最终的重建结果影响至关重要，并且现有基于深度学习的超分辨率方法在已知模糊核的非盲设置下表现出了良好的性能。然而，在不同的实际应用中，低分辨率图像的模糊核通常是未知的。当训练图像的退化过程偏离真实图像时，可能会导致性能的显著下降。

　　从本质上讲，这些工作大多是基于退化模型，假设低分辨率（Low Resolution，LR）图像使用模糊核（如双三次核）和来自其高分辨率（High Resolution，HR）源的额外噪声进行降采样。预先训练的超分辨率（Super Resolution，SR）模型对 LR 图像的退化很敏感，对于高斯核或者模糊核的不匹配可能会导致 SR 结果的过锐化或过平滑，而对于运动核，它可能会带来抖动和伪影。盲 SR 是对一个核未知的 LR 图像进行超解析。由于它与真

实场景的密切关系，引起了越来越多的关注。然而，与先进的非盲 SR 研究相比，现有的盲 SR 方法不足以满足真实一般场景中各种降解过程的需求。下面将分别介绍非盲超分辨率和盲超分辨率的区别以及其中模糊核作用的可解释性分析。

1. 非盲超分辨率

在非盲设置下，从配对给定的 LR 图像和卷积核 k 中恢复 HR 图像。其中，使用 bicubic（双三次）核来构造成对的训练数据本质上也属于非盲设置。将这些对内核感知的 SR 方法分为两类。基于多重退化 SR 的方法将退化的 LR 图像与模糊核 k 作为 SR 模型的输入，或根据相应的卷积核进行中间空间特征变换，得到目标 SR 结果。基于核建模 SR 的方法通过构造已知测试核的成对核建模数据集，将模糊核纳入模型的训练参数中，可以得到基于物理模型先验的 SR 模型。同样，当 LR 图像和通过模糊核得到的图像之间的不一致也会导致测试阶段的性能显著下降。

2. 盲超分辨率

在盲设置下，HR 从未知核降解的 LR 中恢复 HR。由于盲 SR 更符合实际应用场景，长期以来备受研究关注，主要涉及将未知退化图像转化为目标 HR 的降采样图像，以及通过核估计实现非盲 SR 方法。例如，Maeda[44]训练一个校正网络来得到相应的 LR 图像，并构造伪数据集来训练 SR 模型。Bell-Kligler 等[45]利用跨尺度的补丁递归来生成相同退化的降采样图像作为测试输入。然而，由于先验条件较弱，即使有许多约束，估计精度也是有限的。Chen 等[46]利用核预测网络和校正网络，以当前的核预测和预训练后的 SR 模型的 SR 结果作为输入，迭代地对核估计进行校正。

因此，对于模糊核的可解释性，可以从图 3.10 中看出，与以往的空间域核估计方法不同，频域的光学传递函数（Optical Transfer Function，OTF）与点扩散函数（Point Spread Function，PSF）相联系，可以提供更有效的核形状结构，有助于任意卷积核的稳定估计[47-50]。进一步地，利用频域与空间域之间稀疏核的形状结构关系，该方法可以通过隐式跨域平移端到端估计不同的模糊核。如图 3.10 所示，一张图片经过模糊核空域卷积，其实等效于频域频谱的相乘，使得原始图像的高频细节消失，图像变得模糊。因此，应该对探讨光学成像思想上的频域的核估计，以此为导向优化网络的超分辨率能力，以在真实图像上获得较好的定量和定性性能。

基于卷积定理和稀疏性分析，也能有效证明退化 LR 图像的傅里叶（Fourier）频谱在频域内提供了退化核的鲁棒形状结构，可以更准确、稳健地重构未知核函数。这与现有的非盲方法相结合，能够更好地从光学成像角度解释模糊核的作用，并且提升图像重建的质量。

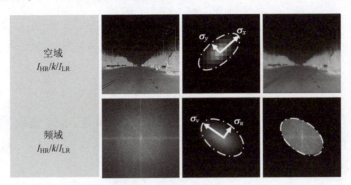

图 3.10　空域和频域的对应变换

3.2.2　相机的离散采样理论

在利用红外探测器进行图像信息采集时，探测器像元会对接收到的图像信号进行采样，而这个过程可以用梳状函数对连续函数的抽样来表示。为了简便和直观，首先对一维情况下的函数抽样过程进行图解分析，然后再扩展到二维平面的情况。

图 3.11 对抽样定理在一维方向上进行了图解分析。一维连续函数 $g(x)$ 的频谱 $G(f_x)$ 为频谱面上一个有限的区域，如图 3.11 中蓝色区域，B_x 为该频谱在 f_x 方向上的半宽度。利用梳状函数对 $g(x)$ 进行抽样，原函数频谱在频域上以 $1/X$ 为间隔延拓，得到图 3.11 所示的频谱 $G_s(f_x)$。该过程可以表达为

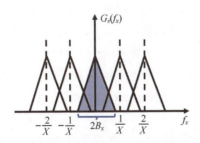

图 3.11　一维连续函数采样图示

$$g_s(x) = \mathrm{comb}\left(\frac{x}{X}\right)g(x) \qquad (3.29)$$

$$G_s(f_x) = \mathcal{F}\left\{\text{comb}\left(\frac{x}{X}\right)\right\} * G(f_x)$$

$$= X\text{comb}(Xf_x) * G(f_x)$$

$$= \sum_{n=-\infty}^{\infty} \delta\left(f_x - \frac{n}{X}\right) * G(f_x) \tag{3.30}$$

$$= \sum_{n=-\infty}^{\infty} G\left(f_x - \frac{n}{X}\right)$$

式中：f_x 为 x 方向的空间频率；X 为 x 方向的采样间隔；n 取整数。接下来推广到二维平面的情况。假设输入的信号为二维连续函数 $g(x,y)$，利用梳状函数对该信号进行抽样，得

$$g_s(x,y) = \text{comb}\left(\frac{x}{X}\right)\text{comb}\left(\frac{y}{Y}\right)g(x,y) \tag{3.31}$$

式中：X、Y 分别为在 x、y 方向上的采样间隔。根据卷积定理可以求得抽样函数 $g_s(x,y)$ 的频谱为

$$G_s(f_x,f_y) = \mathcal{F}\left\{\text{comb}\left(\frac{x}{X}\right)\text{comb}\left(\frac{y}{Y}\right)\right\} * G(f_x,f_y)$$

$$= XY\text{comb}(Xf_x)\text{comb}(Yf_y) * G(f_x,f_y)$$

$$= \sum_{n=-\infty}^{\infty}\sum_{m=-\infty}^{\infty} \delta\left(f_x - \frac{n}{X}, f_y - \frac{m}{Y}\right) * G(f_x,f_y) \tag{3.32}$$

$$= \sum_{n=-\infty}^{\infty}\sum_{m=-\infty}^{\infty} G\left(f_x - \frac{n}{X}, f_y - \frac{m}{Y}\right)$$

式中：f_x、f_y 分别为 x、y 方向上的空间频率；m、n 取整数。

从式（3.32）可以看出，在 x、y 方向上分别以采样间隔为 X、Y 对空间域图像信号 $g(x,y)$ 的采样，导致其频谱 $G(f_x,f_y)$ 在频谱平面上以 $(n/X, m/Y)$ 点为中心重复出现。假定图像信号 $g(x,y)$ 的频谱在频域上的区域是有限的，并且包含该区域的最小矩形在 f_x 和 f_y 方向上的宽度分别为 $2B_x$ 和 $2B_y$。在极限情况下，频谱 $G(f_x,f_y)$ 在频率平面上的重复间距 $1/X$ 恰好等于频谱宽度 $2B_y$，此时恰好不会出现频谱混叠现象。当重复间距 $1/X$ 小于频谱宽度 $2B_y$ 时，则会出现频谱混叠现象。

因此，对于二维探测器而言，在频率平面上，只有满足频谱重复间距 $1/X \geq 2B_x$ 且 $1/Y \geq 2B_y$，其抽样函数才能不出现混叠现象。该条件称为奈奎斯特（Nyquist）条件[51]。在大多数实际情况下，图像的带宽以及探测器的像元间距都不满足奈奎斯特条件。而红外探测器由于工艺水平及成本的限制，其

像元尺寸要高于可见光，因此红外成像的频谱混叠现象尤为严重。

　　在平常直接肉眼观察，或者使用目视光学系统中，所看到的信息都是模拟的、连续的图像信息，为了记录并存储图像，则需要对通过光学系统后的成像结果进行数字化离散采样，在这个采集过程中，为了达到最佳效果，需要考虑光学系统和传感器的采样频率问题。若光学系统固定，当传感器的采样频率不够时则会出现像素混叠效应。当传感器的采样频率太高时，又会带来成本的增加等问题，所以需要对离散采样理论非常熟悉，这样才能选到合适匹配的元件。图 3.12 所示为相机传感器的离散采样效果。

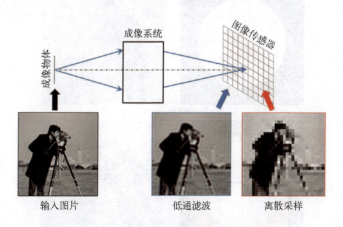

图 3.12　相机传感器的离散采样效果

　　在数码相机及工业相机等图像数字化采集系统中，通常采用电荷耦合元件（CCD）或者互补金属氧化物半导体（CMOS）作为图像传感器。当使用相机进行拍摄记录时，实际所记录的是光强图像而不是振幅图像，其对入射的光场在一个短的时间间隔内进行强度积分、离散采样以及光强量化三个操作，即可得到一张数字图像。这三个步骤中，首先进行的强度积分，其中积分时间就是通常所说的曝光时间。离散采样是将连续分布的模拟图像信息转化成一个个不连续的像素点，最后的光强量化就是将离散采样得到的各个像素点位置的连续的灰度值数字化，映射到 0~255。

　　在相干成像系统中，限制成像分辨率的因素有两个：一是镜头的口径，这个参数对应着镜头的截止频率 f_{lens}；二是所采用的传感器的像素尺寸，这个像素尺寸对应着传感器的采样频率 f_{cam}，只有当传感器的采样频率大于镜头的截止频率的两倍，即 $f_{cam} > 2f_{lens}$ 时，才不会出现像素混叠。

图 3.13 所展示的是当镜头的截止频率 f_{lens} 一定时，传感器的采样频率 f_{cam} 对成像效果的影响，红色方形表示传感器的采样频率，白色圆形表示圆形孔径镜头的理想截止频率以内范围。图 3.13 （a）展示的是 $f_{cam} < 2f_{lens}$ 时的成像结果，很明显，最后的结果上出现了像素混叠的马赛克效应，从图 3.13 （a）中频谱的角度，解释了频谱泄漏的原因。而在图 3.13 （b）中满足了 $f_{cam} > 2f_{lens}$，因此采集到的图像分辨率与镜头的分辨率能力一致，图像质量不受传感器像素大小的限制。

(a) 存在频谱泄漏效应的成像结果

(b) 不存在频谱泄漏效应的成像结果

图 3.13　传感器采样频率对成像效果的影响

取相干光学成像系统中的镜头 F 数为 F，系统的工作波长为 λ，镜头的数值孔径为 NA，镜头放大率为 β，传感器的像素尺寸为 Δx_{cam}，则镜头的截止频率 f_{lens} 与传感器的采样频率 f_{cam} 的计算方法如下：

$$f_{lens} = \frac{NA}{\lambda} = \frac{1}{2F\lambda} \tag{3.33}$$

$$f_{cam} = \frac{\beta}{\Delta x_{cam}} \tag{3.34}$$

通过上面的讨论，在选择成像探测器时选择满足 $f_{cam} > 2f_{lens}$ 的系统参数就不会出现像素混叠的现象。但是如果不满足这个关系，出现了像素混叠之后也可以采用基于像素合并的傅里叶叠层成像算法[52]来改善重构结果的精度，在目前的红外成像系统，其镜头孔径一般都可以做得很大，如在 200mm 的焦

距下即可实现 F 数在 1.0 左右，然而其成像探测器的像元大小却在 $17\mu m$，难以进一步发展（需考虑灵敏度与探测效率），因此目前的长波红外热像仪其成像分辨率一般都限制在后端的探测器空间采样不足上。下面将具体分析光学系统衍射极限及探测器空间采样对成像分辨率的限制。

3.2.3　成像系统分辨率限制因素

成像系统的分辨率展现的是一个成像系统所能承载信息量的多少，换算到探测器上即可等效为探测器中每一个像元所能记录的物体最小尺寸是多少，能识别的两点间距越小，表示成像系统的分辨率越高。对于一个传统的光学成像系统，系统内部每个部件，如前端光学与后端探测及整个系统的光学调校均会对系统的成像分辨率或多或少造成一定的影响，其中光学系统的衍射分辨率和探测器空间采样分辨率是决定整个系统分辨率的主要因素，如图 3.14 所示。

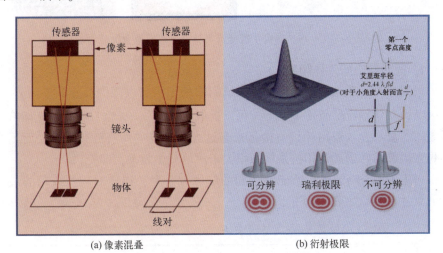

(a) 像素混叠　　　　　　　　　　(b) 衍射极限

图 3.14　图像分辨率与光学分辨率

在本书中，认为系统的成像分辨率受两个因素限制：一是镜头的截止频率 f_{lens}；二是相机采样分辨率 f_{cam}。二者分别由数值孔径 NA、中心波长 λ、相机像元大小 Δx_{cam} 决定。镜头的数值孔径越大，照明波长越短，系统的截止频率越高，相机的像素尺寸越小，相机的分辨率越高。

两种因素限制下的成像情况如图 3.15 所示。当相机的采样频率小于两倍的镜头的截止频率时，相机的像素尺寸成为限制成像系统分辨率的主要因素，产生像素混叠现象。相反，当相机的采样频率大于两倍镜头的截止频率时，镜头的衍射极限成为限制成像系统分辨率的主要因素，会使图像模糊。

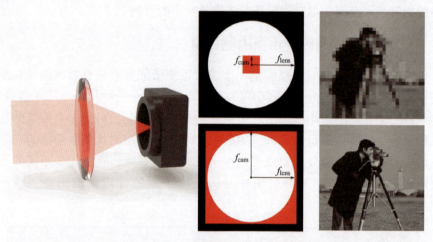

图 3.15　成像系统分辨率受限下的成像情况

1. 探测器空间采样频率

根据非相干成像的理论模型，系统的非相干衍射极限的截止频率为 $f_{lens} = 2NA/\lambda$，在傍轴近似条件下，上式可以近似为 $f_{lens} = 1/(\lambda F)$。根据奈奎斯特采样定律的要求，若要用相机直接记录通过光学系统的所有高频信息，而不产生像素混叠，必须满足相机采样频率大于两倍截止频率，即 $f_{cam} \geq 2f_{lens}$。

考虑不同 $F/\#$ 的镜头所能够达到的成像分辨率，以及对应所要求的最大像元尺寸。结果如表 3.1 所示。

表 3.1　成像分辨率与镜头 F 数、探测器像元之间的关系

$F/\#$	$R/\mu m$	像元尺寸/μm
1.4	3.4169	1.395
2	4.8782	1.999
2.8	6.826	2.798
4	9.756	3.998
5.6	13.660	5.598
8	19.512	7.997

可以看到，针对目前的光电成像系统，其相机像素尺寸所对应的采样频率难以满足光学镜头衍射极限所对应的最低像素尺寸要求，像素尺寸成为限制成像系统分辨率的主要因素。

在此条件下，红外成像系统的成像分辨率表征公式为

$$R = \text{pixelsize} \times \frac{d}{f} \qquad (3.35)$$

式中：R 为系统分辨率；d 为目标距离；f 为镜头焦距。

如图 3.16 所示，目标距离越远其马赛克现象越严重，根据约翰逊准则（Johnson criteria）[53]，成像系统识别分辨目标的能力可以通过其目标等效条纹分辨率来确定，并依次将识别能力分为三个等级：

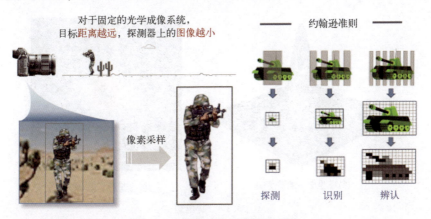

图 3.16　像素采样与约翰逊准则

（1）探测：在视场范围内发现一个目标。这时要求目标所成的像在临界尺寸方向上至少占据 1.5 像素。

（2）识别：可识别出目标是坦克、卡车或者人等以对目标进行分类。这时要求目标所成的像在临界尺寸方向上至少占据 6 像素。

（3）辨认：可获取目标细节特征以实现目标型号的区分，如分辨敌我等。这时目标所成的像在临界尺寸方向上至少占据 12 像素。

以 2m 处的 1cm 小物体为例，使用焦距为 44mm 的成像镜头。结合约翰逊准则与系统成像分辨率公式，为使得 2m 处的 1cm 小物体在相机靶面上所成像大于 12 像素，相机的像素尺寸必须小于 18.33μm。然而，对于目前市面上的红外相机，其像元尺寸普遍无法达到这一要求。因此，必须借助于计算成像技术等成像新体制，以实现"亚像元"超分辨率成像，以解决传统成像系统像素尺寸过大所导致的空间域采样不足问题。

2. 镜头光学衍射极限

对于一个成像系统的正向建模过程，首先认为场景及目标通过光学透镜组进行聚焦成像。而光学透镜又可以认为是一个低通滤波器，接收的目标信息频率响应会在频率外截止，因此成像系统并不能接收到目标的所有高频信息，这就是光学系统中成像透镜所导致的衍射极限受限。当镜头衍射极限所对应的截止频率小于两倍相机采样频率时，镜头衍射极限成为限制成像分辨能力的主要因素。

由标量衍射理论，一个点光源经过光学成像系统之后应该变成一个图 3.17 所示的艾里斑（Airy pattern），其中央是明亮的圆斑，周围为一组能量较弱的明暗相间的同心环状条纹。

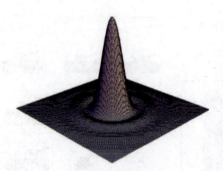
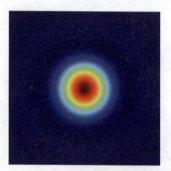

(a) 艾里斑三维强度分布　　　　　　　(b) 艾里斑二维强度分布

图 3.17　艾里斑

艾里斑的强度分布表达式为

$$I(r) = I_0 \left[\frac{J_1(k \cdot NA \cdot r)}{k \cdot NA \cdot r} \right]^2 \tag{3.36}$$

式中：I_0 为中心位置强度；k 为 λ 射光的波矢，$k = 2\pi/\lambda$，λ 为入射光的波长；r 为艾里斑的极坐标半径；NA 为光学系统的数值孔径，$NA = n\sin u$；J_1 为一阶贝塞尔（Bessel）函数。

如图 3.18（a）所示，S_1 和 S_2 分别为两个点光源，这两个点光源经过光学系统成像后，在像面形成两个艾里斑。根据瑞利（Rayleigh）判据[54]的要求，当两个艾里斑中其中一个的第一暗环与另一个的中心极大值重合，或者两个艾里斑重叠部分的强度达到最大强度的 80% 时，认为这两个艾里斑恰好能被分辨，否则认为无法分辨。图 3.18（b）~（d）所展示的三种情况就是像面上的艾里斑能被分辨、恰好能被分辨以及不能被分辨的情况。

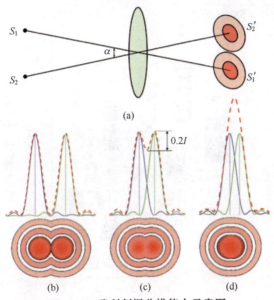

图 3.18　瑞利判据分辨能力示意图

根据瑞利判据，当两个物点恰好能分辨时，图 3.18（a）中的极限分辨角 $\alpha = 1.22\lambda/D$，式中 D 为光学系统的孔径直径。以更加直观的方式展示成像系统的分辨能力，举例计算在成像距离 $L = 1000\text{m}$ 时，采用 125mm 焦距的成像镜头，若使用的镜头 F 数为 10，则此时成像系统的孔径直径为 12.5mm，取可见光波段的绿光 $\lambda = 532\text{nm}$ 代入计算，则计算的最小分辨距离为

$$\delta = L \cdot \alpha = 1000 \times \frac{1.22 \times 532 \times 10^{-9}}{12.5 \times 10^{-3}} = 51.9\text{mm} \tag{3.37}$$

若将镜头的 F 数减小为 2，即增大成像系统的孔径直径为 $D = 62.5\text{mm}$，此时最小分辨距离减小为 $\delta' = 10.3\text{mm}$，则成像系统的分辨能力将提升 5 倍。

当成像距离固定时，极限分辨角 α 越小则系统的分辨能力越强，从极限分辨角的公式中分析可知，要想减小极限分辨角，要么减小入射光的波长，要么增大光学系统的孔径。显然，当成像环境确定时，靠减小光学系统的工作波长来提升光学系统的分辨能力是不太现实的。但是，为了提升光学系统的分辨能力而一味地增加光学系统的孔径尺寸又会带来一些其他问题，如加工工艺难度增加、加工成本的提高、重量过大、庞大的光学系统和复杂的机械结构等，如图 3.19 所示。与此同时，对于一些成本高昂的高分辨率光学成像系统来说，由于空间分辨率很高，通常存在视场较小的问题，如天文望远镜等。这些光学系统在实际使用时也会存在很多限制，不能较好地满足计算机视觉应用方面的要求。

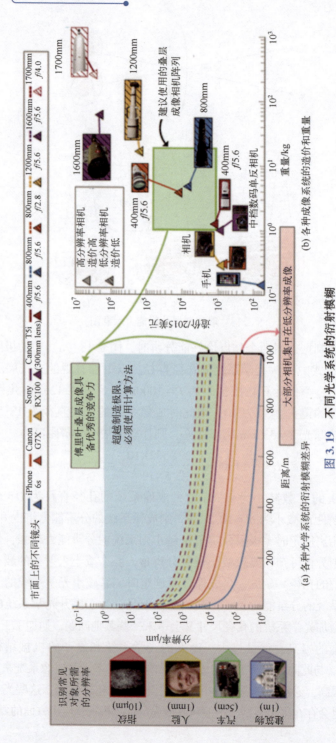

图 3.19 不同光学系统的衍射模糊

(a) 各种光学系统的衍射模糊差异

(b) 各种成像系统的造价和重量

　　总而言之，成像系统的最终分辨率取决于光学衍射极限与探测器空间采样频率的最小值，即光学系统与探测器能识别最小距离的最大值，而在长波红外系统中探测器能识别的最小距离（探测器空间采样频率）通常会大于镜头衍射极限（光学镜头衍射极限）的最小距离，因此通常探测器的空间采样频率是决定整个成像系统分辨率最主要的因素。然而，对于衍射分辨率与传感器分辨率的分析及成像系统的正向建模过程都只局限于理想状态，实际应用中，从硬件改进的角度打破成像系统分辨率的极限有着诸多方面的限制，而作为后端调控处理的方法（借助于计算成像的思想）进行超分辨率重建却有着巨大的发展与应用空间。

　　图像超分辨率重建技术就是从信号处理的角度对低分辨率图像进行重建复原，打破成像系统的固有限制，获得远超越传统成像系统的分辨限制。按重建算法的输入输出可以分为一对一[55-57]、多对一和多对多[58-59]（序列图像到序列图像）的超分辨率重建技术，本书的介绍重点即首先解决传统成像探测器空间分辨率差的问题，实现高分辨率成像，进而结合深度神经网络等计算成像技术实现高分辨率彩色夜视融合图像的重建。图 3.20 展示了传统光学系统中视场与分辨率这两个参数无法同时兼顾。

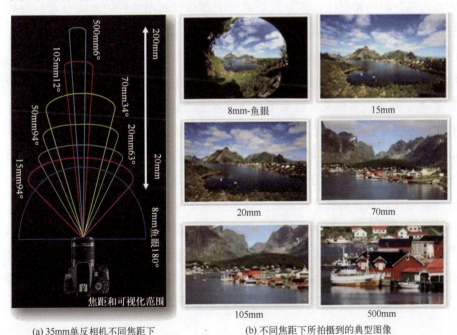

(a) 35mm 单反相机不同焦距下　　　　　　　　(b) 不同焦距下所拍摄到的典型图像
　　　所对应的视场角

图 3.20　对于传统光学系统，视场与分辨率这两个参数互相矛盾，无法同时兼顾

3.3　图像超分辨率重建方法概述

3.3.1　基于插值的单帧图像超分辨率重建技术

单帧图像超分辨率重建技术作为一种图像分辨率插值提升的常用方式，其是从一幅低分辨率图像中重建对应的高分辨率图像。显然，从一幅静态图像进行像素超分辨率也可以理解为是一个点恢复 N 个点的经典欠定问题，是一个病态逆问题的求解过程，但如何采集的图像质量较高、噪声较低且相邻图像之间存在着较强的各向异性（如何使得病态矩阵方程组系数稳定），可以通过在正向模型过程中使用相应的调控手段或引入某种先验模型，从而提升图像的重建质量。

单帧图像超分辨率重构是从一些或未知的常规成像过程开始的，一些先进的单帧像素超分辨率技术也有许多实际案例，这些方法通过利用不同输入图像内部之间的相似性来恢复其最可能的高分辨率图像，或者通过对外部低分辨率和高分辨率的样例对学习映射函数，恢复其最可能的高分辨率图像。根据已知的低分辨率图像作为起始点来推演出未知的图像细节信息。单帧图像超分辨率方法主要包括频域外推[60-61]、正则化[62]、实例映射[63]和深度学习[64]等。其中，实例映射以及深度学习方法的效果最为突出。首先，其通过利用输入图像中不同尺度上的内部相似性或者从外部低分辨率和高分辨率样本中进行学习，建立学习映射函数来恢复其最可能的高分辨率图像，如图 3.21 所示。然而，由于单帧图像所包含的信息本身十分有限，所能达到的分辨率提升效果会受到极大限制。其次，额外的高频信息往往是通过"图像先验"与"样本学习"所得到的，因此重建所获得的"最有可能"的高分辨图像通常情况下只能在视觉上达到较高的清晰度，但不能保证提供真实的目标图像高分辨率细节。因此，单帧图像超分辨率无法应用于监控、安防、军工等对成像结果保真度具有较高要求的应用场合。

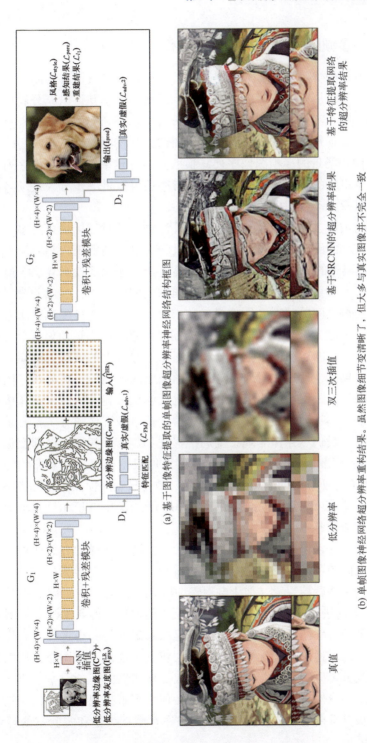

(a) 基于图像特征提取的单帧图像超分辨率神经网络结构框图

(b) 单帧图像神经网络超分辨率重构结果。虽然图像细节变清晰了，但大多与真实图像并不完全一致

图 3.21　Kamyar[65]等人提出的基于图像特征提取的单帧图像超分辨率图像重构算法

3.3.2　多帧图像超分辨率重建技术

多帧图像超分辨率技术通常利用多帧具有相对亚像素位移的图像所构成的序列进行处理，从而重建对应的高分辨率图像。由于其可以充分利用多帧图像数据间丰富且互补的空域时域信息，从而从一系列低质量图像来重建出尽可能符合真实场景实际信息的高分辨率图像，其核心思想在于利用时间分辨率（获取同一场景的多帧图像序列）换取空间分辨率。根据图像序列中亚像素位移产生机理的不同，多帧图像超分辨率还可以进一步分为被动多帧图像超分辨率以及主动微扫描多帧图像超分辨率。

在经典的被动多帧图像超分辨率成像算法中，针对目标场景的多帧具有相对亚像素位移的图像序列通常是基于相机和场景之间的随机相对运动形成的[4,66-68]。其典型的算法包括亚像素微扫描重建、迭代反投影算法、最大后验概率方法等，其重构过程主要包括相邻图像间的位置估计、低分辨率图像与高分辨率图像之间的映射及图像最优化求解。首先，通过配准算法来估计图像间的运动矢量，补偿多帧图像之间的偏移误差，获得运动矢量矩阵；其次，利用配准得到的运动矢量把低分辨率图像上像素点的值映射到高分辨率参考图像中；再次，通过映射到高分辨率图像上的点插值出高分辨率图像网格上的点；最后，采用最优化求解或正则化反卷积重建算法减少图像传感器的模糊噪声。虽然被动多帧图像超分辨率相比较单帧图像超分辨率有了一定的效果提升，但是仍然存在非理想全局平移（如旋转、扭曲、局部变形等复杂映射关系）、配准误差（无法得到可靠的亚像素位移信息）和非均匀采样（相对运动不充分所导致的信息丢失）问题，致使被动多帧图像超分辨率方法往往无法获得稳定可靠且各向同性的分辨率提升。图 3.22 所示为被动亚像素移动超分辨率成像基本原理。

实现图像亚像素偏移的另一类关键技术是主动微扫描的方式获得光学系统和探测器之间的可操纵位移[69-72]。微扫描可以看作一个过采样的过程，它是利用高精度位移调控装置（如压电陶瓷、扫描振镜或平板旋转），实现采集图像在 x、y 方向进行 $1/N$（N 为整数）像素距的位移，得到 $N \times N$ 帧的具有亚像素偏移的低分辨率图像，而超分辨率重建的基础就是获得这些具有像素级变化的图像，最后通过迭代优化求解的算法将其重建成一帧图像，从而达到最终实现提高分辨率的目的。目前的红外成像探测器的超分辨率重建方法很多都借鉴微扫描成像技术的思想，特别是在现代军事夜视与红外成像制导应用方面占有极其重要的地位。例如，美国空军在戴顿大学和实验室的环境支

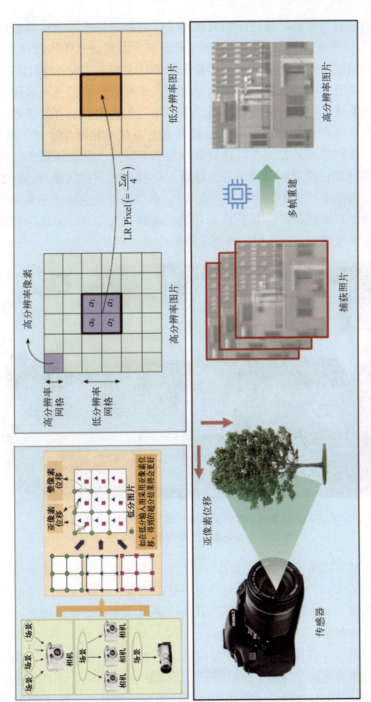

图 3.22 被动亚像素移动超分辨率成像基本原理

持下，利用机载平台上悬挂红外相机获得了序列具有亚像素级偏移的低分辨率图像[73]，最终实现 5 倍的超分辨率重建结果；由英国 BAE SYSTEMS 公司通过伺服电机驱动扫描振镜[74]实现多帧图像的获取实现了 4 倍的亚像素重建，从目前结果来看，主动微扫描图像超分辨率技术有效解决了被动多帧图像超分辨率中的非全局平移、配准误差以及采样不均匀的问题，有效促进了分辨率稳定且各向同性的提升，但采集装置存在着系统结构复杂、加工精度高、位移量及扫描路径不易控制、对环境振动敏感等缺点，往往局限于分辨率的小幅度提高（注：像素数目增多并不等效于分辨率的等比例提升，2×2 微扫描理论上仅能带来约 1.4 倍的分辨率提升），难以满足复杂环境下实际工程应用对高分辨率成像的需要。图 3.23 所示为长春理工大学通过采用微扫描成像器件实现亚像素级光强变换以实现图像超分辨率。

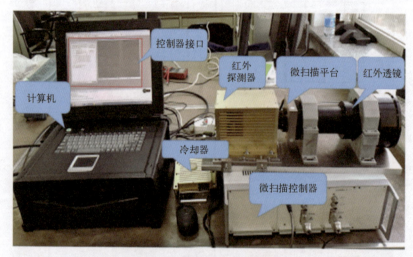

图 3.23　长春理工大学通过采用微扫描成像器件实现亚像素级光强变换以实现图像超分辨率

从上述已开展的工作来看，国内外针对实现宽视场、高分辨率成像已经开展了大量的研究，并在相机阵列成像、复眼成像、光场成像、图像超分辨率等方面取得了许多重要研究成果。但总的来说，针对该领域仍存在以下两方面问题亟待解决：

（1）目前光学成像系统无法兼顾视场的扩大与分辨率的提升：虽然实现了多个探测器的信息并行采集，但现有工作仅限于视场扩大/多视角采集，而成像系统的分辨率与探测灵敏度仍然受限于单个子相机的空间采样率与灵敏度，并没有因为相机个数或孔径的增加而得到提升，因此无法有效提升成像系统对目标的探测精度与作用距离。

（2）现有图像超分辨率技术难以实现分辨率的大幅稳定提高：图像超分辨率技术并不能创造奇迹，而是一种信息量的互换。而图像超分辨率重建的基础也是能够获取当前场景下的额外信息，因此只有在多帧图像中存在非冗余信息的情况下，才能进行图像超分辨率重建。被动多帧图像超分辨率由于亚像素位移不可控，依赖大量场景的随机采样，因此难以实现实时、各向同性的高分辨率重建。主动微扫描图像超分辨率又存在系统复杂、亚像素位移过度依赖于高精密机械、难以实现分辨率的大幅稳定提高。

基于上述分析，了解到现有工作虽然在视场扩大和像素分辨率提升这两个方面分别取得了一定的进展，但尚未有一项技术与系统能够在实现广域宽视场成像的前提下，突破成像器件奈奎斯特采样的限制实现图像超分辨率成像，满足对远距离弱小目标精细化探测与识别的需求。因此，开展基于计算光学的光电成像技术的相关研究，探索并实现新一代"宽视场、高分辨率、高灵敏"军用光电成像与探测的关键理论与技术势在必行。

3.3.3　基于融合神经网络的单帧图像超分辨率重建技术

在计算机视觉中，卷积层在特征提取中发挥着重要的作用，通常比传统的手工特征提取方法提供更多的信息。图像融合的关键问题是如何从源图像中提取出显著特征，并将它们结合起来生成融合图像。然而，CNN 在应用于图像融合时面临三个主要挑战。首先，训练一个良好的网络需要大量的标记数据。然而，基于卷积神经网络的图像融合架构过于简单，网络框架中的卷积计算层较少，从图像中提取的特征不足，导致融合性能较差。其次，人工设计的图像融合规则对实现端到端模型网络具有挑战性，在特征重构过程中会混入一些误差，影响图像的特征重构。最后，传统卷积神经网络算法忽略了最后一层的有效信息，使模型特征不能充分保留。随着网络的深入，特征的丢失会变得严重，导致最终融合效果的恶化。图 3.24 所示为融合重建网络整体结构。

基于深度学习的超分辨率重建网络基本包含特征提取模块、非线性映射模块及优化重建模块（损失函数），图 3.25 所示为一个超分辨率重建的基本网络结构，将低分辨率图像进行插值到与高分辨率图像相同尺寸的输入图像。输入图像经过卷积运算将图像的信息转换为特征表示，再经过非线性映射及超分辨率重建获得重建后的高分辨率图像，结合损失函数计算与真值图像的差异，进行反向传播与优化迭代，因此该网络也为一个典型的端到端输入输出的神经网络模型。

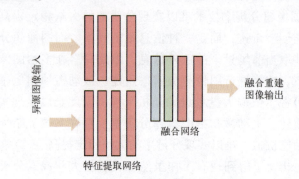

图 3.24　融合重建网络整体结构

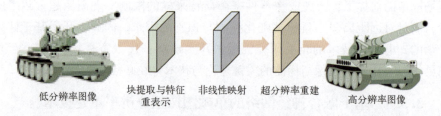

图 3.25　卷积超分辨率重建网络结构

假定低分辨率图像为 Y，通过神经网络的不同大小、不同维度的卷积核对其进行特征提取，使得其以一种新的特征形式表现，可以将整个过程用 F_1 表示为

$$F_1(Y) = \max(0, W_1 * Y + B_1) \qquad (3.38)$$

式中：W_1 和 B_1 分别为第一层卷积层的卷积核及偏置向量。如果输入图像的通道数 c 并且卷积核的维度为 n_1，则卷积核的表达方式可以改写为 $c \times f_1 \times f_1$，W_1 的尺寸大小为 $c \times f_1 \times f_1 \times n_1$，$B_1$ 为一个 n_1 维的向量。因此，块提取与特征重表示的过程可以理解为对输入的图像首先进行一个分块提取的操作，之后再对分块后的低分辨率图像进行 n_1 维的图像特征提取。

非线性映射卷积层是将低分辨率图像的特征信息映射到高分辨率图像的特征信息上，二者建立一个映射函数，其具体流程可以表示为

$$F_2(Y) = \max(0, W_2 * F_1(Y) + B_2) \qquad (3.39)$$

式中：W_2 的尺寸大小为 $n_1 \times 1 \times 1 \times n_2$；$B_2$ 为一个 n_2 维的偏置向量。任意一个输出的 n_2 维向量都表示一个高分辨率图像块，可用于对最终高分辨率图像的重建输入。

而最终的重建模块就是对提取出来的特征信息及图像的基频信息进行结合，从而完成对最终高分辨率图像的重建。传统的方法是对多帧图像进行平均处理，而卷积重建网络中是将其定义为一个滤波器，其操作算子可以表示为

$$F(Y) = W_3 * F_2(Y) + \boldsymbol{B}_3 \tag{3.40}$$

式中：W_3 的尺寸大小为 $n_2 \times f_3 \times f_3 \times c$；$\boldsymbol{B}_3$ 为一个 c 维的偏置向量。W_3 可以视作一个均值滤波器，所有的重建滤波器都属于线性操作过程。

超分辨率卷积神经网络的整个训练可以理解为不断地对网络参数进行估计与最优化过程，以实现最优的特征映射，整个网络参数可以表示为 $\boldsymbol{\Theta} = \{W_1, W_2, W_3, B_1, B_2, B_3\}$，即通过不断修正重建图像与原始高分辨率图像之间的误差，并且对网络中的参量进行调整与回传，逐渐实现网络参数的最优化，因此其属于有监督学习。假设训练集中真值图像为 $\{X_i\}$，与之对应的低分辨率输入图像为 $\{Y_i\}$，重建后的高分辨率图像表示为 $F(Y_i; \boldsymbol{\Theta})$，重建网络所用的损失函数为均方差 $L(\boldsymbol{\Theta})$，则其数学表达式可以表示为

$$L(\boldsymbol{\Theta}) = \frac{1}{n} \sum_{i=1}^{n} \left\| F(Y_i; \boldsymbol{\Theta}) - X_i \right\|_2^2 \tag{3.41}$$

借鉴于单帧图像超分辨率重建思路，基于端到端的红外可见光双输入模型[75]也随之被相继提出，如图 3.26 所示，基本分为特征提取、特征映射及特征重建三个模块。采用两个卷积层提取图像特征。针对多幅输入图像的卷积特征，采用合适的融合规则。最后，通过两个卷积层重构融合后的特征，形成融合后的图像，并且基于端到端融合网络可以解决不同的融合问题，包括多模式、多曝光、多聚焦。该模型具有保持融合结果与源图像相似度的自适应能力，能够自动估计对应源图像特征的重要性，并提供自适应信息保存。该方法降低了深度学习在图像融合中的难度，降低了模型的通用性和训练权值的自适应能力，解决了网络训练过程中梯度消失及计算复杂性的问题。

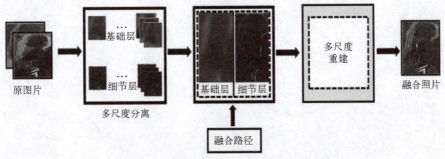

图 3.26　红外可见光异源图像融合示意图

第 **4** 章

面向真实世界的单帧图像超分辨率重建
技术研究

4.1 引言

红外成像系统，尤其是长波红外成像系统，具有热辐射、全天候成像、抗干扰能力等成像特点，在军事、安防、监控等领域的强力需求牵引和光电成像基础技术的推动下，不断地革新和进步。新一代的红外成像系统在信息获取能力、态势感知能力等方面都有显著的提高，但是由于受到探测器制作工艺、功耗成本等因素的限制，获取的红外图像分辨率通常低于可见光图像，且红外图像的边缘区域存在模糊的现象。通过提升红外探测器性能来改善获取的红外图像质量将会花费很大的成本，因此，人们提出使用信号处理的方法，从一幅或者多幅低分辨率图中重构出高分辨图像，来有效提升红外图像的成像质量，该方法称为超分辨率重建方法。

近年来，深度学习广泛应用于计算机视觉感知和图像处理领域，尤其是卷积神经网络在各种计算机视觉领域（如目标检测、图像识别取得的重大突破）可以为实现超分辨率图像重建带来一些新的启发。通过不同维度的卷积层进行特征学习，结合非线性变换及激活函数等方式，从原始数据中提取简单特征及高维信息特征，从而将数据表示得更有效、更抽象。相比于传统方法，深度学习精度更高，鲁棒性更好，以及拥有更快的测试速度。在图像超分辨率领域，Dong 等[65]首次将卷积神经网络引入超分辨率重建领域，提出了基于卷积神经网络的超分辨率（Super-Resolution using Convolutional Neural Network，SRCNN）重建方法。通过多次卷积提取特征，并结合残差及损失函数逐步缩小输出图像与真值图像的误差，完成超分辨率的重建。与此同时，Mao 等[76]提出了一种卷积编-解码框架，用于图像恢复、图像去噪和超分辨率等问题。该网络由多个卷积和反卷积层组成，并且网络达到一个很深的维度进行低质图像到原始图像的端到端映射。卷积层充当特征提取器，捕获图像内容的细节特征，同时消除噪声和损坏，然后使用反卷积层进行图像重建的过程，用于恢复图像的高频细节。

尽管这些卷积神经网络在超分辨率重构上取得了不错的效果，但是这些网络的训练时间较长，超分辨率重构效率较低。具体来说有以下几方面仍待解决：

（1）基于优化的重建方法。基于优化的重建方法旨在建立有效的图像先验，使清晰图像优于模糊图像。已知的具有代表性的先验包括稀疏梯度、超拉普拉斯先验、归一化稀疏先验、L_0-范数先验、patch 递归先验和鉴别学习先验。利用上述优势，现有的基于优化的方法可以在通用的自然图像上提供更好的结果。然而，这些方法不能很好地推广到处理特定领域的图像中，针对特定的图像可以引入特定的先验知识。例如，针对弱光图像引入光照条纹先验，以及文本图像引入强度和梯度结合先验。最近，Pan 等[77]开发了暗通道先验（Dark Channel Prior，DCP）来增强潜影暗通道的稀疏性，并在通用图像和特定图像上都取得了很好的结果。Yan 等[78]进一步引入了明亮通道先验（Bright Channel Prior，BCP）来解决含有大量明亮像素的角点情况图像，通过将极端通道先验（BCP 和 DCP 的结合）插入去模糊模型中，在各种场景下取得了最先进的结果。

虽然基于优化的算法已经证明了它们在图像去模糊方面的有效性，但是对模糊模型的简化假设和耗时的参数调整过程是两个关键性的问题，阻碍了它们在现实情况下的性能。

（2）基于深度学习的重建方法。基于深度学习的重建方法主要是利用外部训练数据，按照退化过程学习映射函数。强大的端到端训练模式和非线性建模能力使 CNN 成为一种很有前景的图像去模糊方法。早期基于 CNN 的去模糊方法旨在模仿传统的去模糊框架来估计潜在图像和模糊核。之前的工作首先使用网络来预测非均匀模糊核，然后使用去模糊方法来恢复图像。随后，YAN 等[78]引入了两阶段网络来模拟迭代优化，Chakrabarti[80]利用网络来预测模糊核的频率系数。但是，当估计核不准确时，重建方法将与真实值偏离很多。因此，最近的方法更倾向于训练无核估计网络来直接恢复潜在图像。具体来说，Nah 等[81]提出了一种多尺度 CNN 来逐步恢复潜在图像。Tao 等[82]引入了带有 Conv LSTM 层的尺度递进网络，进一步保证了不同分辨率图像之间的信息流。Kupyn 等[83]采用 Wasserstein GAN 作为目标函数来恢复潜影的纹理细节。Zhang 等[84]采用了空间变异递归神经网络（Recurrent Neural Network，RNN）来降低计算成本。

虽然基于深度学习的去模糊方法已经取得了突破性的进展，但有限的训练数据和对先验知识的不重视是阻碍性能提高的两个主要因素。为了缓解这些问题，本章将引入编-解码网络及逆向回归重建网络，对清晰图像的解空间进行正则化。

（3）单幅图像超分辨率数据集的不准确性。目前有几个流行的数据集，包括 Set5、Set14、BSD300、Urban100、Manga109 和 DIV2K，被广泛用于训练和评价单幅图像超分辨率方法。在所有这些数据集中，低分辨率图像获取的退化方式通常是约定俗成的,如双三次下采样或高斯模糊。因为退化的过程是建立于理想的成像过程,与真实图像存在偏离,因此若基于这些模拟数据训练得到的单幅图像超分辨率模型在应用于真实低分辨率图像时可能表现出较差的性能。为了提高泛化能力,Zhang 等[85]使用多次模拟退化来训练他们的模型,Bulat 等[86]使用生成对抗网络(Generative Adversarial Network,GAN)来生成退化过程。虽然这些更先进的方法可以模拟更复杂的退化,但并不能保证模拟的退化能接近实际情况下的真实退化,而实际情况通常非常复杂,因此如何建立一个真实有效的退化模型也是至关重要的。

同一场景下的低分辨率图像与真实高分辨率图像获取非常具有挑战性,因此若要实现真实场景下的单幅图像超分辨率模型的训练和评估非常困难。Qu 等[87]将两个摄像机和一个分束器放在一起,以收集有配对人脸图像的数据集。Köhler 等[88]在传感器上使用硬件捕获低分辨率图像,并使用多个后处理步骤生成多张低分辨率图像。然而,这两个数据集都是在室内实验室环境中收集的,场景数量非常有限。借鉴 Cai 等[89]的调整单反相机焦距的方法,依靠红外相机,通过调整焦距来产生不同分辨率的图像对,以此收集室外环境下面向真实世界的红外数据集。

如图 4.1 所示,本章主要包括以下 4 个部分:

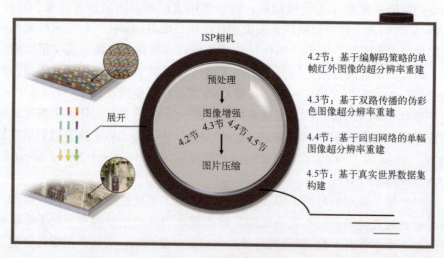

图 4.1　本章的组织架构

4.2 节介绍基于编-解码策略的卷积神经网络图像超分辨率结构,该结构中包含多个卷积层和反卷积层。在多尺度网络体系结构下,跳跃连接结构能够有效解决梯度消失问题。同时，网络结构中通过引入了残差模块和跳跃连接方式，更好地利用不同尺度下的信息，使得网络能够更加高效地进行红外图像超分辨率。

在上述研究工作的基础上，4.3 节介绍基于红外图像的伪彩色超分辨率重建技术，在编-解码网络的基础上，同时学习彩色化映射信息及图像中的高频细节，融合后的图像成功克服了彩色化容易丢失高频信息的问题。

在最后，分析基于闭环回归的超分辨率方案，通过增加额外的限制，缩小可能的函数空间，使超分辨率模型有效地重建低分辨率图像。考虑学习的不对称映射，提出基于闭环回归的方案，引入一个额外的约束，同时学习正向模型及逆向的回归映射以提高超分辨率性能。同时，利用残差通道注意力模块（Residual Channel Attention Block，RCAB），在限制映射的条件下，自适应地捕获通道中益于细节重建的有效信息，更多的特征图能够产生更多有价值的细节信息，并对各维度特征进行提炼。综上所述，此方法既可以对降采样得到的低分辨率图像实现超分辨率重建，又能利用 Real-SR 数据集对实际图像进行有效恢复。

在利用卷积神经网络进行图像恢复任务时，数据集的构建同样至关重要。本章将探讨如何创建贴近现实世界的数据集，以应对单帧图像超分辨率技术在实际应用中所面临的图像映射不精确问题。本章提出了一种渐进式图像配准算法，该算法能够有效地对不同分辨率的图像对进行精确配准。实验结果表明，使用 Real-SR 数据集训练的单帧图像超分辨率模型，在真实场景中的视觉质量、边缘清晰度以及纹理细节方面，均优于使用传统模拟数据集训练的模型。通过这些方法，能够更好地模拟现实世界中的图像退化过程，并为单帧图像超分辨率技术提供更加丰富和真实的训练数据，从而显著提升模型在实际应用中的性能和效果。

4.2　基于编-解码策略的单帧红外图像超分辨率重建

深度神经网络中卷积层是利用数个卷积核对输入特征分别进行卷积运算，在 CNN 中，由于卷积层是用来提取特征且卷积核是可学习的参数，此时的卷积运算与互相关（cross-correlation）运算等价，因此卷积层中应用的通常是互相关运算。卷积运算是通过将滑动窗口内的数据与卷积核元素进行点乘运算来实现的。卷积核从输入图像的最左上方开始，按从左至右、从上至下的顺序，依次在特征图上滑动，当滑动到某一位置时，对应窗口内的值与卷积核元素相乘并求和，从而获得该位置卷积运算后的特征元素。图 4.2 给出了在一张特征图上卷积运算的简单图例。相对于卷积层的输入特征图而言，输出特征图的大小由卷积核尺寸、填充（padding）元素数量和卷积核滑动步幅来决定。

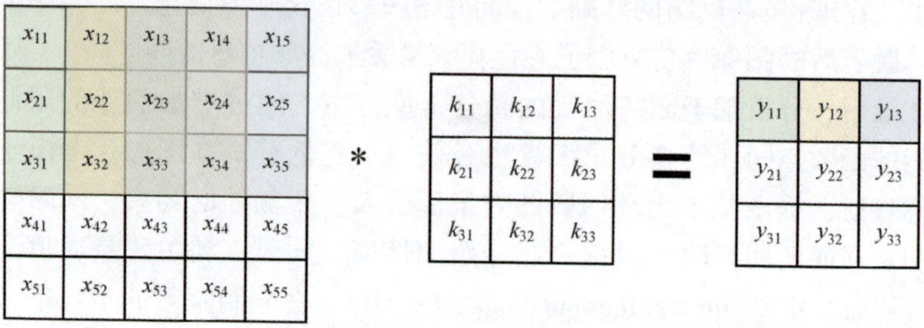

$y_{11} = x_{11} \times k_{11} + x_{12} \times k_{12} + x_{13} \times k_{13} + x_{21} \times k_{21} + x_{22} \times k_{22} + x_{23} \times k_{13} + x_{31} \times k_{31} + x_{32} \times k_{32} + x_{33} \times k_{33}$

$y_{12} = x_{12} \times k_{11} + x_{13} \times k_{12} + x_{14} \times k_{13} + x_{22} \times k_{21} + x_{23} \times k_{22} + x_{24} \times k_{23} + x_{32} \times k_{31} + x_{33} \times k_{32} + x_{34} \times k_{33}$

...

图 4.2　图像卷积示意图

卷积核尺寸通常由水平和垂直两个方向的元素个数来描述，如图 4.2 中卷积核尺寸即为 3×3。填充是指在输入特征图四周填充元素（通常是 0 元素）的过程。滑动步长指的是每次卷积核在输入特征图上滑动的行数或列数，在图 4.2 中，卷积核在水平和垂直方向上滑动的步幅均为 1。假设卷积层的输入特征图大小为 $H_1 \times W_1$，且四周均填充 p 行（列）元素（0 元素填充），卷积核尺寸为 $v_h \times v_w$，在垂直和水平方向上滑动步幅分别为 s_h 和 s_w，那么经过卷积运算后，输出特征图尺寸为

$$H_0 = \left\lfloor \frac{H_1 + 2p - v_h}{s_h} + 1 \right\rfloor, \quad W_0 = \left\lfloor \frac{W_1 + 2p - v_w}{s_w} \right\rfloor + 1 \tag{4.1}$$

式中：符号 $\lfloor \cdot \rfloor$ 为向下取整运算。若无特别说明，本节中卷积运算均是采用对称填充，且在垂直和水平方向上的滑动步幅均为 1。

（1）正向传播。正向传播是指 CNN 沿着从输入层到输出层的顺序，利用级联的运算模块将输入映射为输出的过程。图 4.3 所示为从模型始端至末端方向即为模型的正向传播，其中矩形代表运算模块，模块中可学习的参数记为 W^m（$m = 1,2,\cdots,M$），每个模块运算可以是单独的卷积、激活、归一化、池化等运算，也可以认为是不同运算的组合。正向传播应用于模型的测试和训练两个阶段，在模型测试阶段，基于训练完毕的网络模型，利用正向传播过程将输入 X^0 依次进行 M 个模块运算后，即可获得网络的预测结果 X^M；在模

型训练阶段，正向传播过程除了将输入 X^0 映射为输出 X^M，还需要依次存储级联模块的参数及中间计算所得数据，并且需要根据损失函数 $\mathcal{L}(\cdot)$ 的返回值及样本真实标签 Y 来计算网络的预测误差 E，即 $E=\mathcal{L}(X^M,Y)$，进而反向传播过程对模型进行优化。

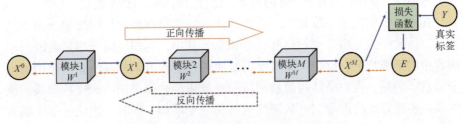

图 4.3　CNN 正向传播与反向传播示意图

（2）逆向回归。逆向回归过程应用于模型的训练阶段，是依据微积分的链式法则，沿着从预测误差到输入层的逆向顺序，依次计算中间数据及模块参数的梯度，并利用随机梯度下降法对各模块参数进行更新的过程，即图中从网络末端至始端的传播方向。假设网络由 M 个级联模块构成，模块对应的参数为 $W^m(m=1,2,\cdots,M)$，那么训练样本 X^0 首先经过正向传播运算得到预测输出 X^M，并利用损失函数 $\mathcal{L}(\cdot)$ 获得相应预测误差 E，此过程可用公式表示为

$$X^m=f^m(X^{m-1},W^m)\,,m=1,2,\cdots,M$$
$$E=\mathcal{L}(X^M,Y)$$
$$\text{(4.2)}$$

式中：$f^m(\cdot,\cdot)$ 为第 m 个模块；Y 为样本真实标签。随后，基于输出的预测误差，利用反向传播过程来更新各模块参数。以第 m 个模块为例，当反向传播至该模块时，需要计算两部分梯度：一部分是误差关于该模块参数的梯度 $\partial E/\partial W^m$，另一部分是误差关于该模块输入的梯度 $\partial E/\partial X^{m-1}$。模块参数的梯度 $\partial E/\partial W^m$ 用于该模块的参数更新，而输入的梯度 $\partial E/\partial X^{m-1}$ 用于向之前模块反向传播误差。根据链式法则，第 m 个模块两部分梯度的计算表达式为

$$\begin{cases}\dfrac{\partial E}{\partial W^m}=\dfrac{\partial E}{\partial X^m}\cdot\dfrac{\partial X^m}{\partial W^m}\\[2mm]\dfrac{\partial E}{\partial X^{m-1}}=\dfrac{\partial E}{\partial X^m}\cdot\dfrac{\partial X^m}{\partial X^{m-1}}\end{cases}\qquad\text{(4.3)}$$

式中：$\partial X^m/\partial W^m$ 和 $\partial X^m/\partial W^{m-1}$ 可通过求偏导运算得出。反向传播从最后模块开始计算梯度，并迭代应用式来完成级联模块的梯度计算和参数更新。

在 CNN 优化求解时，正向传播和反向传播交替进行，且每进行一次反向传播，模型的参数都根据计算的梯度更新一次。在应用小批量随机梯度下降法进行模型训练时，每一次小批量样本上的模型更新称为一次迭代（iteration）更新，当小批量的模型更新过程遍历所有训练样本时称为一轮迭代周期，通常综合考虑训练的稳定性及计算资源限制来设定合适的小批量样本数量。

在本小节中提出一种基于对称跳跃连接的卷积神经网络图像超分辨率结构，该结构中包含多个卷积层和反卷积层。其中，卷积层的作用是提取图像内容中的细节特征，反卷积层的作用是使图像进行上采样及恢复图像中的细节信息。另外，在网络结构的卷积层和反卷积层之间采用跳跃连接模块，该连接能够很好地将图像信息从网络前端传递给后端。同时，跳跃连接能够有效解决梯度消失问题。相比于 Mao 等[90]提出的网络结构，在网络结构中通过引入残差模块和改变跳跃连接方式，使得网络能够更加有效地进行红外图像超分辨率。

4.2.1 网络结构

基于编–解码策略的红外超分辨率网络框图如图 4.4 所示，网络结构中包含卷积层和反卷积层。每个卷积层和反卷积层后面添加有线性整流函数层。为了解决网络过拟合问题，在每个卷积层和反卷积层后添加了采样阈值为 0.3 的随机失活层。

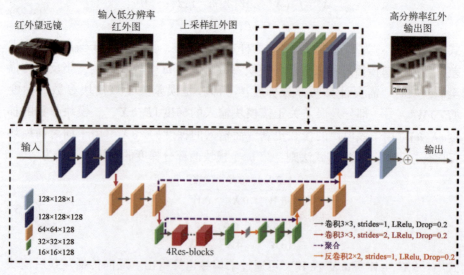

图 4.4 基于编–解码策略的红外超分辨率网络框图

网络的详细结构参数如表 4.1 所示，在重建算法中首先将低分辨率红外图像进行预处理，使用双三次插值法将其上采样至目标图像尺寸，随后送入卷积神经网络进行端对端的监督学习。网络中的卷积层是作为一个特征提取器，提取图片内容中的特征。同时，利用步长为 2 的卷积操作进行特征图的降维。反卷积层能够将特征图进行上采样并且能够恢复图像内容中的细节信息。另外，在网络中添加了残差模块和跳跃连接，连接网络前半部分和后半部分。该连接能够很好地将图像信息从网络前端传递给后端，同时也能够有效地解决梯度消失问题。最后通过一个滤波器为 1 的卷积层计算的特征图与输入图进行元素相加，经过激活函数后得到目标高分辨率红外图。

表 4.1　网络的详细结构参数

层	卷积核尺寸	步　　长	滤　波　器	数　　量
卷积层	3×3	1	128	12
卷积层	3×3	2	128	3
反卷积层	2×2	1	128	3
残差模块	3×3	1	128	4

网络中有卷积层、反卷积层、元素加法层和通道融合层 4 种类型的层。除了通道融合，每一层之后都有一个 ReLU 层。用 X_i 表示第 i 层的输入，那么卷积层和反卷积层表示为

$$F(X_i) = \max(0, W_k * X_i + B_k) \tag{4.4}$$

式中：W_k 和 B_k 为权重和偏置；$*$ 为卷积运算或反卷积运算。对于元素相加层，输出是两个相同大小的输入按元素相加：

$$F(X_i, X_j) = \max(0, X_i + X_j) \tag{4.5}$$

式中：X_i 和 X_j 分别为第 $i+1$ 层和第 $j+1$ 层的输入图像。对于通道融合层，输出为两个大小相同的输入通道之和：

$$F(X_i, X_j) = X_i \oplus X_j \tag{4.6}$$

为了便于表达，使用 F_c 和 F_d 表示卷积和反卷积运算。本节中提出的网络有 26 层，根据式（4.6），可以将网络结构的输出表示为

$$OUT = F_c(X_{25}) + X_0 \tag{4.7}$$

式中：X_0 为网络的出入红外图像。具体来说，递归计算结果如下：

$$\begin{aligned}
\text{OUT} &= F_c(X_{25}) + X_0 \\
&= F_c^2(X_{24}) + X_0 \\
&\cdots\cdots \\
&= F_c^2(F_d(F_c^2(F_d(F_c^2(F_d(F_c(X_{15}))) \oplus F_c^7(X_0))) \oplus F_c^5(X_0))) + X_0
\end{aligned}$$

(4.8)

其中

$$\begin{aligned}
X_{15} &= F_c^{15}(X_0) + X_{13} \\
&= \cdots\cdots \\
&= F_c^{15}(X_0) + F_c^{13}(X_0) + F_c^{11}(X_0) + F_c^9(X_0) + F_c^7(X_0)
\end{aligned}$$

(4.9)

上述公式只迭代到 X_{15} 是为了方便显示本节所介绍网络的差异。如果网络结构中没有残差块，则 $X_{15} = F_c^{15}(X_0)$。与没有残差块的网络相比，本小节所介绍的网络底部包含了更多的细节，可以防止梯度的消失。如果没有通道数融合，那么 OUT 可以表示为

$$\text{OUT} = F_c^2(F_d(F_c^2(F_d(F_c^2(F_d(F_c(X_{15}))))))) + X_0 \qquad (4.10)$$

与本小节所介绍的网络相比，许多图像细节缺失，降低了反卷积恢复高分辨率图像的能力。通过融合不同层的图像信息，可以提高反卷积层恢复高分辨率图像的能力。将输入图像通过上采样到目标图像大小，然后将卷积神经网络进行端到端的监督学习。利用网络中的卷积层作为特征提取器，对红外图像进行特征提取。步长为 2 的卷积主要是为了减小特征图像的尺寸。反卷积层可以对特征图进行上采样，恢复图像细节。结构中跳跃连接主要是将图像细节的信息从网络的前端传到后端，以解决梯度消失的问题。

总的来说，介绍的网络结合了全局残差学习和局部残差学习，降低了计算复杂度，并加快网络的收敛速度。全局残差学习是指网络只需要学习高分辨率图像和低分辨率图像之间的残差部分，以降低网络的复杂度。

1. 卷积层和反卷积层

本节所介绍的网络结构包含大量的卷积层和反卷积层。卷积层的作用是从图像中提取特征，在之前的工作中，AlexNet[13] 使用了一些较大的卷积内核，如 11×11。卷积核尺寸变大具有感受野大的优点，可以提取输入图像较大邻域之间的信息，但是大的卷积核使网络计算量急剧增加。考虑深化网络结构，提高计算性能，本小节所介绍的网络选择了 3×3 卷积核。将卷积层的步幅设为 1，填充设为 SAME，以便在特征提取部分保持图像大小不变。此外，

该网络还包含图像降维过程。这些过程不使用最大池化的原因是，其原理为选取指定区域中最大元素，而这样会消除图像的细节部分，降低图像恢复和重建的性能，这与超分辨率的目的是相悖的。因此，采用步长为 2 的卷积运算对图像进行降维，能够最大限度地保留特征图的空间信息。在该实验中，保持降维操作外的其他层数参数都一致。在训练过程中，验证集上的峰值信噪比值的变化如图 4.5（a）所示。通过实验发现，采用卷积进行图像降维有助于得到更高分辨率的重建结果。

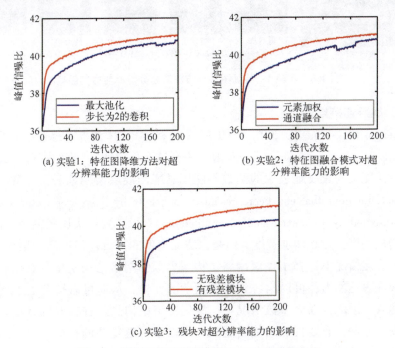

(a) 实验1：特征图降维方法对超
分辨率能力的影响

(b) 实验2：特征图融合模式对超
分辨率能力的影响

(c) 实验3：残块对超分辨率能力的影响

图 4.5　验证实验中训练集上 PSNR 的变化曲线

反卷积层的作用是将图像进行上采样并结合提取出的高频信息恢复图像细节。网络结构中分别对输入图像进行多维卷积，获得输入图像不同维度下尺寸的变化，而反卷积层的作用是如果进行特征的高维映射，实现网络模型的逆向重建。在网络中可以认为在任务前端的卷积过程就是在对图像进行编码，而反卷积层就是对图像进行解码的过程，整个网络可以看作一个编-解码信息提取的过程。

在实验 1 中，验证了特征图降维方法对网络超分辨率能力的影响。在验证实验中，利用双三次插值方法对低分辨率图像上采样三次作为输入图像，除降维方法外，保持网络结构参数一致。在训练过程中，峰值信噪比（Peak Signal to Noise Ratio，PSNR）的变化如图 4.5（a）所示，测试结果如图 4.6 所示。在网络结构中，采用卷积降维的方法显然比最大池化要好，这也证明了之前所分析的最大池化与卷积的工作原理，通过卷积的方式进行特征图的降维的方式也更适用于图像的超分辨率重建。

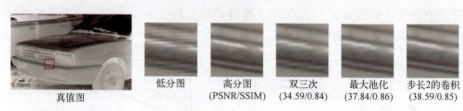

真值图　　　　低分图　　　高分图　　　　双三次　　　　最大池化　　　步长2的卷积
　　　　　　　　　　　　　（PSNR/SSIM）　（34.59/0.84）　（37.84/0.86）　（38.59/0.85）

图 4.6　实验 1：特征图降维方法对超分辨率能力的影响

2. 跳跃连接结构

Bengio 和 LeCun 在 2007 年的文章《将学习算法扩展到人工智能》（*Scaling learning algorithms towards AI*）中有这么一句话，"我们声称，大多数可以用深度架构紧凑地表示的函数不能用紧凑的浅层架构来表示（We claim that most functions that can be represented compactly by deep architectures cannot be represented by a compact shallow architecture）"[91]。要解决比较复杂的问题，要么增加深度，要么增加宽度。但是，增加宽度的代价往往远高于增加深度。因此，大多情况下选择了加深网络结构。更深的网络结构模型，意味着更好的非线性表达能力，可以学习到更加复杂的变换，从而可以拟合更加复杂的特征输入。因此，在大多数情况下，深化网络结构是一种较好的方法。网络结构模型越深，非线性表达能力越强，可以学习越复杂的特征变换，适应越复杂的映射函数。在此基础上，本节设计了一种带有跳跃连接结构的深度残差网络，以便更好地学习插值后的低分辨率图像与真值图像之间的高频细节信息。

即使网络结构深度不断加深，超分辨率性能也不会一直提升。从图像角度分析，在有更多卷积层的网络中，卷积过程使得图像特征越来越抽象，大量图像细节越可能丢失。从网络结构角度看，过深的网络结构也经常会遇到梯度消失问题。为了解决上述问题以及受到残差网络的启发，在网络结构中添加了跳跃连接，将网络前半部分的卷积层和网络后半部分的反卷积层相连接。将卷积层的大量图像细节信息传递给反卷积层，这有助于提升反卷积层的图像超分辨率重建能力。跳跃连接还具有将梯度反向传播到底层的优点，这使得梯度消失的问题得到了解决，因此训练结构更深的网络变得更容易。

本节中所采用的跳跃连接进行特征融合的方式与 RED-Net[90] 有所不同。RED-Net 采用的不是 Element-wise Add 进行特征融合，而采用的是 Connate 进行特征融合，Connate 方式能够使特征图的数量加倍。此外，还在网络的底层部分增加了残差模块，能够更好地提升网络超分辨率的整体性能。

与基于残差通道注意力网络[85]（Residual Channel Attention Network，RCAN）的图像超分辨率相比，局部残差和全局残差模块仅建立在相同尺度的网络结构上。全局残差是在多个局部残差模型中寻找最小的误差，并逐渐接近真实值。不同之处在于本小节所介绍的网络结构类似于金字塔成像模型。在网络的底层加入局部残差模块，从而在高分辨率图像恢复起始点获得高分辨率红外图像的初始值。采用逐级上采样和跳跃连接的方法恢复不同尺度的高分辨率图像。局部残差模型可以减少网络底部的网络参数，提高计算效率。此外，在网络顶部加入全局残差模块，在保留更多图像本身低频信息的同时加入高频信息，可以最大限度地恢复目标的高分辨率图像。全局残差学习结构和局部残差学习结构如图 4.7（a）和（b）所示。相反，仅使用同维度的残差结构增加了计算复杂度，缺乏对不同维的高频细节的提取，导致重构质量下降。因此，本节进一步将全局残差学习和局部残差学习相结合，提高了网络模型超分辨率的整体性能。

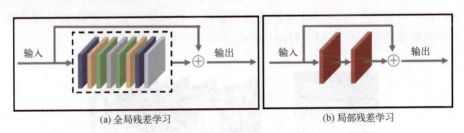

图 4.7　不同残差方式示意图

为了保证除验证对象外的其他条件不变，本节引入了控制变量法。实验 2 和实验 3 的结果也验证了引入残差块和改变特征融合方法对提高超分辨率能力是有效的。训练时的 PSNR 曲线如图 4.5（b）和（c）所示，实验测试结果如图 4.8（a）和（b）所示。结果表明，本节介绍的网络结构更适合于红外图像的超分辨率。

真值图　　　低分图　　　高分图　　　双三次　　　元素聚合　　　通道融合
　　　　　　　　　　　　(PSNR/SSIM)　(34.83/0.88)　(37.40/0.90)　(37.97/0.90)

(a) 实验2：特征图融合方式对超分辨率能力的影响

真值图　　　低分图　　　高分图　　　双三次　　　无残差　　　有残差
　　　　　　　　　　　　(PSNR/SSIM)　(37.15/0.87)　(41.50/0.87)　(41.76/0.89)

(b) 实验3：残差模块对超分辨能力的影响

图 4.8　控制变量对比实验

3. 训练数据与环境配置

此网络训练所用的红外图像数据集，如图 4.9 所示，均由望远镜在热成像模式所拍摄。典型的训练集和测试集如图 4.10 和图 4.11 所示。望远镜的视（Field of View，FOV）是 16°。本实验使用的红外数据集的图像大小为 600×800。对获取的图像进行下采样，获得相应的低分辨率红外图像。然后，采用双三次插值方法对低分辨率红外图像进行上采样，使其达到目标尺寸。红外图像被切割成 128 块×128 块，发送到网络进行训练。此外，也公开所使用的红外成像数据集，与目前公开的长波红外数据集相比，该数据集将具备更好的成像质量，更有利于对网络进行准确的模型训练。

图 4.9　公开数据集

图 **4.10**　训练集中的 **10** 组具有代表性的图像

图 **4.11**　测试集中的 **10** 组具有代表性的图像

学习从低分辨率图像到高分辨率图像的端到端映射需要精确估计由卷积核和反卷积核表示的权重 θ。具体来说，有 N 组训练样本对 $\{X^z, Y^z\}$，其中 X^z 为低分辨率图像，Y^z 为高分辨率版本作为基本事实。其中，网络的损失函数采用均方差损失（MSE）：

$$L(\theta) = \frac{1}{N} \sum_{z=1}^{N} \| F(X^z) - Y^z \|^2 \qquad (4.11)$$

在网络中，批尺寸的大小设置为 16，一轮设置为 200。根据经验，采用 Adam 优化器优化网络结构，初始学习率设置为 10^{-4}。模型训练网络的硬件平台为 Intel Core TM i7- 9700K CPU @ 3.60GHz×8，显卡为 RTX2080Ti。使用的软件平台是在 Ubuntu 16.04 操作系统下的 TensorFlow 1.1.0。

本小节所介绍的网络总训练时间为 10.44h，每幅图像的平均测试时间为 0.57s。为了表明本节网络模型的优越性，将本节网络结构训练得到的结果与 SRCNN 和 VDSR（Accurate Image Super - Resolution Using Very Deep Convolutional Network，VDSR）进行了比较。训练时的 PSNR 曲线如图 4.12 所示。

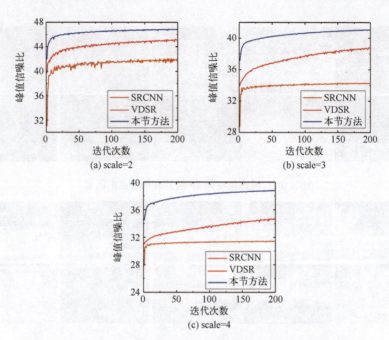

图 4.12 在不同的上样本尺度下，各网络训练时的 PSNR 变化曲线

4.2.2 实验结果与分析

实验中用于测试集的图片均为远场拍摄所得。将训练集送入所介绍的网络结构中，得到重建结果图。另外，将输入图像送进验证实验的结构中，将两者结果进行比较。其中，实验一是为了验证不同图片降维的方式带来的结果差异，将网络中的降维方式改成了最大池化。实验二是为了验证引入残差模块的合理性，将网络底部去掉残差。实验三是为了验证跳跃连接方式的引入对网络性能的改变，将跳跃连接改成元素和的方式。通过三个验证实验，更好地证明了本节所介绍的网络结构的合理性。且从实验结果中可以看出，本节所介绍的网络结果具有很好的图像超分辨率能力。

表 4.2 所示为各网络在三种不同尺度（scale = 2，3，4）下的实验结果。当尺度为 2 时，所介绍的网络结果的平均 PSNR 比双三次插值结果高 6.43dB，比 SRCNN 高 0.90dB，相比于 VDSR 提升 0.07dB。当尺度较小时（scale = 2），平均 PSNR 显著高于双三次插值的方法。与 VDSR 相比，本节所介绍的网络的 PSNR 并没有明显的提高，甚至有 PSNR 低于 VDSR 的情况。出现这些情况的原因可能是尺度很小，所以低分辨率图像中的大部分信息仍然保留了下来。

因此，同样对上采样倍数进行调整，当上采样倍数为 3 时，所介绍的网络结果的平均 PSNR 比双三次插值结果高 3.37dB，比 SRCNN 的方法提升了 1.89dB，与 VDSR 相比提升了 1.07dB。

表 4.2　各网络不同尺度下的实验结果

图片编号		image1	image2	image3	image4	image5	image6	image7	image8	image9
方法	尺度	PSNR/SSIM	PSNR/SSIM	PSNR/SSIM	PSNR/SSIM	PSNR/SSIM	PSNR/SSIM	PSNR/SSIM	PSNR/SSIM	PSNR/SSIM
bicubic	2 倍	37.21/0.80	37.64/0.86	40.16/0.88	41.39/0.87	36.43/0.87	38.69/0.88	40.92/0.88	38.32/0.87	42.95/0.83
SRCNN		43.41/0.86	43.76/0.90	45.64/0.92	46.26/0.91	41.77/0.88	44.48/0.91	46.24/0.90	44.69/0.91	47.17/0.86
VDSR		45.15/0.87	44.66/0.90	46.23/0.93	46.14/0.91	44.36/0.89	44.86/0.92	46.80/0.91	45.13/0.92	47.27/0.87
本书		**45.33/0.87**	**44.88/0.90**	**46.42/0.92**	**46.34/0.91**	**44.47/0.89**	**45.01/0.92**	**46.77/0.90**	**45.26/0.91**	**47.41/0.87**
图片编号		image1	image2	image3	image4	image5	image6	image7	image8	image9
方法	尺寸	PSNR/SSIM	PSNR/SSIM	PSNR/SSIM	PSNR/SSIM	PSNR/SSIM	PSNR/SSIM	PSNR/SSIM	PSNR/SSIM	PSNR/SSIM
bicubic	3 倍	33.64/0.67	33.85/0.76	36.41/0.78	37.74/0.79	32.80/0.78	35.02/0.79	37.19/0.81	34.76/0.77	39.50/0.73
SRCNN		35.23/0.69	35.53/0.78	37.66/0.80	39.55/0.79	33.96/0.78	36.72/0.80	38.75/0.81	36.75/0.78	40.10/0.73
VDSR		36.97/0.70	35.95/0.77	38.75/0.81	39.93/0.79	35.04/0.79	36.59/0.80	40.15/0.81	36.71/0.79	41.54/0.73
本书		**38.55/0.71**	**36.64/0.78**	**39.36/0.81**	**40.76/0.80**	**36.41/0.79**	**38.12/0.81**	**41.45/0.81**	**37.62/0.80**	**42.37/0.73**
图片编号		image1	image2	image3	image4	image5	image6	image7	image8	image9
方法	尺寸	PSNR/SSIM	PSNR/SSIM	PSNR/SSIM	PSNR/SSIM	PSNR/SSIM	PSNR/SSIM	PSNR/SSIM	PSNR/SSIM	PSNR/SSIM
bicubic	4 倍	30.65/0.53	30.76/0.66	33.38/0.68	34.55/0.69	30.17/0.69	31.53/0.68	34.06/0.73	31.48/0.66	36.47/0.64
SRCNN		31.82/0.57	31.95/0.68	34.74/0.71	36.47/0.72	30.83/0.71	32.50/0.71	35.27/0.75	32.55/0.69	37.93/0.66
VDSR		32.99/0.60	31.85/0.68	35.19/0.73	36.67/0.72	31.48/0.72	32.77/0.71	35.43/0.75	32.89/0.69	38.22/0.66
本书		**34.30/0.61**	**33.45/0.70**	**36.35/0.74**	**37.34/0.73**	**32.80/0.73**	**34.27/0.73**	**37.38/0.76**	**34.26/0.70**	**39.10/0.66**

进一步提升网络的上采样倍率，当尺度为4时，所介绍的网络结果的平均 PSNR 比双三次插值结果高 2.91dB，比 SRCNN 高 1.69dB，比 VDSR 高 1.31dB。当尺度较大（scale=3 或 4）时，所介绍的网络结果的平均 PSNR 改善值不如尺度较小时的好，因为此时图像的大部分细节信息已经被混叠到低频，图像呈现明显的像素化，此时高分辨率图像很难恢复。与 SRCNN 和 VDSR 网络相比，本节所介绍网络的平均 PSNR 有了明显的提高，显示了网络在超分辨率重建方面的优势。在结构相似性（SSIM）方面，本节所介绍网络的结果与 SRCNN 和 VDSR 相比略有提高。部分结果如图 4.13 ~ 图 4.15 所示。

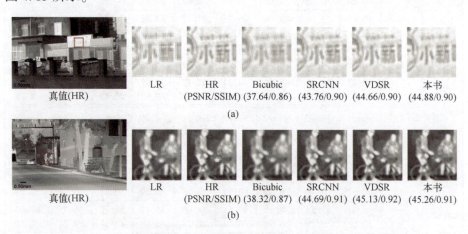

图 4.13　上采样比例为 2 时的实验结果

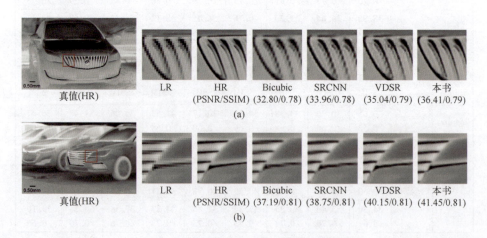

图 4.14　上采样比例为 3 时的实验结果

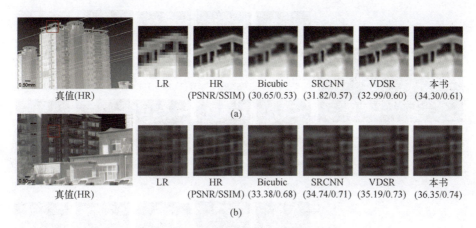

图 4.15　上采样比例为 4 时的实验结果

最后，将结果与深度小波残差神经网络[92]（Infrared Super-Resolution Imaging Using Multi-Scale Saliency and Deep Wavelet Residuals，DWCNN）、具有多感受野的级联深度网络[93]（Cascaded Deep Networks with Multiple Receptive Fields for Infrared Image Super - Resolution，CDNMRF）、多辅助网络[94]（Infrared Image Super-Resolution Using Auxiliary Convolutional Neural Network and Visible Image Under Low - Light Conditions，MultiAUXNet）、辅助卷积神经网络[95]（an Infrared Image Super-Resolution Imaging Algorithm Based on Auxiliary Convolution Neural Network，AUXCNN）、注意力机制生成对抗网络[96]（Infrared Image Super-Resolution Reconstruction by Using Generative Adversarial Network with an Attention Mechanism，AMGAN），以及区别字典和深度剩余网络[97]（Infrared Image Super-Resolution Via Discriminative Dictionary and Deep Residual Network，DDRes）分别如图 4.16 所示。与其他方法相比，本节所介绍的网络在多尺度上具有优异的超分辨率重建能力。

在本小节中，针对红外图像像元尺寸过大导致图像像素化的应用问题，介绍了一种基于对称跳跃连接的卷积神经网络图像超分辨率结构，利用卷积提取图像特征和反卷积恢复图像细节来达到图像超分辨率的目的。同时，引入跳跃连接及残差模块，有助于解决梯度消失问题和提升超分辨率性能。另外，通过通道数相加的方式来大幅度提升特征图数量，提高了反卷积层的超分辨率重建能力。经过分析及实验结果的对比，可以看出，本节所介绍的网络将更适合红外图像的超分辨率成像研究。

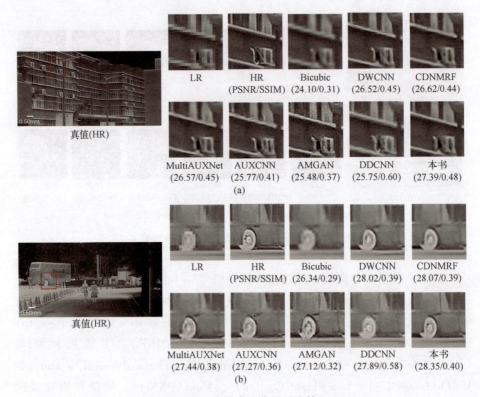

图 4.16　不同网络超分辨率成像结果比较（scale＝4）

4.3　基于双路传播的伪彩色红外图像超分辨率重建

4.3.1　引言

近年来，红外成像系统无论从硬件加工还是从算法优化均取得了重大突破，在安防监控、生物医疗、加工制造等行业获得了广泛应用。然而，目前红外成像系统仍然存在着一个技术瓶颈，那就是如何实现彩色化的成像，并且尽可能地贴近真实场景的颜色信息，目前大多数的伪彩色信息均是查找表的方式，但是，其是对热度信息做出的颜色映射，并不能反映出真实场景的彩色信息，其中某光电人工智能与机器人实验室在近期也对此类算法进行研究，实现对城市交通场景下的红外图像与可见光图像的转化，并得到良好的彩色化信息，但是此类的输出丢失了热度信息，因此若能实现基于场景下彩色化信息感知重建也必将是一个突破性的研究进展，经典的 RGB 图像也验证了人类视觉感知系统对 400~700nm 波段敏感，在该范围内表示的信息也更有助于用户理解。在此背景下，本节通过卷积神经网络在基于特定场景的前提下对长波红外图像进行着色处理，试图生成尽可能逼近真实场景的 RGB 表示。

将灰度红外图像转换为多通道的 RGB 图像与图像着色和颜色转移密切相关，前者是将一个灰度图像进行着色，后者将颜色分布从一个 RGB 图像转移到另一个 RGB 图像。然而，这两种技术都不能简单地应用于红外图像的着色。图像伪彩色的重建过程不仅要实现图像彩色化，同时也要包含原有的一些高频特征，因此在彩色化算法中通常包括各种优化、特征提取和分割算法。如图 4.17（a）所示，采用本节所述方法对一幅红外图像进行着色，可以看出图 4.17（b）重建的彩色信息更有利于进行场景的观测。

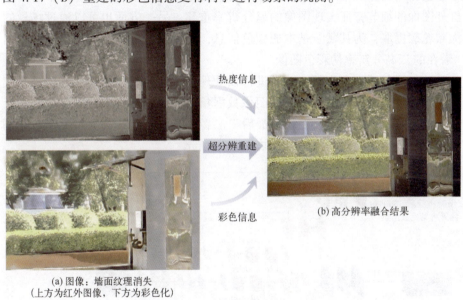

(a) 图像：墙面纹理消失
（上方为红外图像，下方为彩色化）

图 4.17　基于双路传播伪彩色重建流程

想要实现灰度图像的彩色化成像存在着诸多问题，是否可以采用深度学习网络解决彩色传递不稳定、颜色信息不正确、异源融合不自然的问题是本节亟待解决的一个关键性问题。CNN 最近趋势是使用多层卷积层，选取较小的卷积核与池化层，这无形中增加了网络中非线性的总量。但这种方法在不断增加网络深度的同时已经很难进一步优化图像效果。因此，本节开展了基于双路传播的高分辨率彩色重建研究工作，利用 4.2 节中提到的编–解码策略，同时结合残差结构就可以达到深层 CNN 对细节的提取效果，可以充分提取不同红外场景下的红外特征，同时以可见光图像的色彩信息作为真值，学习两者间的映射关系。

4.3.2　基于双路传播的高分辨率彩色重建网络

本节介绍的基于卷积神经网络的方法来实现长波红外图像到 RGB 图像的光谱传输。首先借鉴于 U–Net[98] 进行图像分割的思想，采用深度卷积神经网络对输入图像进行特征或轮廓提取，以识别出是什么场景，以及是什么颜色，由此来学习彩色化的能力。但因为直接进行彩色化的学习，会丢失大量的高频细节，所以引入第二个网络从低分辨率图像中提取高频细节，并使之应用于彩色化的超分辨率图像上，所以同时双路并行的网络一方面可以学习来自红外图像的细节特征实现图像的超分辨率重建，另一方面也可以通过场景的大致轮廓提取，为其赋予基本的颜色信息，经过二者的综合处理就可以输出"潜在的"高分辨率伪彩色图像。

该方法包括三个步骤：首先进行预处理，一共两组数据集，分别是真实世界的可见光图像数据集和红外图像数据集；其次是分别学习彩色化映射及超分辨率函数之间的映射关系，最后将二者进行结合完成高分辨率彩色化的学习过程。所有处理步骤的概览如图 4.18 所示。

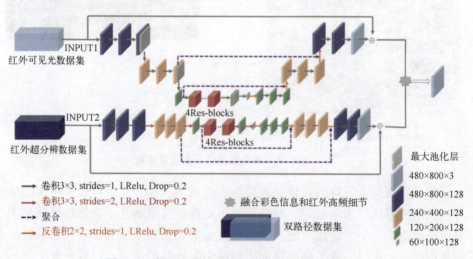

图 4.18　基于双路传播的红外伪彩色重建网络结构

1. 图像预处理

图像的采集过程中，是不能保证在同一时间、同一空间下同时获取大小、像素对应关系完全一致的 RGB 图像和红外图像，两者之间必然会产生一定的位移偏差。因此，对于采集后的图像集必须经过裁剪、配准等一系列过程后，才能产生网络所需的数据集，所拍摄的数据集是基于特定场景的数据集，为了满足基于场景的彩色化过程，其中的图像大部分都包括树木、建筑和蓝天。该数据集一共 500 幅红外图像，并且有 500 幅与其对应的配准后的可见光图像。不同尺度的图像在网络的不同位置，通过各部分的解码过程中的跳跃连接产生联系，从而有效地缩小映射函数的解空间，达到快速收敛的效果。图 4.19 展示部分对应的红外图像和可见光图像。

(a) 红外图像　　　　　　　　　　　　(b) 可见光图像

图 4.19　部分数据集

2. 基于编–解码网络的彩色化超分辨率重建

基于场景的伪彩色重建是利用了 4.2 节中编–解码网络来实现的，以红外和可见光数据集输入为例，同样利用网络的编–解码能力对图像进行重建，首先，双三次插值能对目标低分辨率图像进行 4 倍的放大，随后将该红外图像送入编–解码网络进行端对端的监督学习。注意，可见光数据集下的网络区别于红外超分辨率的地方在于 channel 设置为 3，输入输出的运算过程都是以此条件为基础进行学习的。颜色特征的提取依靠卷积层的能力。在图像的降维过程中，红外超分辨率数据集是为了对低分辨率图像进行超分辨率，所以与原编–解码网络一致，不使用最大池化，而利用卷积来最大限度地保留图像的细节。因此，采用步长为 2 的卷积运算对图像进行降维，能够以最大限度保留特征图的空间信息。而红外可见光数据集输入的路径下，所介绍的网络主要是为了学习彩色化的映射，因此着重于微小的空间信息，反而会产生不准确的色彩映射，如对于树叶的颜色学习中，并不需要强调树叶与树叶之间的红外高频信息，只需要网络学会在类似树叶这样的红外信息，学到的映射是将该红外信息转化为绿色这一较为宏观的信息，所以在彩色化过程中使用最大池化层，既能有效地学习彩色信息，又能减小网络的参数量，加快训练过程，得到更加准确的色彩信息。反卷积层进行图像特征的恢复，而卷积层通过跳跃连接将该部分信息传递给反卷积层，最后通过将特征图和输入图进行元素相加，经过线性整流函数层后得到目标 4 倍超分辨率、彩色化的 RGB 图像，这一完整的过程即图像的彩色化重建过程。

综上所述，基于对称跳跃连接的卷积神经网络图像超分辨率结构，利用卷积提取图像特征和反卷积恢复图像细节来达到图像超分辨的目的。同时，引入跳跃连接和残差模块，有助于解决梯度消失问题和提升超分辨性能。最后，网络通过通道数相加的方式来大幅度提升特征图数量，提高了反卷积层的超分辨率重建能力。双路网络的同步进行，使其能够学习颜色结构分析，实验结果表明，本节所介绍的网络更适合红外图像的超分辨率。同时，该方法对于颜色信息的提取同样是有效的，基本能实现基于场景的色彩信息的学习。

该网络有卷积层、反卷积层、池化层、元素加法层和通道融合层 5 种类型的层。除了通道融合层和池化层，每一层之后都有一个 ReLU 层，以 X 表示 ReLU 的输入：

$$\text{ReLU} = \max(0, X) \tag{4.12}$$

用 L_{i-1} 代替第 i 层的输入，用 L_i 代替第 i 层的输出，分别用 $\mathcal{F}_C$ 和 $\mathcal{F}_D$ 来表示卷积和反卷积操作，卷积核皆为 3×3 卷积核，padding = 1，$\mathcal{F}_P$ 代表池化操作，步长皆为 2，代表经过池化后输入高宽都缩小 1/2。卷积与反卷积层（包括 ReLU）为

$$\mathcal{F}(L_{i-1}) = \max(0, W_k * L_{i-1} + B_k) \tag{4.13}$$

式中：W_k 和 B_k 为过滤器和偏差；$*$ 为卷积运算或反卷积运算。对于元素相加层 P（包括 ReLU），输出是两个相同大小的输入按元素相加：

$$P(L_i, L_j) = \max(0, L_i + L_j) \tag{4.14}$$

式中：L_i 和 L_j 分别为第 i+1 层和第 j+1 层的输入图像。对于通道融合层 C，输出为两个大小相同的输入通道之和：

$$C(L_i, L_j) = L_i \oplus L_j \tag{4.15}$$

YCbCr 色彩空间融合层 Y 为

$$Y(L_{26}^1, L_{26}^2) = \text{YCbCr}\left[\eta Y(L_{26}^2) + (1-\eta) Y(L_{26}^1) : \text{Cb}(L_{26}^1) : \text{Cr}(L_{26}^1) \right] \tag{4.16}$$

式中：设置超参数 $\eta = 0.9$；L_{26}^1 为彩色化路径 26 层的输出；L_{26}^2 为红外超分辨率路径 26 层的输出。

本节介绍的并行网络，彩色化路径有 26 层，红外超分辨率路径有 26 层，最后还有 1 个 YCbCr 色彩空间融合层。根据式 (4.16)，可以将网络结构的输出表示为

$$
\begin{aligned}
\text{OUT} &= \mathcal{Y}(L_{26}^1, L_{26}^2) \\
&= \mathcal{Y}\begin{pmatrix} \mathcal{C}(\mathcal{F}_C^3(\mathcal{P}(\mathcal{F}_D(\mathcal{F}_C^2(\mathcal{P}(\mathcal{F}_D(\mathcal{F}_C^2(\mathcal{F}_D(\mathcal{F}_C(L_{12}^1)))), L_7^1))), L_5^1)), L_0^1), \\ \mathcal{C}(\mathcal{F}_C^3(\mathcal{P}(\mathcal{F}_D(\mathcal{F}_C^2(\mathcal{P}(\mathcal{F}_D(\mathcal{F}_C^2(\mathcal{F}_D(\mathcal{F}_C(L_{12}^2)))), L_7^2))), L_5^2)), L_0^2) \end{pmatrix}
\end{aligned}
$$

$$\tag{4.17}$$

$$L_5^1 = \mathcal{F}_C^2(\mathcal{P}(\mathcal{F}_C^2(L_0^1))) \tag{4.18}$$

$$L_7^1 = \mathcal{F}_C(\mathcal{P}(L_5^1)) \tag{4.19}$$

$$L_{12}^1 = \mathcal{F}_C(\text{Res}^4(L_7^1)) \tag{4.20}$$

$$L_{12}^2 = \mathcal{F}_C(\text{Res}^4(\mathcal{F}_C^7(L_0^2))) \tag{4.21}$$

上述公式中，Res 表示残差模块，与没有残差块的网络相比，所介绍的网络底部包含了更多的细节，可以防止梯度的消失。如图 4.20 所示，网络所输出的超分辨率图像细节信息得到了有效恢复，如房屋上的线条得到了有效的重建。此外，在彩色重建网络中房屋、树林及草地的颜色也得到有效恢复，通过结合彩色信息图像与超分辨率图像重建得到最终的融合图像，从图中可以看出，无论是彩色信息还是高分辨率细节信息都得到了高质恢复，验证了网络的可行性。

(a) 低分辨率图像　　　　　　　　　　(b) 学习彩色化的结果

(c)红外4倍超分辨率的结果　　　　　　　　　　　　　　(d)融合图像

图 4.20　伪彩色超分辨率重建结果

4.3.3　实验结果与分析

本节介绍的方法将在真实世界的图像上进行训练和评估。数据采集是用望远镜在热成像模式和智能手机上完成的。针对本节介绍的方法的应用范围，建立了相应的数据集。处理后的数据集均为 480×800 的图像。最后用于训练的数据集为 450 张，验证集为 20 张，测试集为 30 张，图 4.21 所示为拍摄及实物场景。

图 4.21　拍摄及实物场景

在网络中，批尺寸设置为 4，一轮设置为 200，$\beta_1 = 0.9$，$\beta_2 = 0.999$，并设置学习速率初始化为 10^{-4}，并通过余弦退火将其降低为 10^{-7}，共 10^6 次迭代。

模型训练网络的硬件平台为 Intel Core TM i7- 9700K CPU @ 3.60GHz 8，显卡为 RTX2080Ti。使用 Ubuntu 16.04 操作系统下的 Pytorch 1.3.0 软件平台。

本节所介绍的网络能够明显地实现超分辨率的同时，进行伪彩色。经过大量的实验测试，网络具有极高的稳定性。图 4.22 展示了图像效果。

在本节中，针对红外成像探测器单色性成像问题，介绍了一种基于双路传播的伪彩色红外图像超分辨率重建方案，利用卷积提取图像特征和反卷积恢复图像细节来达到图像超分辨率的目的。双路分别进行彩色化的学习，以及从低分辨率图像中提取高频细节，在此网络的作用下，同时双路并行的网络能够实现对低分辨率红外图像的 4 倍超分辨率伪彩色，大量的实验表明，如图 4.22 所示，本节所介绍的方法具有显著的更好的结果，并具有潜力。综上所述，本节所介绍的网络更适合红外图像的伪彩色超分辨率。

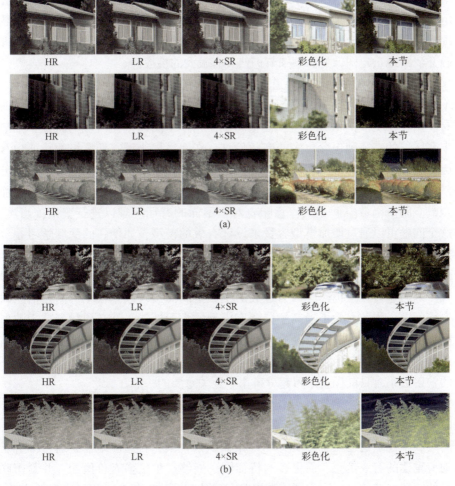

图 4.22　4 倍伪彩色重建结果

4.4　基于回归网络的单幅图像超分辨率重建

4.4.1　引言

传统的单幅图像超分辨率问题是指从低分辨率图像恢复到高分辨率图像，并且追求图像的高分辨率、高清晰度，以获取更多的图像信息。在计算机视觉研究中，卷积神经网络[99]的引入，极大地推动了单幅图像超分辨率技术的发展。最近几年，研究人员利用残差学习机制[100]、深度卷积结构、密集连接结构[101]等不断地优化超分辨率网络模型，继而不断地提升重建效果。然而，由于单幅图像超分辨率问题的不适定性，在较大的缩放因子条件下，大多数现有的方法仍然会出现模糊结果，甚至会丢失图像中的细节纹理，因此，准确并清晰地重建图像的高频细节仍然具有较大的挑战性。

在深层 CNN 中，不同通道、层级间的特征信息差异巨大，如在通道域，不同的特征图包含了图像的不同分量，有些特征图包含更多的高频分量，而有些则包含更多的低频分量；在空间域，相较于图像平坦区域的特征，细节丰富区域的特征则包含更多的高频信息；在网络层级域，低层级的特征包含更多局部结构信息，而高层级的特征则包含更多语义信息。低分辨率到高分辨率图像的映射是一个不适定问题，存在一个非常大的非线性映射下的可能函数空间。函数空间越大，意味着对于不同的特征越难以进行鉴别，当然，这个问题可以通过增加模型容量来设计有效的模型，如增强的深度学习超分辨率重建网络（Enhanced Deep Residual Networks for Super-Resolution, ED-SR)[102]。但是，单一地增加网络的深度和宽度，很难获得明显的重建性能提升，因为这些方法仍然会因为过大的函数空间而出现纹理模糊、高频信息缺失等问题。因此，为了提高超分辨率模型的学习性能，就必须找到减少映射函数的可能空间的方法，在合理的网络深度下，充分利用多层特征，各层信息都能为高频细节的重建提供有价值的信息，或者说，如何得到真实场景下的映射关系是目前深度学习超分辨率中至关重要的一点。

鉴于以上的讨论分析，本节介绍一种"闭环回归"方案，通过增加额外的限制，缩小可能的函数空间，使超分辨率模型有效地重建低分辨率图像，同时利用残差通道注意力模块[87]，限制映射空间，自适应地捕获通道中益于细节重建的有效信息，而更多的特征图也能够产生更多有价值的、并紧密联系的特征细节信息。利用训练数据对上述的超分辨率任务进行了大量的实验，当尺度为 4 时，重建结果的平均 PSNR 比 U–Net[103] 高 0.79dB，此结果证明了该网络结构具有良好的红外图像超分辨率重建能力，该方案的可行性同时也证明了此方法相对于现有方法的优越性。

本节介绍的方法主要贡献归纳为以下几点：

（1）引入残差块和通道注意力机制，利用通道域内特征之间的相互关系，从局部和全局两个层面对特征进行重新校准，以增强重要特征的作用，并提取有价值的信息。

（2）闭环回归方案，考虑学习的不对称映射，引入一个额外的约束，同时学习两个相反的映射，也就可以认为在同时学习高分辨率图像与低分辨率图像之间的双向映射，进而提高网络的超分辨率性能。

（3）考虑真实世界的数据，有效利用未配对的真实数据，使网络能够适应现实应用。

4.4.2　网络基本构建模块

1. 跳跃连接结构

通过增加神经网络的深度能提高网络模型的容量和表征能力，然而网络层数的增加往往会引起信息流削弱或消失的问题，从而使模型难以训练。为了解决以上矛盾，研究人员通过在深层网络中添加跳跃连接的方式来缩短信息传播路径，进而构造了不同的网络结构来增强信息流。在网络层数较深的情况下，采用跳跃式连接方法解决了网络梯度消退问题，同时有利于逆向梯度传播，加速训练过程。

2. 残差通道注意力模块

将注意力机制引入深层神经网络中，使其能从输入信息中筛选与任务相关的关键信息进行处理，可以减少冗余并提高处理效率，通道注意力机制网络结构如图 4.23 所示。通道注意力机制是利用特征通道之间的相互依赖性，让网络获取更多有价值的信息，其中如何对每个通道的特征生成不一样的注意力是关键的一步。在网络的特征图中，不同通道的特征图捕的网络特征是不同的，而正是因为这些不同点对于超分辨率任务中高频特征的恢复的贡献是不一样的，因此采用通道注意力机制对特征图中的通道赋予不同的权重，来增加通道之间的差异性，进一步提高超分辨率的性能。计算过程中，首先将全局平均池化成 $1\times1\times C$，该通道描述符包含了粗略信息，再利用降采样除以通道的比例 r，然后上采样得到每个通道的权重系数。通过对原有特征进行乘积，得到新的再分配通道权值特征。

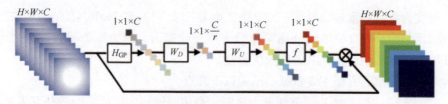

图 4.23　通道注意力机制网络结构

如图 4.24 所示，残差通道注意力模块的基本思想是将残差模块与通道注意力模块相结合，加强网络的映射能力，提取出关键的特征信息，网络先经过一个普通的卷积激活模块，然后将此特征图送入通道注意力模块中，经过一个 Sigmoid 后再与原来特征图相乘，最终加上最开始的输入，得到输出，其中卷积操作使用的是 3×3 的卷积核。

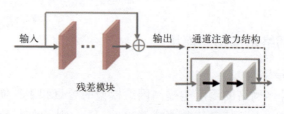

图 4.24　残差通道注意力模块结构

4.4.3　基于闭环回归的图像超分辨率网络及算法

本节将详细介绍超分辨率网络，包括网络成像正向模型、闭环回归成像算法和回归模型。

1. 网络成像正向模型

对超分辨率图像进行综合分析首先要建立正向观测模型，也就是高分辨率图像到低分辨率图像的退化过程。其大致可分为静态图像模型和视频序列模型，在本节中所考虑的正向建模为一个端到端的静态物体观测模型，其基本过程如下：

一个图像的退化从对原始图像进行线性化处理开始，分析传感器的噪声，光学透镜的光学特性对其产生影响，传统的超分辨率图像重建技术是利用多幅低分辨率观测图像重建底层有噪声和轻微运动的高分辨率场景。因此，假设每个高分辨率和低分辨率图像配准一致，考虑所需大小为 $L_1 N_1 \times L_2 N_2$ 的高分辨率图像，用字典法表示为向量 $\boldsymbol{x} = [x_1, x_2, \cdots, x_N]^\mathrm{T}$，其中，$N = L_1 N_1 \times L_2 N_2$，即

x 是一个理想的未退化图像，也可以是由一个采样率足够的探测器进行采样，不受探测器奈奎斯特采样频率的限制。在观测模式中，L_1 和 L_2 分别代表了下层采样因子的水平和垂直方向。所以，低分辨率图像的每个尺寸都是 $N_1 \times N_2$。假设第 k 个低分辨率图像用字典方法表示为 $\boldsymbol{y}_k = [y_{k,1}, y_{k,2}, \cdots, y_{k,M}]^\mathrm{T}$，$k = 1, 2, \cdots, p$，$M = N_1 \times N_2$。在获取多个低分辨率图像期间，$x$ 保持不变，除了模型允许的运动和退化。这样，观测到的低分辨率图像就是对高分辨图像 x 进行扭曲、模糊和子采样操作的结果。假定每一幅低分辨率图像都被加性噪声破坏，则可将观测模型表示为

$$\boldsymbol{y}_k = \boldsymbol{DB}_k \boldsymbol{M}_k \boldsymbol{x} + \boldsymbol{n}_k, \quad 1 \leqslant k \leqslant p \qquad (4.22)$$

式中：$\boldsymbol{M}_k$ 为尺寸为 $L_1 N_1 L_2 N_2 \times L_1 N_1 L_2 N_2$ 的形变矩阵；$\boldsymbol{B}_k$ 为尺寸为 $L_1 N_1 L_2 N_2 \times L_1 N_1 L_2 N_2$ 的模糊矩阵；D 为 $(N_1 N_2)^2 \times L_1 N_1 L_2 N_2$ 子采样矩阵；n_k 为按字典序排列的噪声向量。

根据正向观测模型，本节使用深度学习重建的方法来实现图像由低分辨率恢复到高分辨率的重建，与传统的多帧超分辨率相比，前者建立了低分辨率图像与高分辨率图像之间的非线性的映射关系。通过提取不同维度的有效信息，有效地解决了图像像素化成像问题，实现了图像超分辨率。

2. 基于闭环回归成像算法

本小节介绍一个闭环回归方案来处理成对和非成对的训练数据的超分辨率（超分辨），总体网络框架如图 4.25 所示。

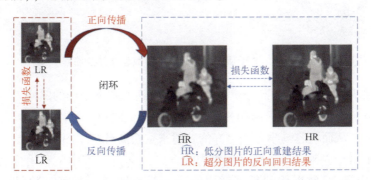

图 4.25　回归训练方案，其中包括一个超分辨率的原正向回归任务和一个将超分辨率图像映射回低分辨率图像的逆回归任务，两者形成一个闭环

现有的方法只注重学习低分辨率到高分辨率图像的映射，然而，其可能的映射函数的空间普遍较大，这使得训练非常困难。为了解决这个问题，本节介绍了一种闭环回归方案，利用逆回归的额外约束限制低分辨率图像可能

映射的空间。具体来说，除了学习正向非线性映射，该方案还学习从重建后的超分辨率图像到低分辨率图像的逆向映射。

本节将该过程表述为超分辨率的闭环回归模块，基于回归网络的映射函数建立算法流程如图 4.26 所示。设 X 为低分辨率图像，Y 为高分辨率图像。同时，学习正向映射 $F(X)$ 来重建高分辨率图像，学习逆向映射 $I(Y)$ 来重建低分辨率图像。注意逆向映射的限制作用，其目的可以看作对重建过程中底层下采样的估计。其中，涉及两条回归训练路径：

回归路径 1：函数 $F(\ ):X{\rightarrow}Y$，训练过程中，使 $F(X)$ 重建图像不断增强与其对应的高分辨率图像 Y 的相似性。

回归路径 2：函数 $I(\ ):Y{\rightarrow}X$，训练过程中，使 $I(F(X))$ 预测图像不断增强与正向输入低分辨率图像 X 的相似性。

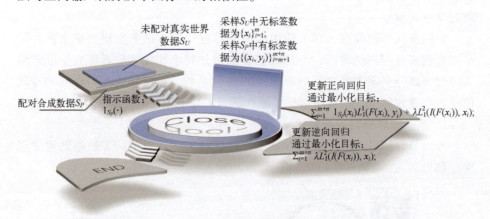

图 4.26　基于回归网络的映射函数建立算法流程

如果 $F(X)$ 是正确的高分辨率图像，那么逆回归下采样的图像 $I(F(x))$ 应该与低分辨率图像 X 有极高的相似性。有了这个约束，可以减少可能映射的函数空间，从而更容易学习到更好的映射来重建高分辨率图像。

本节给定 N 对样本，称样本集为 $S_i=\{(x_i,y_i)\}$，其中 x_i 和 y_i 分别表示样本集第 i 对配对数据中的低分辨率和高分辨率图像。逆回归过程训练损失 L_{inverse} 可以写成

$$L_{\text{inverse}} = \sum_{i=1}^{N} L_1^1(F(x_i),y_i) + \lambda L_1^2(I(F(x_i)),x_i) \tag{4.23}$$

式中：$L_1^1(F(x_i),y_i)$ 和 $L_1^2(I(F(x_i)),x_i)$ 分别为正向回归和逆回归任务的损失函数（L_1 范数）。在这里，$\lambda=0.1$ 控制两个损失函数的权重。

这个方案从结果上，通过减小函数可能的映射空间，显著提高了网络的学习性能，即在相同的周期下，闭合回归网络的图像效果明显优于没有逆回归的网络，图像细节纹理更清晰，PSNR 显著提高。

3. 真实场景下数据的回归模型

考虑更一般的超分辨率案例，其中没有相应的高分辨率数据与真实的低分辨率数据相对应。更重要的是，低分辨率图像的退化方法通常是未知的，这使得该问题非常具有挑战性。在这种情况下，现有的超分辨率模型往往会产生严重的适应性问题。为了解决这一问题，本小节介绍一种有效的算法，使超分辨率模型适应新的低分辨率数据。

注意，基于回归模型的映射学习方法，其并不一定依赖于高分辨率图像，而是正向模型与逆向回归问题的双重解。因此，可以利用它直接从未配对的真实低分辨率数据中学习，进行模型自适应。为了保证高分辨率图像的重构性能，还融合了成对合成数据中可以很容易获得的信息（如使用bicubic 核）。给定 M 个未配对低分辨率样本和 N 个配对合成样本，目标函数可写为

$$L_{\text{inverse}} = \sum_{i=1}^{M+N} \mathbf{1}_{S_p}(x_i) L_1^1(F(x_i), y_i) + \lambda L_1^2(I(F(x_i)), x_i) \tag{4.24}$$

式中：$\mathbf{1}_{S_p}()$ 为指示函数，当 $x_i \in S_p$ 时等于 1，否则函数等于 0。

4. 训练方法

成对数据的训练方法是，给定成对训练数据，遵循有监督超分辨率方法的学习方案，通过最小化公式（4.23）训练模型。

对于每一次迭代，首先从未配对真实世界数据集 S_U 中采样 m 个未配对的真实世界数据，从配对合成数据集 S_p 中采样 n 个配对的合成数据。然后，通过最小化公式（4.24）中的目标的方法来端对端地训练网络模型。为方便起见，将未配对数据的数据比定义为

$$\rho = m/(m+n) \tag{4.25}$$

由于成对的合成数据很容易地获得（如使用 bicubic 核来产生低分辨率–高分辨率对），可以通过改变成对的合成样本 n 来调整 ρ。在实践中，设置 $\rho = 30\%$ 来获得最佳结果。通过介绍的闭环回归方案，可以使超分辨率模型适应于各种未配对的数据，同时保持良好的重构性能。

5. 网络结构

本节构建的单红外图像超分辨率模型 CRN（图 4.27）由正向网络和逆向网络两部分组成，下面是网络的详细信息。

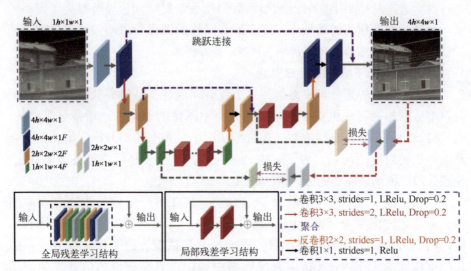

图 4.27 网络结构：4×超分辨包括一个正向网络和一个逆回归网络（用红线标记）。跳跃连接将相应的浅特征图和深特征图连接起来

整体的正向网络采用下采样和上采样设计。下采样（正向结构的左半部分）和上采样（正向结构的右半部分）模块都包含 $\log_2(s)$ 基本块，其中 s 表示比例因子，这意味着网络将有当 $s=4$ 时，该基本块能用于 2 倍上采样，所以该网络一共有两个基本块（图 4.27）。网络使用残差通道注意力模块构建每个基本块，以提高模型的容量。在正向结构中，CRN 网络添加额外的输出来生成相应尺度的图像（即 1×图像和 2×图像），该生成图像将与逆向回归过程中产生的图像进行对比，并将所得到的损失函数应用于它们来训练模型。注意，在将低分辨率图像输入原始网络之前，使用 bicubic 内核对其进行升级。

本节设计了一个逆向回归网络，从超分辨率的低分辨率图像中生成下采样的低分辨率图像（图 4.27 中的红线）。注意，该逆向回归任务旨在学习下采样操作。因此，设计了只有两个卷积层和一个 LeakyReLU 激活层的模型，该模型的计算成本低，但在实际应用中效果良好。

设 B 为 RCAB 的个数，F 为基本特征信道的个数。对于 4×超分辨率，取 $B=40$，$F=20$。此外，本节将 CRN 中所有 LeakyReLU 的负斜率设为 0.2。综上所述，在表 4.3 中展示了 4×CRN 模型的详细架构。

表 4.3　4×SR CRN 详细模型设计

模　块	模块细节	输入尺寸	输出尺寸
Head	Conv(3,3)	$(3,4h,4w)$	$(1F,4h,4w)$
Down 1	Conv$_{s2}$(3,3)-LeakyReLU- Conv(1,1)	$(1F,4h,4w)$	$(2F,2h,2w)$
Down 2	Conv$_{s2}$(3,3)-LeakyReLU- Conv(1,1)	$(2F,2h,2w)$	$(4F,1h,1w)$
Up1	B RCABs	$(4F,1h,1w)$	$(4F,1h,1w)$
	2×Upsampler	$(4F,1h,1w)$	$(4F,2h,2w)$
	Conv(1,1)	$(4F,2h,2w)$	$(4F,2h,2w)$
Concatenation 1	Concatenation of the output of Up1 and Down 1	$(2F,2h,2w) \oplus$ $(2F,2h,2w)$	$(4F,2h,2w)$
Up2	B RCABs	$(4F,2h,2w)$	$(4F,2h,2w)$
	2×Upsampler	$(4F,2h,2w)$	$(4F,4h,4w)$
	Conv(1,1)	$(4F,4h,4w)$	$(1F,4h,4w)$
Concatenation 2	Concatenation of the output of Up2 and Head	$(1F,4h,4w) \oplus$ $(1F,4h,4w)$	$(2F,4h,4w)$
Tail 0	Conv(3,3)	$(4F,1h,1w)$	$(3,1h,1w)$
Tail 1	Conv(3,3)	$(4F,2h,2w)$	$(3,2h,2w)$
Tail 2	Conv(3,3)	$(2F,4h,4w)$	$(3,4h,4w)$
Inverse 1	Conv$_{s2}$(3,3)-LeakyReLU- Conv(1,1)	$(3,4h,4w)$	$(3,2h,2w)$
Inverse 2	Conv$_{s2}$(3,3)-LeakyReLU- Conv(1,1)	$(3,2h,2w)$	$(3,1h,1w)$

如表 4.3 所示，用 Conv(1,1)和 Conv(3,3)分别表示 kernel 大小为 1×1 和 3×3 的卷积层，用 Conv$_{s2}$(3,3)来表示步幅为 2 的 3×3 卷积层。其中，Upsampler 表示构建的一个具有卷积层和 pixel-shuffle 像素重组层的上采样模块组来上采样特征图。此外，本节使用 h 和 w 来表示输入低分辨率图像的高度和宽度。因此，对于 4×模型，输出图像的形状应该是 $4h×4w$。

4.4.4　实验结果与分析

红外图像数据集均为望远镜在热成像模式下拍摄，其中望远镜的视场为 16。本实验使用的红外数据集的图像大小为 600×800，将红外图像切割成

480×480，并对获取的图像进行下采样，获得相应的 120×120 的低分辨率红外图像，两者作为训练集，发送到网络进行训练。

本节采用峰值信噪比和结构相似度两个全参考评价指标对重建图像的质量进行客观评估，两个指标均是值越大表示重建结果越准确。

在网络中，批尺寸设置为 4，一轮设置为 200。经验上，对于训练，应用了 Adam，$\beta_1 = 0.9$，$\beta_2 = 0.99$，并设置学习速率初始化为 10^{-4}，并通过余弦退火将其降低为 10^{-7}，共 10^6 次迭代。

模型训练网络的硬件平台为 Intel Core TM i7- 9700K CPU @ 3.60GHz 8，显卡为 RTX2080Ti。使用 Ubuntu 16.04 操作系统下的 Pytorch 1.3.0 软件平台。

网络总训练时间为 40h，每幅图像的平均测试时间为 0.57s。为了展示网络模型的优越性，将本节网络结构训练得到的结果进行了比较。

CRN 与其他网络在尺度等于 4 的测试结果如下：当尺度为 4 时，测试图像共 12 张，所介绍的网络结果的平均 PSNR 比双三次插值结果高 2.69dB，比超分辨率 CNN 高 2.80dB，比加入 RCAB 的 U-Net 高 0.67dB。与加入 RCAB 的 U-Net 相比，CRN 的 PSNR 都有明显的提高，说明 CRN 网络对于低分辨率图像的重建效果十分优越，在保留低分辨率图像中的高频信息的同时，对纹理细节的重现尤为突出。在结构相似度方面，CRN 的结果也同样比与超分辨率 CNN 和加入 RCAB 的 U-Net 相比略有提高。部分结果如图 4.28~图 4.30 所示，最后，将结果汇总在表 4.4 中（U-Net * 代表加入 RCAB 的 U-Net）。与其他方法相比，该网络具有良好的多尺度超分辨率重建能力。

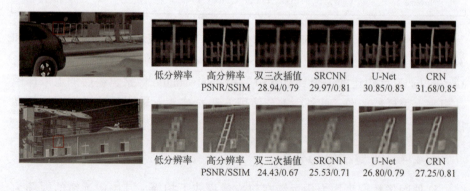

图 4.28　上采样尺度为 4 的实验结果 1

低分辨率	高分辨率	双三次插值	SRCNN	U-Net	CRN
PSNR/SSIM		27.95/0.74	28.20/0.74	28.73/0.77	29.24/0.79

低分辨率	高分辨率	双三次插值	SRCNN	U-Net	CRN
PSNR/SSIM		28.85/0.75	29.25/0.76	31.05/0.81	31.55/0.82

图 4.29　上采样尺度为 4 的实验结果 2

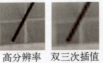

低分辨率	高分辨率	双三次插值	SRCNN	U-Net	CRN
PSNR/SSIM		29.98/0.86	30.59/0.87	32.14/0.90	32.53/0.91

低分辨率	高分辨率	双三次插值	SRCNN	U-Net	CRN
PSNR/SSIM		31.55/0.82	32.41/0.83	33.17/0.85	33.77/0.87

图 4.30　上采样尺度为 4 的实验结果 3

表 4.4　三种不同比例因子下的测试集结果（粗体文本表示最佳结果）

图片编号		image1	image2	image3	image4	image5	image6
方法	尺度	PSNR/SSIM	PSNR/SSIM	PSNR/SSIM	PSNR/SSIM	PSNR/SSIM	PSNR/SSIM
bicubic	4 倍	29.98/0.86	27.41/0.79	23.38/0.74	38.86/0.93	27.96/0.73	31.55/0.82
SRCNN		30.59/0.87	28.15/0.81	23.97/0.75	39.43/0.96	28.20/0.74	32.41/0.83
U-Net		32.14/0.90	29.04/0.83	25.69/0.85	41.09/0.97	28.73/0.77	33.17/0.85
Ours		**32.53/0.91**	**30.01/0.86**	**26.73/0.87**	**42.41/0.98**	**29.24/0.79**	**33.77/0.87**
图片编号		image7	image8	image9	image10	image11	image12
方法	尺度	PSNR/SSIM	PSNR/SSIM	PSNR/SSIM	PSNR/SSIM	PSNR/SSIM	PSNR/SSIM
bicubic	4 倍	33.02/0.88	28.85/0.75	24.43/0.67	25.10/0.70	28.94/0.79	29.37/0.76
SRCNN		34.04/0.89	29.25/0.77	25.53/0.71	26.31/0.73	29.97/0.81	30.18/0.78
U-Net		35.65/0.92	31.05/0.81	26.80/0.79	27.65/0.79	30.85/0.83	31.21/0.82
Ours		**36.15/0.92**	**31.55/0.82**	**27.25/0.81**	**27.98/0.81**	**31.68/0.85**	**31.85/0.83**

在本节中介绍了一种新的闭环回归方案，在配对数据上，通过重建低分辨率图像引入逆向回归的额外约束来减少可能映射函数的空间。同时，本节还引入了通道注意力机制提升容量，增加特征图像数量。具体来说，除了学习正向非线性映射，该方案还学习了从重建后的超分辨率图像到低分辨率图像的逆向映射，通过双重映射约束可以使解更趋向于真实场景数据，进而显著提高超分辨率模型的性能。对配对数据的广泛实验表明，本节所介绍的方法优于已知的基准方法，具有良好的红外图像超分辨率重建能力。

4.5 基于真实世界数据集构建

在基于 CNN 的图像恢复任务中，除了网络结构，数据集也是一个重要因素。这一章中，将介绍如何构造面向真实世界的数据集，以利于解决单帧图像超分辨率对于输入真实场景中图像映射不准确的问题。目前，大多数基于学习的单帧图像超分辨率方法都是在模拟数据集上进行训练和评估的，其中低分辨率图像是通过简单、均匀地退化高分辨率图像（即双三次向下采样）产生的。由于现实世界中的低分辨率图像的退化要复杂得多，通过模拟数据训练的单幅图像超分辨率模型在实际场景中的应用效果并不明显。本章构造了一个真实世界的超分辨率（Real-SR）数据集，在同一场景中，通过调整红外相机的焦距捕捉成对低分辨率-高分辨率图像。

在本节中介绍了一种渐进式配准的图像配准算法，有效地将不同分辨率的图像对进行配准。鉴于数据集内退化核是不均匀的，本节介绍了一种基于相机成像模型的图像配准方法，实验结果表明，用 Real-SR 数据集训练的单幅图像超分辨率模型在真实场景中比用模拟数据集训练的单幅图像超分辨率模型具有更好的视觉质量、更清晰的边缘和更精细的纹理。

4.5.1 引言

1. 图像超分辨率

单图像超分辨率旨在从低分辨率观测图像中重建得到高分辨率图像，由于其在增强图像细节和纹理方面具有较高的实用价值，近年来，单幅图像超分辨率一直是一个活跃的研究课题。由于单幅图像超分辨率是一个严重不适定逆问题，从高分辨率或低分辨率样本图像中学习图像先验信息在从低分辨率输入图像中恢复细节方面起着不可或缺的作用。受益于快速发展的深度卷积神经网络，近年来基于 CNN 架构的网络模型及相应的损失函数也在不断优化。

　　现有的单幅图像超分辨率方法虽然取得了显著的进展，但大多数方法都是对均匀退化（即双三次退化）的模拟数据集进行训练和评估。然而不幸的是，由于真实低分辨率图像的真实退化要复杂得多，因此用单幅图像超分辨率训练的图像超分辨率模型难以推广到实际应用。图 4.31（a）显示了由相机拍摄的真实世界图像的单幅图像超分辨率结果，利用最先进的 RCAN 方法来训练三个单幅图像超分辨率模型，在本章将要构建的数据集中，使用具有双三次退化、多次模拟退化和具有真实畸变的图像对（在 DIV2K 中）来训练这三个模型。结果清楚地表明，与简单的双三次插值器相比（图 4.31（b）），在模拟数据集上训练的 RCAN 模型（图 4.31（c）和（d））在真实图像上并没有显示出明显的优势。

(a) 单幅图像超分辨率结果(×4)，由索尼
a7II相机拍摄的真实世界的图像

(b) bicubic插值生成的
单幅图像超分辨率结果

(c) RCAN模型使用双
三次退化

(d) 多重模拟退化

(e) real超分辨率数据集
下的真实失真

图 4.31　基于真实世界图像的单幅图像超分辨率结果[109]

2. 真实世界数据集

　　若能实现一个由真实世界而不是模拟的低分辨率和高分辨率图像对组成的训练数据集将进一步提升重建效果。然而，构建这样一个真实世界超分辨率数据集并不是一项简单的工作，因为真实的高分辨率图像很难获得。在本节中，目标是使用灵活和易于复制的方法构建一个更通用和实用的 Real 超分辨率数据集。具体来说，使用不同焦距的固定数码单反相机捕捉同一场景的图像。通过增加焦距，场景的细节可以自然地记录到相机传感器中。通过这种方法，可以收集不同尺度的高分辨率和低分辨率图像对。但是，调整焦距

除了改变视场，还会导致成像过程中许多其他的变化，如光学中心的偏移、比例因子的变化、不同的曝光时间和镜头畸变。因此，本节开发了一种有效的图像配准算法来逐步对齐图像对，这样就可以进行单幅图像超分辨率模型的端到端训练。构建的 Real-SR 拍摄的各种室内外场景，为实际应用中训练和评估单幅图像超分辨率算法提供了良好的基准。

为了建立一个用于学习和评估现实世界单幅图像超分辨率模型的数据集，通过调整成像系统焦距来获取相同场景下不同分辨率的图像，然后执行复杂的图像配准操作来生成相同内场景下的高分辨率和低分辨率数据集。本节将详细介绍数据集的构建过程。

4.5.2　薄透镜成像原理

单反相机成像系统可以近似为一个薄透镜。薄透镜成像过程如图 4.32 所示。用 u、v、f 表示物距、像距和焦距，并用 h_1 和 h_2 表示物体和图像的大小。透镜方程定义如下：

$$\frac{1}{f} = \frac{1}{u} + \frac{1}{v} \tag{4.26}$$

放大倍数 M 定义为图像大小与物体大小之比：

$$M = \frac{h_2}{h_1} = \frac{v}{u} \tag{4.27}$$

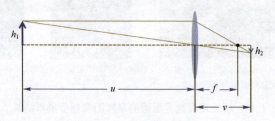

图 4.32　薄透镜示意图

注：u、v、f 分别表示物距、像距和焦距；h_1 和 h_2 表示物体和图像的大小。

在所介绍的例子中，静态图像均是在远场成像下（即 u）拍摄的。h_1 和 u 都是固定的，u 比 f 大得多（f 最大为 105mm）。结合式（4.26）和式（4.27），并考虑 $u \gg f$ 的事实，则可以得

$$h_2 = \frac{f}{u-f} h_1 \approx \frac{f}{u} h_1 \tag{4.28}$$

因此，h_2 与 f 近似线性。通过增加焦距 f，摄像机传感器将记录更大、细

节更丰富的图像。比例因子也可以通过选择特定的 f 值来控制（理论上）。

4.5.3　采集图像预处理

1. 图像粗配准

由于使用的工业相机采集的图像分辨率为 800×600，最后进行重构时需要的低分辨率图像为方形大小，而且探测的目标所占的像素范围有限，目标区域在整个图像中的位置不断发生变化，所以在进行采集图像之后，需要对采集到的低分辨率图像序列进行配准和裁剪，最后得到方形的低分辨率图像序列，供后面的重构过程使用。由于在实际实验时，采集的图像并不是理想的，常常含有一定的噪声，因此还应在重构流程中加入相应的图像去噪算法，提高重构精度。

在远距离成像系统中，在调节成像系统焦距的同时，待测目标在相机视场中的位置也会发生改变，如图 4.33 所示，焦距调节量越大，待测目标在图像中的位置会离中心位置越远。

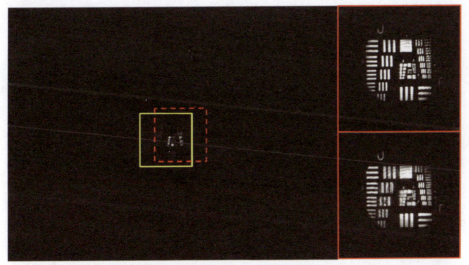

(a) 红色虚线框表示待测目标在中心图像中的位置，黄色框表示在照相机沿 x 轴移动 4.2mm，沿 y 轴移动 1.4mm 后，待测目标所在的位置　　(b) 裁剪下来的待测目标的方形区域

图 4.33　图像预处理示意

因为在调整焦距的同时，图像的视场角也会发生改变，因此最终构建的数据也只能是在长焦小视场区域内的图像。为了便于重构，需要将相机拍摄到的图像进行配准，将待测目标移至中心位置（图 4.33（a）中红色虚线框

所在位置），随后裁剪成图 4.33（b）所示的指定方形大小的图像，这样才可以进行后面的重构过程。

由于在网络中的待测目标均是对远距离的目标进行探测，所以用几何光学中经典的远摄型光组光路来考虑相机镜头的成像模型，如图 4.34 所示。

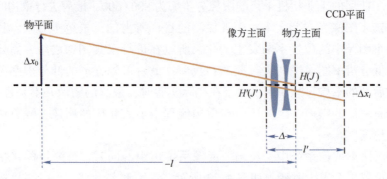

图 4.34　远场成像中的相机成像模型

在成像模型中，$-l$ 表示待测目标与照相机镜头物方主面之间的距离，l' 表示照相机 CCD 平面与镜头像方主面之间的距离，$H(J)$ 和 $H'(J')$ 分别表示物方主点（节点）与像方主点（节点），Δ 表示两主面之间的距离，将照相机与镜头当作一个整体，则照相机移动距离可以等效为待测目标向相反方向移动相同的距离 Δx_0，由此造成在 CCD 平面上的移动距离为 Δx_i。

在利用图 4.34 所示的成像模型对成像结果进行配准之前，还需要获得关键参数：成像距离 l。在标定成像距离 l 时，用棋盘格来建立物方移动距离与像素平面移动像素数来建立对应关系，从而反算出准确的物距 $-l$。在实际的实验过程中，成像距离的标定流程如图 4.35（a）所示。

在标定过程中，可以对拍摄到的棋盘格进行角点提取，提取结果如图 4.35（b）中的红色框所示，提取完角点之后便可以得到相邻图像在像素平面所移动的像素数量，经过 CCD 像素尺寸便可以换算出在 CCD 平面所移动的距离 $|\Delta x_i|$，而相邻照相机位置之间的移动距离是已知量。由几何光学的知识，很容易计算得到成像系统的成像距离，具体的求解过程如下。

考虑图 4.34 所示的成像模型，由于光线经过主点后不改变传播方向，于是有

$$\frac{\Delta x_0}{-l} = \frac{-\Delta x_i}{l'} \tag{4.29}$$

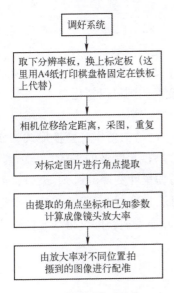

(a) 成像距离的标定流程

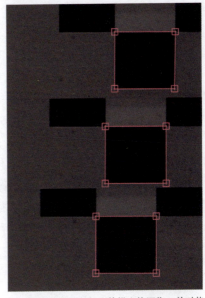

(b) 不同相机位置拍摄到的棋盘格图像，并对其进行角点提取，这里相邻相机位置的间隔为5mm

图 4.35　图像预处理配准流程

$$|\Delta x_i| = \left|\frac{l'}{-l}\right| \cdot \Delta x_0 = |\beta| \cdot \Delta x_0 \qquad (4.30)$$

由几何光学的知识，其中的 β 是成像系统的放大率，又由高斯公式可知：

$$\frac{1}{l'} - \frac{1}{l} = \frac{1}{f'} \qquad (4.31)$$

式中：f' 为成像系统的焦距，为已知量。

而 $|\Delta x_i|$ 可以根据标定得到的像素偏移数量乘以相机 CCD 的像素尺寸得到，由此成像系统的放大率便可由 $|\beta| = |\Delta x_i|/\Delta x_0$ 计算得出，其中偏移量 Δx_0 是已知量，根据放大率与式（4.29）和式（4.30），成像距离便可以计算，整个过程相当于一个逆向求解过程。

2. 图像亚像素级配准

在进行配准时，先由 Δx_0 和成像距离 l 计算得到 CCD 平面的偏移量 $|\Delta x_i|$，再根据像素尺寸计算像素平面的偏移量，最后利用相应的算法将图像中感兴趣的目标区域平移到与原来中心位置目标区域重合。由于计算的像素平面的偏移量经常不是整数，所以还需要借助频域上的亚像素位移算法来对图像进行亚像素尺度的平移，实现图像的精准配准与裁剪。亚像素位移算法的详细

介绍如下：

取两幅平移前后的图像，分别记为 $I_1(x,y)$ 和 $I_2(x,y)$，若两者之间的像素平移向量为 $(\Delta x, \Delta y)$，其中 Δx 与 Δy 均不一定是整数，则有

$$I_2(x,y) = I_1(x+\Delta x, y+\Delta y) \tag{4.32}$$

对式（4.32）的等式两边分别取傅里叶变换，则可以转化为

$$F_2(u,v) = F_1(u,v) \cdot e^{j(u\Delta x + v\Delta y)} \tag{4.33}$$

式中：$F_2(u,v)$ 和 $F_1(u,v)$ 分别为 $I_1(x,y)$ 和 $I_2(x,y)$ 的傅里叶变换形式。分析式（4.33）可知，在空域两幅图像的偏移可以转换至频域的相移。

利用这一点，可以将对平移前的图像进行傅里叶变换得到 $F_1(u,v)$，再根据平移量在 $F_1(u,v)$ 的基础上乘上一个相移因子 $e^{j(u\Delta x + v\Delta y)}$，得到亚像素平移后的图像的频谱 $F_2(u,v)$，对 $F_2(u,v)$ 进行傅里叶逆变换，即可得到亚像素位移之后的空域图像。

第章

基于暗弱场景下微光图像超分辨率成像
技术研究

5.1 引言

人类感知的外界信息，有80%以上来自视觉。而人眼能力受其生理结构的限制，在时间、空间、灵敏度、分辨率等方面均存在局限，无法获取遥远距离的信息或者难以看清非常细小的物体。光电成像技术的出现，将客观景物转变为图像，延伸扩展了人眼的视觉特性，然而如何实现在低光照下稳定成像仍是一项研究热点。电子倍增电荷耦合元件（Electron Multiplying Charge Coupled Device，EMCCD）等成像器件的出现，力图实现在低光照下有效捕捉光信号，提升成像信噪比与灵敏度，实现了星光、微光等微弱光照下的成像，从此实现了"黑夜"向"白天"的转化。然而，目前的微光探测器仍存在分辨率较差、无法输出彩色图像的缺陷，因此本章也将针对如何实现高分辨率彩色化夜视成像进行相关工作研究。图5.1所示为可见光探测器与微光成像探测器成像对比。

图5.1 可见光探测器与微光成像探测器成像对比

一般来讲，可见光相机的分辨率要远远大于微光相机的分辨率，可见光图像能够提供的纹理细节信息也要比微光图像更加丰富。微光成像技术是面向低照度环境的延伸，是对夜间等低照度环境下，视觉系统在此环境下丧失有效获取信息的能力，常用的可见光相机无法对目标有效作用进行及时补充。采用微光探测技术可以弥补人眼的不足，通过使用感光度更高的光电器件对微弱目标及环境增强并采集信息，后期数字处理后形成微光图像。而微光成像仍然存在着很大的弊端，其成像探测器由于制造和加工技术等限制带来像元尺寸过大、成像分辨率较低等问题。可见光探测器与微光探测器的成像本质是相同的，都是去感知光子信号，二者在光线充足的情况下，其所呈现的图像基本相似，只是微光图像在光照度比较强烈的地方会存在局部过曝及单色性输出的问题。因此，是否可以建立二者的联系，借助于深度学习非凡的拟合能力与学习能力，学习可见光的颜色分布及空间分辨率信息，这样就可以在"黑夜"实现"白天"的成像效果。

在深度学习超分辨率成像的工作中，为了追求更高的重建图像质量，Dong 等[104] 提出了基于深度卷积神经网络的超分辨率重建方法，将卷积神经网络运用在图像超分辨率重建重构之中，得到了优于传统超分算法的超分辨率重建结果。基于超分辨率 CNN，之后提出了快速图像超分辨率网络（Fast Super Resolution Convolutional Neural Network，FSRCNN），直接将低分辨率图像送入网络进行训练，使用反卷积结构来得到重构图像，在提高网络深度的同时，显著减少了计算量，提高了运算的速度。随后，He 等[100] 提出了深度残差网络（Deep Residual Networks，ResNet），该方法通过跳跃连接，使得后面的网络结果直接学习残差，有效解决了深层网络训练中存在的梯度消失或爆炸的问题。此后，Lai 等[105-106] 结合传统拉普拉斯金字塔结构，设计了拉普拉斯金字塔网络（Laplacian Pyramid Network，LapSRN），在不同层级放大模块递归实现了参数共享，同时通过逐级放大的分支重建结构减小了计算量并有效提高了精度。之后，Yu 等[107] 提出了宽激活残差网络（Wide Activation Super-Resolution Network，WDSR），通过在激活函数前扩大通道数以保证更多的信息通过，同时也保证了神经网络的非线性。Zhang 等[87] 在 RCAN 中提出了通道注意力（Channel Attention，CA）机制，使得网络能够专注于某些有用的通道并提高超分辨率效果。

图 5.2 所示为神经网络工作流程框图，基于深度学习的方法侧重于利用外部训练数据，根据退化过程学习映射函数，其出色的拟合能力和高效的处理算法使其得到了广泛应用。然而基于深度学习的单帧图像超分辨率处理方法也不是万能的，单帧复原本身存在欠定问题复原的病态性，并且训练速度慢，网络收敛性差，需要大量的数据。因此，如何实现高速、准确、有效、轻量的图像增强仍是一个需要解决的关键问题。

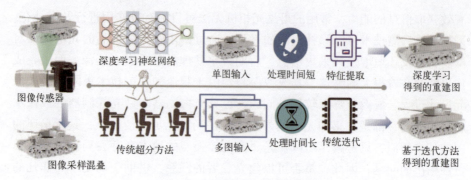

图 5.2　神经网络工作流程框图

如图 5.3 所示，为了解决上述问题并充分利用可见光图像和微光图像的互补信息，本节介绍一种基于特征提取卷积神经网络，应用于暗弱条件下微光图像超分辨率成像，实现高分辨率、高灵敏、全天候、彩色化成像，通过多尺度特征提取对微光图像进行超分辨率重构增强。本章的创新点主要有以下 4 个方面：

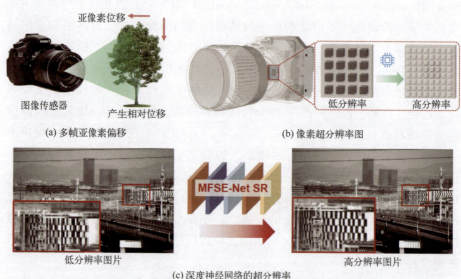

图 5.3　超分辨率重建示意图

（1）采用分支重建结构，通过金字塔模型对不同维度下的图像进行卷积运算及跳跃连接运算，使网络聚焦于图像高频信息，捕捉到更多维度下的空间频率信息，并且直接将提取出的高频信息传输到低频成分，提升解码效率。

（2）对残差块中激活函数前卷积层的通道数进行扩展，增强感受野的大小，提高对图像特征信息的提取、利用能力。

（3）将通道注意力模块和残差块结合，提高对微光图像中尤其是高频信息的提取和利用效率。

（4）拓展网络结构，实现对灰度图像的彩色化处理，即可由一个低成本低分辨率的单色微光探测器实现高分辨率、高灵敏、彩色化成像结果。

5.2　算法思路与网络结构

宽视场和高分辨率成像在许多需要高质图像采集（如安防监控成像）的应用中是必不可少的。然而，由于图像探测器的空间采样不足以及像素大小与光敏度之间的权衡，目前的成像传感器获得高空间分辨率的能力受到限制，特别是在微光成像条件下。为了解决这些问题，基于多尺度特征提取（Multiscale Feature Extraction）网络可有效实现像素超分辨率微光成像。为了对低分辨率图像进行数据融合和信息提取，该网络结合通道注意力机制模块和跳跃连接模块从不同维度提取高频细节信息，从而使高频分量的计算分配更大的权重。与其他网络相比，重建图像的峰值信噪比提高了 1.67dB。本节研究将基于场景灰度图像颜色映射的多尺度特征提取网络扩展，该方法下大部分颜色信息都能得到有效恢复，并且与真实图像的相似度为 0.728，达到了良好的人眼视觉效果重建。上述定性和定量实验结果表明，本节介绍的方法在图像保真度和细节增强方面都取得了较好的效果。

根据采样理论，成像探测器可以对其传感器采样频率的一半即最高空间频率信息进行采样。当传感器的像素大小成为制约成像系统分辨率的主要因素时，提高成像分辨率最简单的方法就是通过减小像素大小来提高成像分辨率。但在实际应用中，由于探测器制造工艺的限制，一些探测器如微光相机的像素尺寸无法进一步缩小。这就意味着，在某些情况下，低分辨率图像相比于高分辨率图像会丢失一些信息，因而不可避免地会出现像素混叠现象。因此，成像传感器的采样频率将是限制成像质量的关键因素。

超分辨率方法提高了图像从低分辨率到高分辨率的空间分辨率。从成像理论的角度看，超分辨率过程可以看作模糊和降采样的反解。在任何情况下，超分辨率都是一个固有的不适定问题，因为任何低分辨率图像都存在多个不同的解决方案。

图 5.4 描述了多尺度特征提取网络的概述。整个网络是一个金字塔模型，由两层模型级联，每一层模型实现两次低分辨率微光图像特征提取。垂直方

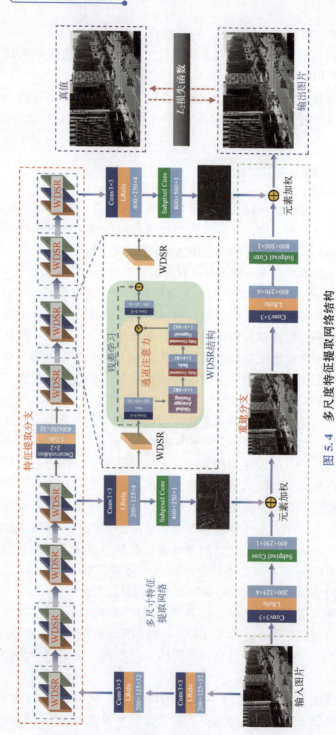

图 5.4　多尺度特征提取网络结构

向上，该模型由两个分支组成，上面部分是微光图像的特征提取分支，下面部分是微光图像的重构分支。特征提取分支获取对应输入图像的高频信息，高频特征对高分辨率重构更有帮助，而低分辨率图像包含丰富的低频信息，这些信息直接转发到网络的尾部，重构分支获取与高分辨率图像大小相对应的上采样图像。

为了更清楚地表达网络的超分辨率模型，网络模型可以定义为

$$I_{out}(x,y) = F_{\omega,\theta}\big[I_{LR}(x,y)\big] \tag{5.1}$$

式中：$F_{w,\theta}[.]$ 为网络的非线性映射函数；ω 和 θ 分别为网络中的权值和偏差可训练参数；I_{LR} 为输入的低分辨率微光探测图像；I_{out} 为网络预测输出的高分辨率图像。超分辨率网络结构中卷积层的数量和参数如表 5.1 所示。

表 5.1　超分辨率网络结构中卷积层的数量和参数

层	数 量
卷积层（3×3×32）	10
卷积层（3×3×192）	8
卷积层（3×3×4）	4
子像素卷积	4
反卷积层（2×2×32）	1
全局平均池化	8
全连接层（24）	8
全连接层（192）	8

低维特征提取、高维特征提取和特征映射的主要任务是将输入的低分辨率图像中不同维度的信息成分收集到 CNN 网络中，并将所有信息表达到特征映射中。值得注意的是，可以从特征图中挖提取出角、边和线等高频信息特征。注意力机制模块聚焦的是物体高频特性，减少不相关特性的干扰。

将这个过程写成 $F_{w,\theta}[.]$，它包括以下 4 个部分。

（1）低维特征提取（低频特征提取）：从输入的微光图像中提取基频信息，并将其作为图像重建的底层信息。

（2）高维特征提取：通过不同维度的卷积操作和通道注意力机制模块，网络的计算主要集中在高频信息的获取上。

（3）特征映射：为了减少超参数，设计了从高维向量到低维向量的映射过程。

（4）重建过程：该操作整合所有的信息来重建一个高分辨率图像 I_{out}。

在下面的内容中，将介绍网络的总体架构，并对主要模块进行详细概述。

1. 特征提取分支

每个金字塔模型的特征提取分支主要包括卷积层、宽激活残差模块和亚像素卷积层。特征提取分支的目的是实现微光图像的特征提取。宽激活残差模块主要包括通道注意力机制和跳跃连接，其中通道注意力机制类似于人类的选择性视觉注意力机制。核心目标是从多个细节中选择当前任务的更关键信息。在深度学习网络中，通道注意力机制可以调整各通道的权重，保留有利于获得高分辨率微光图像的有价值信息，实现微光图像的超分辨率重建。此外，目前主流的网络结构模型正在向更深层次的方向发展。更深层次的网络结构模型意味着更可靠的非线性表达能力，获得更复杂的变换，并拟合更多的输入复杂特征。为此，在浅层特征上使用了一个长跳跃连接，在每个特征注意块内部使用了几个短跳跃连接，让网络关注更有价值的高频成分。此外，残差结构中的跳跃连接有效地增强了梯度传播，缓解了网络深化导致的梯度消失问题。因此，在宽激活残差模块中引入跳跃连接，提取图像细节信息，提高了网络结构的超分辨率性能。

2. 宽激活残差块

残差连接的思想由何凯明等人提出，通过残差连接使得浅层信息可以向深层网络进行传递，从而有效提高深层网络的性能，由此衍生出的许多残差块结构也在超分辨率任务中大量使用。本节所使用的宽激活残差块除了引入残差块标志性的跳跃连接，还改变了传统残差块的通道数，提高了神经网络对于图像特征的利用能力。

该残差块在线性激活函数（ReLU）激活层前扩大卷积层的通道数以通过更多的图像特征信息，同时仍保持深度神经网络的高度非线性，可以更好地将低层的图像特征传到最后的层，以得到更好的稠密像素值的预测。在本模型中，第 j 个残差块 $(j=1,2,\cdots,9)$ 可以表示为

$$F_j = \mathrm{CA}(W_j^3 W_j^2 f_1(W_j^1 F_{j-1})) + F_{j-1} \tag{5.2}$$

式中：F_j 为残差块的输入；W_j^1、W_j^2、W_j^3 分别为三个卷积层的权重；f_1 为激活函数，本模型中激活函数采用 ReLU 激活函数；CA 为通道注意力模块。

以输入特征图某个位置的像素 $I(i,j)$ 为中心的卷积运算过程如下：

$$I'(x,y) = \sum_{i=1}^{C} \sum_{i=1}^{2k+1} \sum_{i=1}^{2k+1} I(x+i-k-1, y+j-k-1, c) \times k(i,j,c) \tag{5.3}$$

式中：$I'(x,y)$ 为卷积操作的输出像素；$I(x,y,c)$ 为 x,y 位置，第 c 个通道的输入像素；$k(i,j,c)$ 为卷积核 i，j 位置，第 c 个通道的权重；$2k+1$ 为卷积核的

大小，1×1 的卷积核即 $k=0$ 的情况。

同时，在残差块中，对于一个卷积层，其参数量 $P(d)$ 为

$$P(d) = C_{\text{input}} \times k^2 \times C_{\text{output}} \tag{5.4}$$

式中：d 为卷积层；C_{input} 为卷积层的输入特征图的通道数；k 为卷积层的卷积核尺寸；C_{output} 为卷积层的卷积核数量。

在所介绍的网络结构中，通道数 C 设置为 192，下采样倍率设置为 8，输入经过全局平均池化后得到对应 192 个通道的数值，即一个 1×1×192 的特征图，然后通过全连接层将其压缩成 1×1×192/8 的特征图，经过 ReLU 激活函数后通过全连接层将其恢复为 1×1×32 大小，再通过 Sigmoid 激活函数得到 1×1×32 的特征图来表示每个通道的权值，最后各通道权重值分别和原特征图对应通道的二维图像相乘。

采用不同维度的宽激活残差块模块的好处有以下两点：①可以提高图像特征信息向更深处传播的能力和利用能力，提升网络中感受野的大小；②减少残差块的参数量，从而获得更快的速度或者更深的深度。

3. 通道注意力模块

在许多基于卷积神经网络的结构中，各通道的特征权重都是均分的，因此会导致有一些重要的特征没有被足够重视，而一些不重要的特征被过度重视。引入注意力机制可以解决这一问题，通过对卷积层的每个通道分配权重，使得神经网络拥有一定的特征判别能力。

首先，对特征图进行压缩操作 F_{sq}。具体地，假设输入特征图为 X，H 为特征图的高度，W 为特征图的宽度，C 为特征图的通道数。将第 c 个通道中尺寸为 $H \times W$ 的特征 X_c 上每个像素点进行全局平均池化操作，从而得到一个数值，最后形成 1×1×C 的特征图谱 Z_c：

$$Z_c = F_{sq}(X_c) = \frac{1}{H \times W} \sum_{i=1}^{H} \sum_{j=1}^{W} X_c(i,j) \tag{5.5}$$

其次，提取操作 F_{ex}，使映射非线性化。具体地，利用两层全连接层进行非线性映射，f_1 为 ReLU 激活函数，f_2 为 Sigmoid 激活函数，W_1、W_2 为全连接层权重参数，参数量均为 $C \times C/r$，其中 r 表示特征下采样倍率，S_c 为通道权重，即

$$S_c = F_{ex}(Z_c) = f_2(W_2 f_1(W_1 Z_c)) \tag{5.6}$$

再次，将权重与对应的特征图相乘。具体地，每个通道特征 X_c 和对应通道权重 S_c 进行逐通道相乘，得到最终经过加权的输出：

$$Y_c = S_c \cdot X_c \tag{5.7}$$

最后，形成 $H \times W \times C$ 的特征图谱 Y_c。最终残差块的输出为 $F_j = Y_c + F_{j-1}$。

由于分支重建结构的特点，图像特征提取分支关注图像中的高频信息，而对应地忽略其中的低频信息。在残差网络中，残差模块虽然提高了神经网络将图像中信息向后传播的能力，但这些信息中既有对图像重建有意义的高频信息，也有相对不重要的低频信息。通道注意力机制通过给不同的通道分配权重，提高了神经网络对于信息的筛选能力，这就意味着在学习过程中，神经网络可以区分信息的重要性，从而更好地完成超分辨率任务。

如图 5.5（a）所示，分别对无跳跃连接和有跳跃连接的宽激活残差模块进行实验。带有跳跃连接的网络结构产生了更稳定的超分辨率成像性能，更好地表达了图像的细节。如图 5.5（b）所示，验证了每个金字塔模型中宽激活残差模块的数量。在验证实验中，只改变了宽激活残差模块的数量。从图中可以看出，具有多个宽激活残差的网络结构比具有单个宽激活残差的网络结构具有更高的保真度超分辨率性能。

| 真值图 | 低分辨率 | 高分辨率 | 双三次插值
(23.53/0.54) | 无跳跃连接
(26.52/0.64) | 加入跳跃连接
(26.75/0.67) |

(a) 基于跳跃连接的残差结构比较

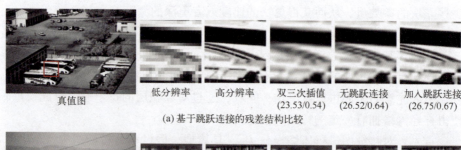

| 真值图 | 低分辨率 | 高分辨率 | 双三次插值
(20.53/0.49) | 单WDSR
(23.79/0.60) | 多WDSR
(24.24/0.62) |

(b) 多个宽激活残差模块的比较

图 5.5　网络结构参数的对比实验

4. 重建分支

重构分支用于放大图像，主要包括卷积层和亚像素卷积层，用于放大特征图像。通常反卷积会有几个零值，这可能会降低超分辨率重构的性能。为了提高图像信息的有效性，采用亚像素卷积的方法，从低分辨率图像到高分辨率图像通过像素变换进行重建。亚像素卷积将多通道特征映射上的单个像素组合成特征映射上的一个单元，即每个特征图上的像素等价于新特征图上的子像素。

在重建过程中，将输出层数设置为指定大小，以确保总像素数与高分辨率图像的像素数一致。通过亚像素卷积层对像素进行重新排列，最终得到放大后的微光图像。该方法利用了亚像素反卷积过程学习复杂映射函数的能力，有效降低了空间混叠造成的误差。该模型在重构过程中通过逐步重构对高分辨率图像进行逐步预测和回归。这一特性使得超分辨率方法更加适用。例如，根据可用的计算资源，可以应用相同的网络来提高不同维度的重建分辨率。现有的基于卷积神经网络的技术在计算资源有限的情况下，无法为场景提供上述同样的灵活性。

在图像重建分支中，输入为经过双三次插值 4 倍降采样得到的低分辨率微光图片，从图 5.4 中可以看到，对于微光图片的重建可以分为三个部分。

第一部分为增加图像重建分支的非线性，使用了两层卷积层来提取低频信息。两个卷积层都使用了 32 个 3×3 的卷积核，能够更有效地提取微光图像中的低频信息，以便后续亚像素卷积对微光图像进行放大。

第二部分为亚像素卷积上采样，在该模块中认为微光图具有充足且准确的低频信息，为了避免上采样操作中存在的主观因素或无效信息对图像低频信息及梯度优化过程的影响，采用了亚像素卷积进行上采样，通过对卷积层输出的 32 通道特征图进行重新排列实现 4 倍上采样放大。同时，相比于反卷积省去了大量的卷积运算，加快了计算速度和网络训练速度。

以上两步上采样操作可以用公式表示为

$$\text{Upsample}(F_d) = \text{PS}(W_2 f(W_1 f(F_d)))\tag{5.8}$$

式中：$\text{Upsample}(\cdot)$ 为上采样操作；f 为 LReLU 激活函数；W_1、W_2 为卷积层的权重参数；F_d 为微光输入；$\text{PS}(\cdot)$ 为周期混洗算子（Periodic Shuffling operator，PS）。通过上述操作可以将大小为 $H×W×C×r^2$ 的图像重排成大小为 $rH×rW×C$ 的图像，从而实现对图像的放大。$\text{PS}(\cdot)$ 用公式表示为

$$\text{PS}(T)_{H,W,C} = T_{\lfloor H/r \rfloor, \lfloor W/r \rfloor, C \cdot r \cdot \text{mod}(W,r) + c \cdot \text{mod}(H,r)}\tag{5.9}$$

式中：T 为特征图；H 为特征图的高度；W 为特征图的宽度；C 为特征图通道数；r 为放大倍数；$\text{mod}(\cdot)$ 表示取余。

第三部分将特征提取的输出与经过亚像素卷积放大后的微光图像进行叠加，相当于在低频信息的基础上叠加高频信息，得到最终的输出图像。

图像重建分支可以用公式表示为

$$P = \text{Upsample}(F_d) + F_o\tag{5.10}$$

式中：P 为预测图像；F_d 为微光输入；F_o 为特征提取分支的输出；$\text{Upsample}(\cdot)$

表示上采样操作。

设 I_{LR} 表示低分辨率微光输入图像，I_{out} 表示网络预测的高分辨率微光图像。ω 和 θ 表示网络中可训练参数的权值和偏差。目标是学习一个非线性映射函数 $F_{w,\theta}[.]$ 来生成一个高分辨率微光图像 $I_{out}(x,y) = F_{\omega,\theta}[I_{LR}(x,y)]$，使其尽可能接近真实的高分辨率图像。训练中使用的损失函数为均方误差，可表示为

$$L(\omega,\theta) = \frac{1}{N}\sum_{i=1}^{N} \| F_{\omega,\theta}[I_{LR}^{i} I_{OUT}^{TY}(x,y)] - I_{HR}(x,y)_{HR}^{i} \|^2 \qquad (5.11)$$

式中：N 为训练样本个数。训练过程中的损失函数曲线如图 5.6 所示。

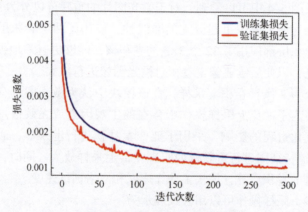

图 5.6　网络训练损失函数曲线

5.3　分析与讨论

在本节中，首先介绍了数据集的细节和实验设置，然后将经过降采样的微光图输入 4 种不同网络对其超分辨率重建结果进行定量评价。其次，将该网络推广到 RGB 彩色图重建，验证了其彩色化能力。最后，将真实拍摄的图像作为输入，对真实图像的超分辨率重建结果进行了定性评价。

5.3.1　数据集建立

利用微光融合望远镜在月夜天气及阴天室外（照度为 $1.0\times10^{-3} \sim 1.0\times10$ lx）环境下获得分辨率为 800×600 的微光图像，探测器成像帧频为 60Hz。裁剪后得到 800×500 大小的微光图像，然后将大小为 800×500 的图像经过裁

剪形成 128×128 的多幅图像，进行数据集的扩充。在本节中，输入 500 幅图像作为训练集，输入 50 幅图像作为验证集，其中一些具有代表性的训练集如图 5.7 所示。最后，以大小为 128×128 的原始微光图像作为真值，并对微光图像降采样 4 次，得到分辨率为 32×32 的微光图像作为输入，形成训练集。在进行彩色化实验时，以同一场景下的彩色可见光图像作为真值图输入，实现网络的端对端训练。

图 5.7　部分输入图像数据集

5.3.2　实验设置

该神经网络编程采用 Python 语言，在 TensorFlow 1.14.0 框架下进行训练，将 32×32 大小的低分辨率微光图像与对应的大小为 128×128 的可见光原图输入和作为 ground truth 的 128×128 大小的微光原图像以 h5 文件的格式送入程序对神经网络进行训练。网络的学习率设置为 0.0001，批尺寸设为 4，迭代次数设为 300，采用 Adam 优化器，损失函数采用 L_1 损失函数。

将低分辨率微光图像维数为 32×32 和相应的高分辨率微光图像维数为 128×128 作为原始图像送入程序进行神经网络训练。网络训练耗时 3.2h。在测试中，输入的微光图像大小为 200×125，输出的高分辨率的微光图像大小为 800×500。每幅图像的测试时间为 0.016s，达到了实时成像的要求。因此，本节介绍的网络不仅可以实现超分辨率成像，还可以实现全天候实时成像。部分实时图像如图 5.8 所示。

如图 5.9 所示，三种传统超分辨率神经网络（CDNMRF[97]、VDSR[108] 和 MultiAUXNet[109]）与所介绍的网络的成像能力进行对比。利用峰值信噪比（PSNR）和结构相似性（SSIM）作为具体的数值评价指标，具体结果如表 5.2 所示。在 4 种上采样尺度下，将实验结果与 CDNMRF、VDSR 和 MultiAUXNet 进行比较，结果如图 5.9 所示。在主观上，本节所介绍的方法重建了墙体、铁框架、窗户、汽车等最相似的细节，图像的边缘最清晰。在客观评价中，计算 PSNR 和 SSIM 并进行比较。

图 5.8　视频流中实时图像的输出部分

真值图

低分辨率

高分辨率
(PSNR/SSIM)

双线性插值
(23.41/0.43)

双三次插值
(23.82/0.47)

CDNMRF
(25.76/0.58)

VDSR
(25.55/0.60)

MultiAUXNet
(26.96/0.62)

Ours
(27.07/0.67)

(a) CDNMRF

真值图

低分辨率

高分辨率
(PSNR/SSIM)

双线性插值
(21.33/0.45)

双三次插值
(21.77/0.49)

CDNMRF
(24.31/0.60)

VDSR
(23.48/0.61)

MultiAUXNet
(25.18/0.64)

Ours
(25.35/0.67)

(b) VDSR

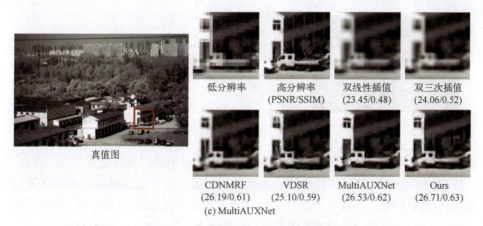

图 5.9　不同网络下的超分辨率结果

表 5.2　不同超分辨率网络的 PSNR 和 SSIM 结果

方　　法	例图 1	例图 2	例图 3
	PSNR/SSIM	PSNR/SSIM	PSNR/SSIM
双线性插值	23.41/0.43	21.33/0.45	23.45/0.48
双三次插值	23.82/0.47	21.77/0.49	24.06/0.52
CDNMRF	25.76/0.58	24.31/0.60	26.19/0.61
VDSR	25.55/0.60	23.48/0.61	25.10/0.59
MultiAUXNet	26.96/0.62	25.18/0.64	26.53/0.62
本节	27.07/0.67	25.35/0.67	26.71/0.63

在 PSNR 方面，本节所介绍网络的结果比 CDNMRF 高 0.96dB，比 VDSR 高 1.67dB，比 MultiAUXNet 高 0.15dB。SSIM 指标比 CDNMRF 高 0.06，比 VDSR 高 0.06，比 MultiAUXNet 高 0.03。总的来说，本节所介绍的网络结构在宽视场微光图像中表现出了较好的超分辨率性能。

目前的远场成像检测要求成像系统在成像过程中不仅提供详细的高频信息，同样也需要相应的彩色信息，而大多数的伪彩色图像的颜色信息与自然场景的颜色信息相差很大，导致不真实。但是，观察者可以通过区分融合图像的颜色对比度来进一步分割图像，从而识别图像中的不同物体。除了灰度图像的超分辨率任务，还在工作中扩展了网络性能。如图 5.10 所示，通过扩大原始网络中的通道数量，彩色图像的 RGB 通道对应一个灰度级输出，在微光成像条件下对不同场景的灰度图像进行彩色处理。

图 5.10　RGB 图像的伪彩色超分辨率重建网络框架

本节介绍的微光图像着色方法结合已有的场景图像库进行监督学习。首先，对输入的微光灰度图像进行分类，得到类别标签。其次，通过颜色传输恢复自然颜色融合图像。与颜色查表法相比，该方法无须事先获取场景的自然图像，即可自适应匹配最合适的参考图像进行颜色融合。如图 5.11 和图 5.12 所示，其分别实现了基于丛林和城市环境的彩色图像重建。同样，也评估了网络输出的彩色图像，如图 5.13 所示。图 5.13（c）描述了网络输出图像与可见光探测器捕捉到的实际彩色图像之间的差异。可以看到，只有局部颜色信息是错误的。此外，定量评估了两幅图像的直方图分布相似性。颜色分布基本相同，最终直方图分布相似度为 0.728，如图 5.13 所示。总体而言，成像结果满足了人类视觉特征的要求，能够直观地处理超分辨率重建图像中的场景信息。

(a) 基于城市场景下的彩色成像对比

(b) 基于丛林场景下的彩色成像对比

图 5.11　基于场景的图像颜色重建结果 1

(a) 输入灰度图像　　　　(b) 输出彩色图像　　　　(c) 由可见传感器捕获的彩色图像

图 5.12　基于场景的图像颜色重建结果 2

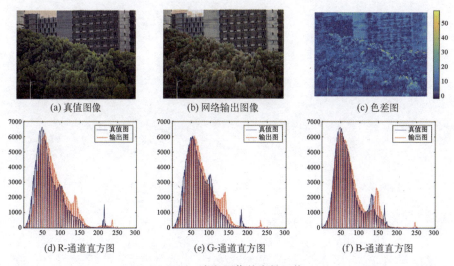

(a) 真值图像　　　　　　(b) 网络输出图像　　　　　　(c) 色差图

(d) R-通道直方图　　　　(e) G-通道直方图　　　　(f) B-通道直方图

图 5.13　彩色图像的定量评价

第**6**章

跨模态异源图像高分辨率成像技术研究

6.1 引言

红外相机与可见光相机在拍摄相同场景时，由于工作原理不同，将会输出为两种异质图像。长波红外相机可提供成像物体的热辐射分布特性但相应的成像分辨率较低，导致成像物体相应细节匮乏，可见光相机与之相反，通过融合算法可整合二者优点得到一幅内容更加丰富的图像。因此，如何提升异源图像的融合效率与融合质量，进而提升道路监控、隐藏武器探测、野外侦察与目标跟踪等精度[110-111]也必将是未来的一大研究热点。

长久以来，在红外与可见光图像融合算法中，应用最为广泛的一类方法为基于多层分解的融合方法。一种性能良好的多层融合算法不但可以保持源图像重要信息，抑制噪声与伪影，而且能够具有较低的时间代价。此外，受成像原理限制，可见光传感器对光照条件敏感，当光照不充足时会隐藏或模糊部分细节，与红外图像融合也不能重现这些信息，不利于观察者对场景的理解，因此融合前需改善可见光图像暗处细节可见性。近年来，已提出大量图像增强算法，较为典型的有直方图均衡化方法、Retinex 方法、小波变换方法与偏微分方程方法等，尽管上述方法可突出某些重要信息，然而却存在局部细节增强能力不足或计算代价较高等缺点。鉴于此，本章介绍一种自适应灰度拉伸方法[112]增强低照度可见光图像，增强结果细节清晰，但在非均匀条件下效果较差。

稀疏表示是信号与系统中的热门研究领域。由于计算机网络及媒体技术的发展，可以获取数据的体量变得十分庞大，大量的数据造成对其进行存储和处理等操作变得十分困难，所以如何对这些数据进行稀疏编码去取代原始数据，从而使原始数据表变得更加简洁是一项十分有意义的工作，也即稀疏表示的目的。

在图像融合领域，基于稀疏表示的融合算法首先使用过完备字典对输入数据进行稀疏编码，获得稀疏系数；其次采用适当的融合策略进行稀疏系数的融合；最后利用过完备字典重构的稀疏系数，得到融合后的图像。Yang 和 Li[113]首先使用了基于稀疏表示的方法来融合多聚焦图像，之后在红外和可见光图像融合任务中也提出了许多基于稀疏表示的融合算法[114-116]。该算法可有效改善融合图像对比度，但存在过度平滑细节、异源图像存在重叠与互补特征能力差以及伪影现象等问题。

深度学习是目前研究的热点内容，也逐渐应用到图像融合领域。目前，在多曝光图像融合及多聚焦图像融合等场景中已经证明采用深度神经网络进行重建的可行性。与多聚焦图像融合任务不同，在红外与可见光图像融合等场景中，存在没有标准的参考图像或训练数据不充足等问题，研究人员通常利用其他包含标签的自然图像数据集进行有监督预训练，确保训练后的网络具有较强的特征提取与图像恢复能力。考虑这两种源图像的形态差异，为更好地综合利用源图像特征，研究人员将多尺度分解方法与卷积神经网络进行结合，通过分解后的源图像信息及网络输出的权重参数可获得边缘清晰、噪声较少的融合图像。随着研究的深入以及网络模型的发展，残差网络、密集连接网络等逐步在红外与可见光图像融合中发挥作用。VGG-19 作为特征提取器构建深度学习框架对图像分解后的细节部分进行特征提取与融合。深度神经网络提取的多尺度特征有利于得到细节丰富的融合图像。同样，密集连接网络[117]也逐渐应用于该领域，图像重建后对源图像重要信息保留较多。密集连接网络善于传递并利用网络中间层特征，这对解码输出高质量红外与可见光融合图像十分重要，在应用中通过设计不同的融合策略[118]可改变融合图像特性。

近年来，基于神经网络的红外可见光图像融合技术具有重要的研究价值。在红外可见光图像融合任务中，主要面临以下几个问题：

（1）端对端的成像数据集。深度学习的方法是以大量数据样本为基础的，有关红外图像和可见光图像融合任务的可用数据集较少，如何利用现有的数据实现网络模型的训练是其中一个难点。并且最关键的一点是目前的融合网络均没有考虑红外图像分辨率问题，输入的红外图像质量过差，导致最终的融合效果较差。

（2）异源图像之间的分辨率。在红外可见光的融合任务中，一般红外探测器的分辨率将会远低于可见光的探测器，当无良好光照条件下，其融合图像的成像质量将会大幅下降，因此是否可以通过神经网络提升红外波段的成像质量，进而提升融合图像的质量也是本节研究的重点内容之一。

（3）网络结构。图像融合任务属于计算机视觉中的低层任务，网络结构不宜设计得过于复杂。关于神经网络结构已有大量的研究，为充分发挥神经网络的能力，网络结构需要精心设计。

（4）损失函数。在神经网络训练中，损失函数是一个非常重要的问题，网络模型的训练需要依靠损失函数来实现，这对损失函数的设计提出了更高的要求。

6.2　算法思路与流程

　　基于以上分析，本节所介绍的基于深度神经网络的跨模态异源图像高分辨率成像技术首先任务是实现红外图像的分辨率提升，在获得一个很好的分辨率的同时进行异源图像的加权融合，因此如何提取出两种图像中的特征信息并加权融合是研究的重点内容。在设计的网络结构中借鉴语义分割及风格迁移的思想，通过对红外图像的热度信息进行语义分割再将热度图像与可见光图像进行风格迁移融合，最后通过加权融合策略进行二者的融合。图6.1所示为跨模态异源图像算法流程示意图。

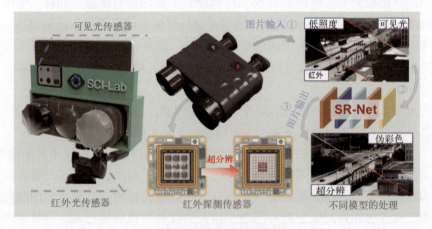

图6.1　跨模态异源图像算法流程示意图

　　然而，隐藏在计算成像华丽外衣之下的是其所必须付出的额外成本与代价。更重要的是，计算成像技术的重建能力极大地受限于"正向数学建模的准确性"以及"逆向重建算法的可靠性"，实际光学成像系统中的不可预见性与高维病态逆问题求解的复杂性[119-121]已成为这一领域进一步发展亟须解决的瓶颈问题。

6.2.1　语义分割

　　受 Gatsy 工作的启发，本章介绍了一种基于深度学习的跨模态图像融合算法来解决现存的问题。该算法主要分为前景与背景分割和基于深度学习的双模图像融合两部分，大致思路如下：

（1）将红外源图像通过语义分割网络分割成前景部分和背景部分，输出分割的掩模，提取出相应的热度信息。

（2）将红外源图像、可见光源图像输入设计好的双模融合网络进行融合，借鉴神经风格迁移网络的思想，通过卷积神经网络的反向传播来重建和更新融合图像。算法的整体流程如图 6.2 所示。

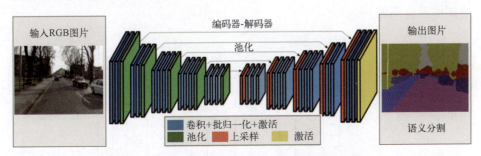

图 6.2　**SegNet 编-解码结构的深度学习网络示意图**

以红外图像中的显著区域作为前景，通常是指包含感兴趣目标的区域，其他图像区域作为背景。在红外图像中，前景融合的目的是充分保留目标的显著信息，同时尽可能保留可见光图像的纹理信息。在可见光图像的背景信息保存下，背景融合旨在保留足够的纹理细节。对输入的图像，可以用前景部分和背景部分来表示。

SegNet[122]是一种以深度卷积为基础，融合编-解码结构的深度学习网络。编码器网络和解码器网络的对称结构构成了 SegNet 的主要部分，除此之外还有一些输出层。编码器网络的设计基于 VGG-16[123]网络，但相较于完整的 VGG-16 模型，它精简了三层。这样的优化不仅实现了在特征提取层之间移动连接层的灵活性，还确保了编码器在深层网络输出时能够保留较高分辨率的特征图。此外，这种设计显著减少了训练过程中所需的参数数量。

6.2.2　风格迁移

图像风格迁移（Image Style Transfer），是实现输出图像同时具有输入图像的内容也具备参考图像的风格的方法。参考此类重建思想，2019 年 Gatsy 提出了一种方法，即神经风格迁移[129]（Neural Style Transfer）。如图 6.3 所示，他首次将深度学习方法应用到风格迁移任务中，通过内容损失约束保持这两幅图像在图像基本信息方面的一致性，通过反向传播迭代更新输入图像的风格。通过对输入图像及参考图像进行不同维度的特征提取，并经过前向传播后计算内容损失和风格损失，将二者进行加权得到最终的损失函数，通过不断地进行前向传播计算损失和反向传播优化损失、更新重建图像的像素值，最终得到最优的重建图像，图像风格迁移的本质是对两种不同风格图像的融合。红外与可见光图像从某种意义上说也可以看成两种不同"风格"的图像，因此，本章借鉴了神经风格迁移的思路来解决红外与可见光图像融合问题。

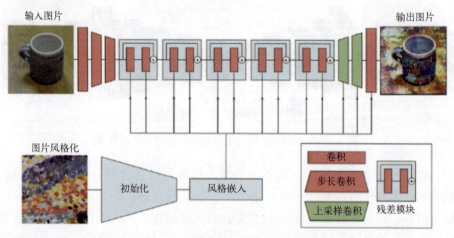

图 6.3　神经风格迁移网络示意图

6.3　融合神经网络构建

　　基于以上分析，本章采用融合-编-解码的结构进行端对端学习，介绍了一种新的基于深度学习的融合方法。如图 6.4 所示，网络结构由融合部分和超分辨率两部分组成。图像首先经由融合结构提取各自图像特征，然后生成融合图像。融合结构中含有多尺度特征提取模块和通道注意力模块，能避免丢失过多的特征信息。超分辨率模块由跳跃连接结构及闭环回归模块组成。通过不同维度的编-解码卷积结构对特征图像进行提取，并结合最大池化模块实现特征图像的降维操作。闭环回归模块通过在低分辨率数据上引入额外的约束来减少不确定性映射函数的范围，学习正向非线性映射函数，从低分辨率图像学习到高分辨率图像。同时，它在逆向回归过程中学习下采样退化方法，可以很容易地将超分辨率模型调整到真实世界的低分辨率数据中，加快损失函数的收敛，从而能够克服超分辨率模型一般的自适应问题。

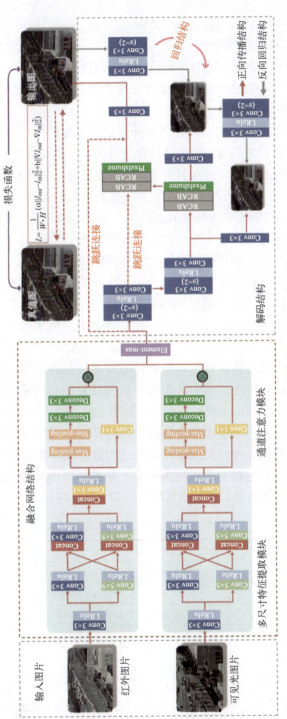

图 6.4 红外可见光彩色夜视图像融合网络结构

本章的贡献可以概括为以下三个方面：

（1）建立端对端网络模型，直接学习图像融合以及彩色映射，克服了手工和复杂的活动水平测量和融合规则设计的局限性。

（2）网络结构中将多尺度特征提取、通道注意力模块和彩色化模块三者结合起来，重建出彩色融合图像。

（3）本章将图像融合问题转化为红外可见光图像的结构和强度比例保持问题，设计出相应损失函数，扩大热目标与背景之间的权重差。

为了更清楚地表达网络的映射关系，网络模型可以定义为

$$I_{\text{out}}(x,y) = F_{\omega,\theta}[I_{\text{LR1}}(x,y), I_{\text{LR2}}(x,y)] \tag{6.1}$$

式中：$F_{w,\theta}[.]$ 为网络的非线性映射函数；ω 和 θ 分别为网络中的权值和偏差可训练参数；$I_{\text{LR1}}(x,y)$ 为输入的长波红外探测图像；$I_{\text{LR2}}(x,y)$ 为输入的可见光探测图像；$I_{\text{out}}(x,y)$ 为网络预测输出的高分辨率图像。

整体网络结构如图 6.4 和表 6.1 所示，红外图像和可见光图像作为输入图像，经过卷积神经网络的端对端监督学习得到彩色融合图像。网络结构由融合结构和超分辨率结构两部分组成。红外图像和可见光图像分别经由融合结构提取输入图像的多尺度特征，然后通过融合层生成红外可见光融合图像。融合结构中含有多尺度特征提取模块和残差通道注意力模块，能避免丢失过多的特征信息。超分辨率结构由许多卷积层和反卷积层组成，编码结构提取融合图像信息，解码结构实现对图像超分辨率重建。编-解码结构中的跳跃连接将图像特征信息从网络编码部分传递给解码部分，同时也能够解决梯度消失问题。此外，根据红外可见光图像的结构和强度比例保持问题设计了相应损失函数。以此函数为指导进行模型训练，使得损失函数最小化。最终，可以得到突出显示锐化边缘目标和丰富细节纹理的融合图像。

表 6.1 红外可见光彩色夜视图像融合网络参数

层	参　　　数	数　　量
卷积层	1×1, strides $= 1$, padding $=$ SAME	4
卷积层	3×3, strides $= 1$, padding $=$ SAME	21
卷积层	3×3, strides $= 2$, padding $=$ SAME	4
卷积层	5×5, strides $= 1$, padding $=$ SAME	4
激活函数（ReLU layer）	—	12
激活函数（LReLU layer）	Alpha $= 0.2$	16
激活函数（Concat layer）	—	6

层	参　　数	数　　量
反卷积层	3×3	4
元素最大值层	—	1
全局平均池化层	—	4
全连接层	—	8
激活层	—	4
上采样层	2×2	2
池化层	2×2	4

在构建的网络中所具备的模块有卷积层、反卷积层、元素加法层、元素乘法层、通道融合层、最大池化层和元素最大层。

用 X_i 表示第 i 层的输入图片，卷积层和反卷积层表示为

$$F(X_i) = \max(0, W_k * X_i + B_k) \tag{6.2}$$

式中：W_k 和 B_k 分别为滤波器和偏差；$*$ 为卷积运算或者反卷积运算，以方便表示。对于元素加法层，输出是两个相同大小的输入按元素相加，然后是 LReLU 激活：

$$F(X_i, X_j) = \begin{cases} X_i + X_j, X_i + X_j \geqslant 0 \\ \alpha * (X_i + X_j), X_i + X_j < 0 \end{cases} \tag{6.3}$$

式中：X_i 和 X_j 分别为第 $i+1$ 层和第 $j+1$ 层，$\alpha = 0.01$。

对于元素乘法层，输出是两个相同大小的输入按元素相乘，然后是 LReLU 激活：

$$F(X_i, X_j) = \begin{cases} X_i \cdot X_j, X_i \cdot X_j \geqslant 0 \\ \alpha * (X_i \cdot X_j), X_i \cdot X_j < 0 \end{cases} \tag{6.4}$$

对于通道融合层，输出为两个大小相同的输入通道之和：

$$F(X_i, X_j) = X_i \oplus X_j \tag{6.5}$$

对于最大池化层，输出图像是输入图像尺寸的一半，用公式表示为

$$F(X_i) = \text{down}(X_i) \tag{6.6}$$

式中：down 为池化函数，本章采用的是最大池化。

对于元素最大层，输出图像的大小和输入图像的大小相同，用公式表示为

$$F(X_i, X_j) = \max(X_i, X_j) \tag{6.7}$$

对于亚像素卷积层，输出图像尺寸是输入图像尺寸的两倍，用公式表

示为

$$F(X_i) = \text{pixelshuffle}(X_i) \quad\quad\quad (6.8)$$

整体的正向网络采用降采样和上采样设计。降采样（正向结构的左半部分）和上采样（正向结构的右半部分）模块都包含 $\log_2(s)$ 基本块，其中 s 表示比例因子。采用残差通道注意力机制模块建立了各基本块，增加了模型容量。通过对每个通道的依赖分析，残差通道注意力模块对每个通道的依赖关系建立了模型，并能逐通道调整特征。通过这种方式，网络可以通过全局信息有选择地强化包含有用信息的特征，抑制无用特征。递减取样使用 2 步长的卷积运算。这个过程没有使用池化操作来降维的原因是，池化操作会去除图片的细节部分，这会降低图像恢复重建性能，与超分辨率的目的是相反的。因此，采用步长为 2 的卷积操作对图像进行降维能够最大概率保留特征图的空间信息。

1. 多尺度特征提取模块

深度学习重建中一个重要的环节是如何对输入图像进行特征提取，如果能够获取图像在不同维度下的信息将对信号复原起极大的帮助作用，而图像的特征信息一般都通过卷积核进行提取。因此，用大卷积核对图像进行提取，获取更大的感受野的思想也随之萌发，感受野范围越大，感受到的信息维度越大，得到的特征就越好。但卷积核过大，将会导致计算量急剧增加，不利于模型深度的增加，从而会降低计算性能。但是，卷积核也不是越小越好，对于特别稀疏的数据比，当使用较小的卷积核时，就会出现无法表示其特征的问题。

由于大尺度的卷积大概率会造成计算的浪费，因此可以将大尺度卷积分解为几个小尺度的卷积，从而减小计算量。此外，该方法通过不同卷积核来产生不同大小的感受野，获取不同尺度大小的特征信息。受此启发，本章在结构中使用多尺度特征提取模块，如图 6.5 所示。将红外与可见光图分别输入多尺度特征提取模块，分别经过两个不同大小的卷积核进行特征提取。将卷积层的 padding 设置为 same，通道数设置为 128，使得卷积后的特征图像大小全部相同。通过 Concat Layer 算法，在不同尺度上卷积层后，特征图在通道数上叠加，特征图数增加。又通过两个不同大小的卷积核进行特征提取，最后经通道数相加，送入卷积核大小为 1×1 的卷积层，得到相应的特征图。卷积层数为 1×1，可以有效地降维获取多尺度特征，减少网络结构的计算量，提高网络收敛速度。通过此模型提取出的特征图，在获得更高层次的强语义特征的同时，保留了更多的底层细节，丰富了图像所包含的特征信息。

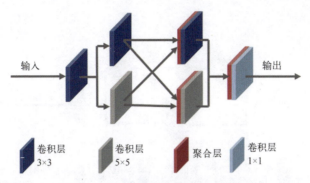

输入

输出

卷积层
3×3

卷积层
5×5

聚合层

卷积层
1×1

图 6.5　多尺度特征提取模块网络结构

2. 通道注意力模块

深度学习中的注意力机制来源于人类大脑的加工机制。人的大脑在接受外部信息，如视觉、听觉等信息时，往往不会处理和理解所有的信息，而只关注有意义或部分有意义的信息。这有利于过滤掉一些无关紧要的信息，提高信息处理的效率。将注意力机制应用于图像处理的最早起点是希望通过一种类似人类大脑注意力的机制，仅利用一小块感受野来处理注意力机制，这样可以减少计算的维数并加速计算效率。

在网络结构中引入通道注意力模块，通过对每个通道的依赖建模来提高网络的表现能力，并且可以逐个地依次调整特征。通过这种方式，网络可以通过全局信息有选择地、有效地强化包含有用信息的特征，抑制无用特征。通道注意力模块网络结构如图 6.6 所示，该结构由两条路线组成。第一条首先通过两个连续的最大池化层，特征图分别缩小为 32×32 和 16×16。连续最大池化能够提取高层特征并增大模型的感受野。高层特征中所显示的特征图能够反映注意力机制所在的区域。再通过相同数量的反卷积层，将特征图的尺寸放大到与原始输入一样大，将注意力机制的区域能够对应到原始输入的每一个像素上。第二条只含有一个卷积层，卷积核大小为 1×1。最后将两条路线得到的特征图进行元素相乘得到该模块的输出。整个模块中每一层的特征图数量都为 128。该结构能够对通道进行调整，加强网络对有用信息特征的提取以及对无用特征的抑制。

经过上述多尺度特征提取模块和通道注意力模块，完成了输入和可见光图像的特征提取，最后通过融合层将两个输入分支连接起来，实现了图像特征融合。在融合层采用元素最大值方法进行红外与可见光图像特征融合。特征图形经过融合层后产生，其中既含有红外图像信息，又含有可见光图像信息。

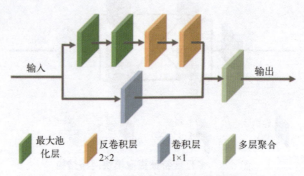

最大池   反卷积层   卷积层   多层聚合
化层   2×2   1×1

图 6.6　通道注意力模块网络结构

3. 残差通道注意力机制模块

随着网络结构深度的加深，超分辨率性能并不会一直提升。其原因可能有两部分。由于卷积过程会使图像特征越来越抽象，在有更多卷积层的网络中大量图像内容细节可能丢失。仅给出抽象的图像，恢复其细节是一个不确定的问题。在网络结构上，深层网络经常会遇到梯度消失问题。为了解决上述问题以及受到残差网络的启发，在 U 形模块中添加了跳跃连接，将网络前半部分的卷积层和后半部分的反卷积层相连接。首先，该连接可将卷积层的大量图像细节信息传递给反卷积层，这有助于提升反卷积层的图像超分辨率重建能力。其次，跳跃连接还具有将梯度反向传播到底层的优点，这使得梯度消失的问题得到了解决，训练结构更深的网络变得更容易。跳跃连接采用的是 Concat 进行特征融合。Concat 方式能够使特征图的数量加倍，图像特征大量增加，这有助于反卷积层进行超分辨率重建操作。

如图 6.7 所示，残差通道注意力机制由卷积层、全局平均池化层和全连接层组成。残差通道注意力机制的提出是为了克服传统卷积网络在局部空间操作，难以获得足够的信息来提取通道之间的关系。而采用残差注意力

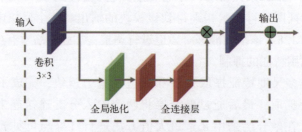

输入   输出

卷积
3×3

全局池化   全连接层

图 6.7　残差通道注意力机制模块示意图

机制，利用全局池化，提取目标图像的主要特征以及全连接层的降维升维特征，使得图像维度再次回到原始大小，此次输出的特征可以表征为特征图像的权重信息，将权重信息与原始图像进行相乘，可以认为该操作再次加强了语义信息的提取及利用，从而使模型对各个通道的特征更有感知能力。

4. 超分辨率成像模块

超分辨率网络采用编–解码结构，网络的编码层位于网络结构中的左边部分，神经网络的编码层能够对图像信息进行压缩和汇总。在编码层内，经过步长为 2 的卷积层后特征图的尺度减小。当输入通过编码层时，网络学习进行特征提取。相比于最大池化层，步长为 2 的卷积层可以最大限度地保留特征信息。另外，在卷积层和激活函数后删除了批归一化（Batch Normalization，BN）处理。因为归一化会扰乱卷积层所学习到的特征信息，这与超分辨率的目的相违背。网络的解码层位于网络结构中的右边部分，神经网络的解码层对信息特征进行高分辨率重建。在解码层内由亚像素卷积层将特征图的尺度放大到与编码层中卷积层中相对应的大小，由跳跃连接将网络结构中的编码部分和解码部分相连接。跳跃连接不仅能够传递图像特征信息，并且能够缓解梯度消失的问题。在解码结构中加入了残差通道注意力模块，调整通道特征信息，有利于恢复重建出高分辨率图像。

除此之外，为了更好地解决梯度消失的问题，引入了跳跃连接。目前，主流的网络结构模型都在往更深的方向发展。如果采用更深的网络结构模型，意味着拥有更好的非线性表达能力，从而可以学习更加复杂的变换和拟合更加复杂的特征输入。但是存在着在深层的网络模型的梯度消失问题，靠近输入层的特征图权重无法得到有效调整，使得网络超分辨率能力下降。而残差结构中的跳跃连接能够增强梯度传播，缓解了由于网络加深带来的梯度消失的问题。因此，在残差通道注意力机制的输入和输出中，增加了跳跃连接，该连接能够传递图像信息，提高网络结构的超分辨率性能。

另外，现有的方法只关注低分辨率图像到高分辨率图像的映射。然而，可能的映射函数的空间非常大，这使得训练非常困难。为了解决这个问题，在超分辨率结构中提出了一种双重回归方案，通过对低分辨率图像数据引入额外的约束。具体来说，除了要学习低分辨率到高分辨率图像的映射，还要学习从超分辨率图像到低分辨率图像的逆映射，让每一层的低分辨率都接近该层的目标图像。通过逐级恢复重建，最终达到超分辨率的目标。

5. 闭环回归模型

已有方法主要是侧重于从低分辨率到高分辨率图像映射的学习。但是，可能的映射函数有很大的空间，因此很难进行训练。针对这一问题，本节介绍了双向回归模型，如图6.8所示，通过加入正向生成模型与逆向回归模型的双重约束条件。总而言之，除了从低分辨率到高分辨率，还进行了从超分辨率重建图像到低分辨率图像的逆/对偶映射的学习。

图 6.8 闭环回归模块

设 X 为低分辨率图像，Y 为高分辨率图像。同时，学习原始映射 $P(\cdot)$ 来重建高分辨率图像，学习逆向回归映射 $D(\cdot)$ 来重建低分辨率图像。注意逆向回归映射可以看作底层下采样核的估计。形式上，将超分辨率问题表述为双重回归方案，其中涉及两个回归任务。

（1）寻找一个函数 $P(\cdot)$：$X \rightarrow Y$，使预测 $P(X)$ 与其对应的高分辨率图像 Y 相似。

（2）寻找一个函数 $D(\cdot)$：$Y \rightarrow X$，使 $D(Y)$ 的预测与原始输入低分辨率图像 X 相似。

如果 $P(x)$ 是正确的高分辨率图像，那么下采样的图像 $D(P(x))$ 应该非常接近输入的低分辨率图像 x。有了这个约束，就可以减少可能映射的函数空间，从而更容易学习到更好的映射来重建高分辨率图像。

通过对这两个学习任务的联合学习，本节提出了以下训练超分辨率模型的方法。给定 N 对样本，其中 x_i 和 y_i 表示这组配对数据中的第 i 对低分辨率和高分辨率图像。训练损失可以写成

$$\sum_{i=1}^{N} \underbrace{\mathcal{L}_P(P(x_i), y_i)}_{\text{正向回归}} + \lambda \underbrace{\mathcal{L}_D(D(P(x_i)), x_i)}_{\text{逆回归}} \tag{6.9}$$

式中：$\mathcal{L}_P$、$\mathcal{L}_D$ 分别为正向回归和逆回归任务的损失函数（L1 – 范数）。在这里，$\lambda = 0.1$ 控制双重回归损失的权重。

输入的红外图像和可见光图像通过上述的多尺度特征提取模块和残差通道注意力模块后，已完成对各自图像的特征提取，最后本章通过融合层将这两条输入分支连接起来，以达到图像特征融合的目的，在融合层采用元素最大值方法进行红外与可见光图像特征融合。在融合特征图像中，包含了红外图像的热度信息和可见光图像的纹理信息。

6. 网络扩展

除了灰度图像的融合任务，本节还扩展了网络性能。将原始网络中的通道数展开，彩色图像的 RGB 通道对应一个灰度级输出，对不同场景的灰度图像进行彩色处理。

融合图像着色技术和现有场景图库相结合，对图像进行监督学习。将输入的微光灰度图像进行分类，得到类别标记；再利用颜色信息传递还原出自然的彩色融合图像。与颜色查找表法相比，该方法无须事先获取场景的自然图像，就能自适应地匹配最合适的参考图像进行颜色融合。该方法成像结果能够满足人类视觉特征的要求，并直观地感受高分辨率中的场景信息。

7. 损失函数

本章将图像融合问题转化为红外可见光图像的结构和强度比例保持问题。其中，强度分布可以表示图像中的热辐射信息，梯度可以表示图像中的结构信息。为了最大可能保留源图像的代表性特征，本章设计了混合损失函数来学习有用特征信息。

本章给定 N 对样本，称样本集为 $S_i = \{ (x_i, y_i) \}$，其中 x_i 和 y_i 分别表示样本集第 i 对配对数据中的低分辨率和高分辨率图像。逆回归过程训练损失 $\mathrm{Loss_{inverse}}$ 可以写成

$$\mathrm{Loss_{inverse}} = \sum_{i=1}^{N} \mathrm{Loss_1}(F(x_i), y_i) + \lambda \mathrm{Loss_2}(I(x_i), y_i) \qquad (6.10)$$

式中：$\mathrm{Loss_1}(F(x_i), y_i)$、$\mathrm{Loss_2}(I(x_i), y_i)$ 分别为正向回归和逆回归任务的损失函数。在这里，$\lambda = 0.1$ 控制两者损失函数的权重。

$$\mathrm{Loss_1} = \frac{1}{W \cdot H}(\alpha \| y_i - F(x_i) \|_2^2 + \beta \| \nabla y_i - \nabla F(x_i) \|_2^2) \qquad (6.11)$$

$$\mathrm{Loss_2} = \frac{1}{W \cdot H}(\| y_i - I(x_i) \|_2^2) \qquad (6.12)$$

式中：$\|\cdot\|_2$ 为 L_2 范数；∇ 为梯度算子；$W\cdot H$ 为源图像的空间维度；y_i 表示输出图像；x_i 表示输入训练数据；α 和 β 为平衡这两项的两个因素，本实验中，$\alpha=\beta=0.5$。

6.4　实验结果与分析

1. 网络设置

网络中批尺寸设置为 4，迭代周期设置为 200。采用 Adam 优化器进行网络结构优化，初始学习率设置为 10^{-4}。

对于使用该网络进行模型训练所采用的硬件平台为 Intel ® Core™ i7-9700K CPU@ 3.60GHz×8，显卡为 RTX2080Ti。所采用的软件平台为 Ubuntu 16.04 操作系统下的 TensorFlow 1.1.0。

网络训练所需时间为 11.2h，平均每张图的测试时间为 1.3s，训练过程所得的损失曲线如图 6.9 所示。

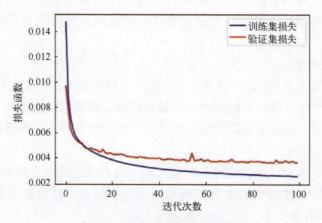

图 6.9　训练集和验证集损失曲线

2. 实验数据集建立

本实验的训练集和测试集所采用的红外可见光图像数据是由实验室的跨模态图像采集系统所拍摄得到。跨模态图像采集系统包含高像素分辨率手机一部和跨模态望远镜一台，且两者分别上下安置在同一装置中。采集跨模态图像时，利用手机拍摄得到高分辨率可见光图像，利用跨模态望远镜得到对应长波红外图像。通过裁剪的方式将长波红外、可见光图像裁成 64×64 的小块送入网络进行训练，共有 13000 组红外图片。

在真值数据的处理上，本章采用了基于视觉显著性映射（Visual Saliency Map，VSM）和加权最小二乘法（Weighted Least Square，WLS）图像融合的色彩迁移。原图像可以通过多尺度分解（Multi-Scale Decomposition，MSD）为底层和几个细节层。

底层主要包含低频信息，可以控制融合图像的整体外观和对比度。本章采用视觉显著性映射合并底层，以有效提取图像的显著结构、区域和对象，避免低频信息损失和融合图片对比度较低的问题。

细节层通常遵循传统"最大-绝对"规则合并，因为细节层系数的绝对值较大，对应于更显著的特征。然而，长波红外图像和可见光图像的特征有很大的不同，可见光图像往往包含精细尺度的视觉细节信息，而红外图像通常呈现粗尺度结构或许多不相容的细节和噪声。为了解决这一问题，本节采用了加权最小二乘法优化，用于细节层的融合。

首先，利用基于滚动制导滤波器（Rolling Guidance Filter，RGF）和高斯滤波器的 MSD 将输入的长波红外图像和可见光图像分解为底层和细节层。使空间重叠的特征在尺度上分离，保留边缘以减少晕。其次，与基于 VSM 的底层组合起来，为融合图像提供良好的对比度和整体外观。再次，通过 WLS 优化得到融合细节层，避免损失可见光细节和引入微光噪声。最后，执行相应的逆 MSD 生成融合图像。

3. 色彩迁移

无论是微光夜视系统，还是红外成像系统，它们总是单色显示的。因此，是否可以利用可见光的颜色分量信息实现融合图像伪彩色是所研究的另外一项工作，在色彩迁移任务中将 RGB 颜色分量映射在 HSV 颜色空间中。

在 HSV 色彩空间中，H 为色度，表示观察者主要能看见的颜色；S 为饱和度，表示和白色的相对比例；V 表示平均亮度，在该颜色模型中，将 H 和 S 与亮度 V 进行分离，显著削弱了亮度对于色度和饱和度的影响。首先，采用基于 VSM 和 WLS 的图像融合方法将微光图像与可见光图像进行融合，由于灰度图像阈值与 V 分量阈值范围相同，同时最终融合图像拥有高对比度的特性，将融合后的图像作为预测图的 V 分量，消除了暗光源对可见光造成的影响，同时最终彩色迁移效果将有效提升。其次，直接采用参考图的色度 H 与饱和度 S，以确保预测图的色彩信息与参考图相一致。

在融合图像的真值处理上，通过将彩色可见光图中的亮度 I 分量与红外图像的强度采用视觉显著图和加权最小二乘优化的融合方法实现真彩色图像的获取。该方法首先通过多尺度分解将输入的图像分解为低频信息与高频信息。通过视觉显著性约束对低频信息进行组合，为融合后的图像提供良好的对比度和整体外观。其次，通过加权最小二乘法优化得到融合的细节层。这种优化的目的是克服传统优化方法的缺陷，采用"绝对最大值"融合规则，从可见图像中融合更多视觉上令人愉悦的细节信息。最后，通过相应的多尺度分解逆变换得到融合图像。

4. 实验结果分析

可见光图像中的大量纹理和细节信息对恢复重建高分辨率的彩色融合图像具有显著作用。为了验证此想法，对网络结构进行了部分修改，输入结构中删除可见光部分。由输入的红外图经过多尺度特征提取模块和通道注意力模块后，送入编-解码结构进行彩色化，得到图 6.10 所示的结果。在峰值信噪比方面，所介绍的方法相比于双三次插值法平均提高了 4.08dB，相比于辅助卷积神经网络和可见光图像在弱光条件下实现红外图像的超分辨率法[94]（Infrared Image Super-Resolution Using Auxiliary Convolutional Neural Network and Visible Image Under Low-Light Conditions，AUX）平均提高了 2.36dB，相比于基于辅助卷积神经网络的红外图像超分辨率成像算法[95]（an Infrared Image Super-Resolution Imaging Algorithm Based on Auxiliary Convolution Neural Network，AUX_CNN）平均提高了 2.79dB，相比于级联深度网络红外图像超分辨率法[97]（Cascaded Deep Networks with Multiple Receptive Fields for Infrared Image Super-Resolution，CAS）平均提高了 2.03dB，相比于跳跃连接卷积神经网络的红外图像超分辨率重建法[103]（Super-Resolution Reconstruction of Infrared Images Based on a Convolutional Neural Network with Skip Connections，U-Net）平均提高了 1.71dB。结构相似性方面，本节所介绍的方法相比于双三次插值法高 0.05。因此，综合来看，本章介绍的方法得到超分辨率图像质量更好。

在验证网络超分辨率的可行性后，采用图 6.4 的网络进行异源图像融合处理，得到图 6.11 的重建结果，分别与基于各向异性扩散和 Karhunen-Loeve 变换的红外和可见光传感器图像融合法（Fusion of Infrared and Visible Sensor Images Based on Anisotropic Diffusion and Karhunen-Loeve Transform，ADF）[125]、基于四阶偏微分方程的多传感器图像融合法（Multi-Sensor Image Fusion Based on Fourth Order Partial Differential Equations，FPDE）[126]、多尺度引导图像与视频融合法（Multi-Scale Guided Image and Video Fusion: A Fast and Efficient Approach，MGFF）[127]、多分辨率奇异值分解的图像融合方法（Image Fusion

Technique Using Multi-Resolution Singular Value Decomposition，MSVD)[128]和基于显著性检测的可见光和红外两尺度图像融合法（Two-Scale Image Fusion of Visible and Infrared Images Using Saliency Detection，TIF)[129]进行了对比。首先对几个对比实验进行简要介绍（表 6.2）。

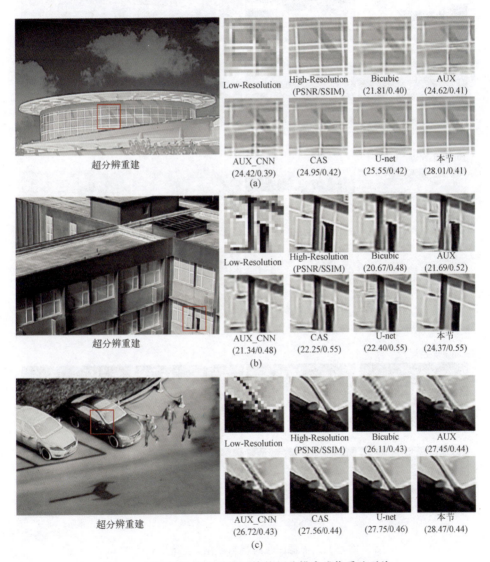

图 6.10　基于编-解码神经网络的超分辨率成像重建对比

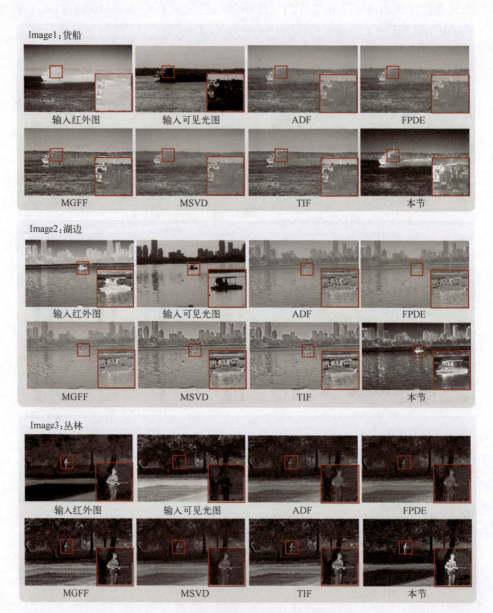

图 6.11　异源图像跨模态融合实验结果对比

表 6.2 异源图像跨模态融合实验结果参数对比

序号	方法	平均梯度	边缘强度	信息熵	互信息	均方根误差	空间频率
1	ADF	6.2074	59.8872	6.8278	1.8177	0.0625	15.6246
	FPDE	5.7650	55.6909	6.7977	1.8299	0.0622	14.0359
	MGFF	6.9055	68.4516	7.0109	1.6050	0.0644	17.3653
	MSVD	5.3488	50.8112	6.7623	1.8511	0.0622	14.5423
	TIF	6.0770	60.4062	6.9641	1.6900	0.0634	15.6507
	本节	7.3762	71.4749	6.6295	1.3591	0.0698	18.3819
2	ADF	4.4591	45.9656	6.8876	2.1563	0.0705	12.7356
	FPDE	4.4130	45.5108	6.8797	2.1499	0.0704	12.1605
	MGFF	6.3440	60.8598	7.2126	1.9414	0.0725	17.3130
	MSVD	4.5975	46.9185	6.8986	2.1679	0.0705	13.9639
	TIF	5.2618	55.5220	7.1010	2.0178	0.0717	14.5801
	本节	5.9050	66.7448	7.0556	2.2175	0.1070	18.6244
3	ADF	4.0698	44.4168	6.2849	0.9410	0.0650	9.8957
	FPDE	3.8069	41.4784	6.2352	0.9521	0.0647	9.0497
	MGFF	5.6396	60.8485	6.6629	0.9208	0.0661	14.7737
	MSVD	4.1813	44.2260	6.2795	0.9723	0.0648	13.9639
	TIF	5.4249	58.7020	6.6533	0.8981	0.0665	14.1778
	本节	7.4351	78.8509	7.0185	1.2953	0.1062	22.4927

（1）基于各向异性扩散和卡洛南-洛伊变换的红外和可见光传感器图像融合法提出了一种新的边缘保持图像融合方法。各向异性扩散用于将源图像分解为近似层和细节层。最终细节层和近似层分别借助于卡洛南-洛伊变换和加权线性叠加进行计算。融合图像由最终细节层和近似层的线性组合生成。

（2）基于四阶偏微分方程的多传感器图像融合法所提出的算法如下：首先，对每个源图像应用四阶偏微分方程来获得近似图像和细节图像；其次，对细节图像进行主成分分析以获得最佳权重；再次，利用最优权重对这些细节图像进行融合，得到最终的细节图像；又次，通过对近似图像进行平均运算，得到最终的近似图像；最后，结合最终的近似图像和细节图像，计算得到融合图像。

（3）多尺度引导图像与视频融合法通过多尺度图像分解、结构传递特性、视觉显著性检测和权重图构造等技术，将有用的源图像信息很好地融合到融合图像中。多尺度图像分解适用于表示和处理不同尺度的图像特征。该算法的结构转移特性可以将一幅源图像的结构引导到另一幅源图像中。

（4）基于引导图像滤波的视觉显著性检测方法，可以从同一场景的不同视觉图像中提取显著区域。权值图的选择有助于在每一个尺度上按像素地集成互补信息。

（5）在多分辨率奇异值分解的图像融合方法中，本节主要提出了一种与小波变换十分相似的多分辨率奇异值分解方法。对于小波变换，信号分别用低通滤波和高通有限脉冲响应（Finite Impulse Response，FIR）滤波器进行滤波，将每个滤波器的输出分别作为第一级分解因子。提取的低通滤波输出分别经过低通滤波和高通滤波，再经因子 2 提取，提供第二级分解。一个连续的分解级别可以通过重复这一步骤实现。MSVD 背后的思想是用奇异值分解代替 FIR 滤波器。

（6）基于显著性检测的可见光和红外两尺度图像融合法（TIF）提出了一种新的基于视觉显著性的权重图构建方法，可以很好地突出源图像的显著性信息。使用该方法进行融合有：图像分解或图像分析、融合和图像重建或图像合成三个步骤。利用平均滤池或平均滤池分解能得到基础层和细节层。然后基础层和细节层采用不同的融合规则进行融合。最后在基础层和细节层重建融合图像。

图 6.12 所示为构建的跨模态异源融合系统。将实验结果从主观和客观两方面进行比较。从主观上来讲，由于所介绍的网络同时具备超分辨率重建功能，因此从视觉感知上来看，本节所介绍的网络融合结果具有更多的信息，图像边缘更加锐化。其他方法仅仅是对红外与可见光图像进行了图像信息的融合。并且，本章方法的融合结果能够更加凸显红外热度信息，这对于后续目标跟踪识别的开展奠定了良好的基础。从客观数据上来看，在空间频率上，本节所介绍的方法相比于对比实验中指标最高的 MGFF 方法平均提高了 3.349。在边缘强度上，本节所介绍的方法相比于对比实验中指标最高的 MGFF 方法平均提高了 8.9702。在平均梯度上，本节所介绍的方法相比于对比实验中指标最高的 MGFF 方法平均提高了 0.6090。空间频率反映着图像灰度变化率，数值越高意味着图像质量越好。边缘强度是反映图像边缘点梯度的幅值，数值越大，意味着图像边缘信息越多。平均梯度用于反映图像的清晰程度，数值越高，意味着图像质量越好。因此，综合来看，本章介绍的方法得到融合图像质量更好。

图 6.12　构建的跨模态异源融合系统

此外，恢复图像色彩信息本身就是一个不确定的问题。例如，树叶夏天时是绿色的，秋天时是黄色的。因此，该网络存在着部分缺陷，测试集彩色融合图像是基于特定场景的，并不能恢复出训练集中没有出现过的色彩信息。因此，这对于训练集提出了严格的要求，训练集应该尽可能包含各种颜色以及各种场景色彩信息。充分利用红外可见光图像中的信息，融合重建出彩色化的目标图像，这有利于后续目标识别与追踪工作的展开。图 6.13 ~ 图 6.15所示为基于回归网络异源图像多模态成像结果，分别代表丛林、城市、海洋三种不同环境下的成像结果。对多个场景多个时间段的图像进行测试。主观上来看，实验结果显示该网络能够实现融合图像中包含有红外图像的热度信

图 6.13　基于回归网络异源图像多模态成像结果（丛林）

息以及可见光图像中的高频信息，并且提升了红外图像中相关信息的分辨率，得到的彩色化图像符合人眼视觉感知效果。例如，红外图像中的行人及湖泊场景的相应背景图像，分辨率均得到了明显提升。该融合结果结合了红外和可见光图像的优势，能够在低光照环境下，将热源目标进行凸显，并赋予彩色信息，有利于后续的目标识别及处理的开展。例如，图 6.15 中船的窗户，经过红外与可见光图像的彩色化融合后，目标信息得到了凸显，有利于后续目标的识别与跟踪工作的开展。另外，采用融合指标进行定性定量评估。在不同环境下，本章所介绍的方法都能展现出很强的适应性。

图 6.14　基于回归网络异源图像多模态成像结果（城市）

图 6.15　基于回归网络异源图像多模态成像结果（海洋）

第**7**章

双波段异源图像检测跟踪成像技术
应用研究

7.1　引言

在第 6 章中详细描述了红外与可见光跨模态异源图像融合的工作，从红外和可见光图像各自的成像特点以及互补特性出发，利用两者的协同融合成像，能够在夜间、恶劣天气（雾、雨）等条件下得到高分辨率、目标突出、信息丰富的融合图像。该技术适用于实际应用场景广泛的目标检测及目标跟踪技术中，使得目标检测、跟踪的精度得到大幅提升。基于跨模态异源图像融合的目标检测跟踪技术具有全天候工作、抗干扰能力强、精度高等优良特性，在军事、民事领域中均有着巨大的应用价值。

光电检测跟踪系统全称为光电捕获及跟踪瞄准系统[130-131]。光电检测跟踪系统是一种应用于可见光、微光或中波红外波段的图像捕获跟踪设备，可对目标进行检测并连续捕获跟踪。它的工作模式从搜索、捕获到稳定跟踪目标等任务要求都是极其精密的。搜索和捕获指的是由计算机视觉技术经传感器自动地发现并识别目标，将真实目标从复杂背景和其他虚假目标中区分出来，这两个过程往往对应着计算机视觉中的目标检测任务；而跟踪则是指用光电传感器测定出光电检测跟踪系统设备与跟踪目标之间的偏移，控制光电检测跟踪系统设备对目标进行连续探测跟踪，更具体地来说是指通过红外相机或可见光相机得到相关视觉信息，利用捕获得到的目标模板初始化目标跟踪器，进行目标跟踪得到跟踪轴与目标视轴的偏差[132]。

具体而言，目标检测是指从图像中找出所有感兴趣的区域，确定它们的类别和位置；目标跟踪的主要任务是基于视频序列第一帧中框选的一个跟踪目标，在随后的视频序列中自动找到该目标，并持续输出该目标的位置信息[133]。近年来，随着计算机领域的迅速发展，深度神经网络技术[134]得到了显著的提升。而作为计算机视觉领域内最具挑战性的两大分支，目标检测和目标跟踪的深度神经网络技术也逐步成为主流算法[135-136]。

图 7.1 所示为光电检测跟踪系统流程示意图，首先通过对视频流图像进行减背景处理、均衡化处理以及滤波得到预处理图像，随后进行目标检测及跟踪。传统光电检测跟踪系统在搜索、捕获、跟踪阶段往往采用的是人工标注或是传统算法进行目标检测与提取，并采用基于相关滤波的目标跟踪算法进行跟踪。这使得光电检测跟踪系统的性能和智能化发展受到制约，故如何进一步提高光电检测跟踪系统的检测与跟踪能力是本书聚焦的研究内容之一。

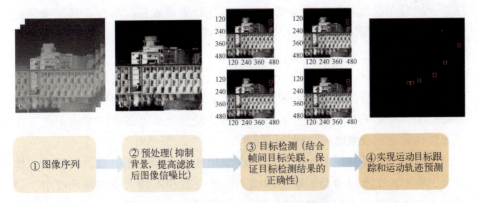

图 7.1　光电检测跟踪系统流程示意图

7.2　基于 YOLOv5 的目标检测识别技术研究

在计算机视觉领域中，目标检测因其涉及场景中的目标分类和定位结合问题，故认为是最具挑战性的问题之一。图 7.2 所示为目标检测与目标跟踪。目标检测任务始终致力于实现速度与准确性的双重提升。实际应用中的目标检测跟踪系统中最先执行的就是检测任务，以获得首帧图像中目标的分类及

图 7.2　目标检测与目标跟踪

位置，然后在视频序列的后续帧中对目标进行定位跟踪。所以，目标检测是目标跟踪任务的前序任务，目前其方法主要分为传统目标检测方法[137]和基于深度学习的目标检测方法[138]。

以往传统的目标检测方法一般使用人工设计的特征描述算子来提取图像特征，对目标的特征表述受到限制，这会使利用特征响应图锁定的目标位置不够精准，特别是在目标形变、物体遮挡、复杂背景等多重因素的干扰下往往无法得到稳定及准确的目标检测结果。

深度学习则是利用多个不同维度的卷积核对目标特征信息进行提取，如图 7.3 所示，在不同的卷积层会输出不同通道数和不同大小的特征映射，通过对不同维度特征进行重建映射，学习当前目标的映射函数，再经过大量数据样本学习及优化损失函数，得到当前问题的输入与输出之间的映射函数。

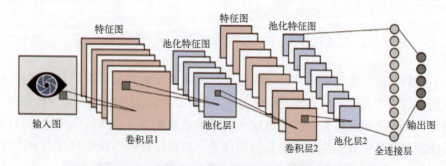

图 7.3　卷积神经网络示意图

一般而言，浅层卷积层对边缘的响应更强，能获取一些目标位置信息，而深层网络则更关注一些由浅层特征形成的复杂特征，并由此获得某些目标语义信息。基于深度学习的目标检测算法能自动提取特征，显著区分背景和前景的信息，从而快速精准地实现目标分类及目标位置感知，表现更强的鲁棒性，进一步提升目标检测的精度。

在基于深度学习的目标检测算法中大致可以分为两阶段检测方法和单阶段检测方法。前者中经典的方法有 Regions with CNN Feature（R-CNN）[139]、Fast Region-Based Convolutional Network Method（Fast R-CNN）[140]等，是指在算法流程中将目标检测任务分解为两个步骤：第一步是检测生成可能的目标区域，第二步是将这些区域中的图像目标进行分类。后者中的典型方法有 You Only Look Once（YOLO）[141]和 Single Shot MultiBox Detector（SSD）[142]，算法在生成可能的目标区域的同时就对这些区域进行分类，一次就完成了对范围框和类别概率预测。对于同一图像，两阶段目标检测方法最终将进行多次选代，而单阶段目标检测方法则只需要进行一次迭代。

YOLO 网络可以将目标检测问题认为是一个从像素误差的最小化问题转到目标特征框选取及分类检测概率回归的一个问题。与之前的超分辨率任务不同（像素回归问题），YOLO 网络结构把一开始输入的待检测图像分割形成 $N×N$ 的小网格块。假设存在一个待检测的目标，它的中点处于上述分割后的某一小网格块，则该小网格块就用来检测这一目标。一个小网格块最多可以预测 A 个检测范围框，并且还能得出检测范围框的置信度。置信度是网络检测模型对预测范围框中待检测目标的相信程度，其定义公式为 $Pr(\text{Object}) * \text{IoU}$。如果小网格块中包含有待检测目标，则其值应等于交并比（Intersection over Union，IoU）。

IoU 是一种常用的度量标准，用于测量目标检测模型中的定位精度和计算定位误差。为了使用预测框和真值框计算交并比，首先取特定预测的范围框与同一区域的真实范围框之间的相交区域。在此之后，计算两个范围框覆盖的总面积，也称为并集。交集除以并集提供了重叠与总面积的比例，即可得出交并比，其提供了预测范围框有多接近于原始真值框的估计。

检测范围框包含目标的信息有目标中心位置及宽高相对于图像框的归一化值和置信度。当某一个小网格块包含待检测目标时，其最多能够预测 B 种类的概率 $Pr(\text{Class}|\text{Object})$。不管检测框的个数 A 是多少，模型都只会预测每个小网格块的一个类别的概率。在进行模型测试时，将某一类别的概率乘以检测范围框的置信度，公式如下：

$$Pr(\text{Class}|\text{Object}) * Pr(\text{Object}) * \text{IoU} = Pr(\text{Class}) * \text{IoU} \tag{7.1}$$

得出了每个范围框对应于某一类别的置信度，表明了该类别出现在范围框中的概率以及预测范围框与待检测目标的匹配程度。

因为多个小网格块使用不同的范围框预测同个目标，所以会产生许多重复的预测范围框。在该算法的最后会采用非最大抑制方法来解决这个问题，通过查看与每一分类决策相关的概率分数并取一个最大值来实现。然后，它会抑制与当前高概率范围框具有最大交集的范围框，重复这一步骤直至得到最终的预测范围框。

精度定义为分类器认为是正类并且确实是正类的部分占所有分类器认为是正类的比例。另外，召回率则定义为分类器认为是正类并且确实是正类的部分占所有确实是正类的比例。精确率和召回率曲线下的面积可以给出各类模型的平均精度。将所有类别的输出值取平均得到平均精度。

图 7.4 所示为 YOLO 网络结构示意图，YOLO 算法在范围框的预测能力中

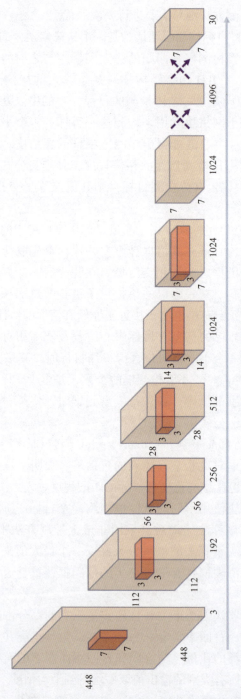

图 7.4 YOLO 网络结构示意图

有很强的空间限制，因为每个小网格块只能预测两个框且只能有一个类，而 YOLOv2[143] 的提出正是为了解决这一关键问题——群体小目标的检测和定位。它通过增加锚框来使网络每个小网格块能够预测 5 个范围框，并允许从单个小网格块预测多个范围框，解决了每个小网格块只能有一个类的问题。另外，还采用批量归一化的方法提高了网络的平均精度。

YOLOv2 使用 DarkNet-19 作为模型架构，而 YOLOv3[144] 使用更复杂的 DarkNet-53 作为模型主干——一个 106 层的神经网络，带有残差块和上采样模块。YOLOv3 的架构新颖性使其能够在三个不同的尺度上进行预测，并在第 82、第 94 和第 106 层提取特征图以进行预测。通过检测三个不同尺度的特征，YOLOv3 弥补了在检测较小物体方面的不足。该架构允许将上采样层的输出与前一层的特征连接起来，保留了提取的细粒度特征，从而更容易检测较小的对象。YOLOv3 仅预测每个单元格三个范围框（与 YOLOv2 中的 5 个范围框相比），但它在不同尺度上进行了三个预测，总共多达 9 个锚框。

YOLOv4[136] 在此前的基础上添加加权残差连接、迭代小批量归一化、跨阶段部分连接、自我对抗训练和 Mish 激活函数，作为正则化和数据增强中的方法演变，从数据处理、主干网络、网络训练、激活函数、损失函数等各个方面都有着不同程度的优化。

7.2.1　网络模型

采用基于 YOLOv5 的目标检测神经网络，在不同的场景环境下使用多尺度信息进行检测，以获取准确、可靠的检测结果。YOLOv5s 是 YOLOv5 所有结构中深度最浅、特征图宽度最小的模型，它的模型体积小、训练速度快，有利于模型的快速部署。图 7.5 所示为 YOLOv5s 的模型结构。

YOLOv5s 可以分为 Input、Backbone、Neck 和 Head 4 个部分。

（1）Input 端继续使用 Mosaic 数据增强，随机使用 4 幅图像进行裁剪拼接，丰富检测物体的背景，数据增强处理后的结果如图 7.6 所示；使用了自适应锚框，在预设的三组锚框基础上，根据训练数据自适应计算最佳锚框尺寸；自适应图片缩放使训练时输入的原始图像自动填充黑边，不再需要单独对训练集图像进行缩放、填充来统一输入大小。

（2）Backbone 端将图像特征组合，生成特征金字塔。其中，Focus 结构利用切片操作把 640×480 的输入图像切成 320×240×4 的特征图，再经过卷积操作输入后续网络，相比一般的卷积下采样，减少了模型计算量且不会带来

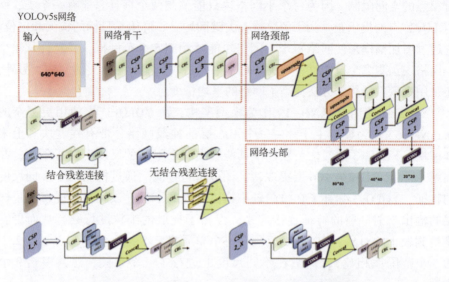

图 7.5　基于 YOLOv5s 的异源图像检测网络结构

图 7.6　Mosaic 数据增强

信息的丢失；图 7.5 中 CSP1_X 和 CSP2_1 两种跨阶段部分连接（Cross-Stage Partial Connection，CSP）结构，通过参数控制残差模块个数，分别添加在网络的 Backbone 和 Neck 中，CSP 结构将梯度变化信息反映在特征图上，减少了模型的参数量和所需计算力，在保证精度的同时缩小模型体积，降低计算瓶颈，减少内存成本，提高卷积神经网络的学习能力，从而使得网络在既保持准确性的同时又能够实现轻量化。在 Backbone 主干网络中引入 Dropblock 是一种缓解过拟合的正则化方法。如图 7.7 所示，传统的随机失活是利用随机删除的方法来减少神经元的数量，但是在卷积层中利用这种方式效果不明显，因为卷积层一般情况下是"卷积–激活–池化"三层连用，而池化层本身就是只对邻近区域像素起作用。但是，在随机删减时，卷积层仍能从邻近的激活区域中学习到同样的信息。

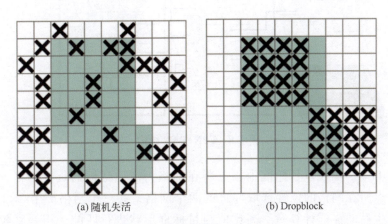

(a) 随机失活　　　　　　　　　　(b) Dropblock

图 7.7　随机失活与 Dropblock

由此，在全连接层上效果显著的随机失活当引入卷积层后效果并不理想。故利用图 7.7（b）所示的 Dropblock 模块把某个局部区域块整体删除减少，这样在卷积层上也可以得到很好的效果。Dropblock 也可以在训练的不同阶段中进行自定义，对删除减少的概率进行微调，可以令网络的正则化过程得到极大提升。

（3）Neck 的作用是检测图像特征，利用锚框生成包括类概率、置信度、范围框坐标的最终输出。特征金字塔网络（Feature Pyramid Network，FPN）加上路径聚合网络（Path Aggregation Network，PAN）的结构在获得丰富的语义特征的同时也具有较强的定位特征，FPN 层自上而下传递强语义特征，而特征金字塔则自下而上传达强定位特征，从不同的主干层对不同的检测层进行参数聚合，提升了特征融合的能力，其结构如图 7.8 所示。

（4）Head 输出端使用 GIoU（Generalized Intersection over Union）loss 作为损失函数。而 GIoU 解决了普通 IoU 面对真值框与预测框没有重叠时梯度为 0 无法优化的问题：

$$GIoU = IoU - \frac{|C \backslash (A \cup B)|}{|C|} \tag{7.2}$$

式中：C 为 A、B 两框的最小包围框，分母部分为 C 框减去 A、B 框并集的面积；采用加权非极大值抑制筛选目标框。

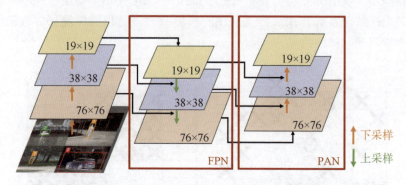

图 7.8　FPN+PAN 结构

YOLOv5s 不仅以目标框中心点所在网格为产生锚框的负责网格，还根据中心点所在网格的位置选取邻近的两个网格，共三个网格产生 3×3 个锚框，产生后的锚框计算宽、高比值与目标框形状进行匹配，相差度较大的被当作背景舍弃。因此，在实现目标跟踪上，YOLOv5s 网络通过预训练网络模型获得显著特征表达能力，实现跟踪过程中目标特征的提取和匹配；同时有效解决了目标多尺度表达问题，实现对目标外观特征的视觉注意力选择，从而提高网络的特征表达能力，以及目标检测和跟踪识别精度与速度。

7.2.2　实验结果与分析

本章利用 YOLOv5s 网络进行的目标检测实验所采用的融合图像数据集，均由实验室红外相机与手机拍摄后经过图像融合算法后获得。所拍摄图片内容为行人、电动车、汽车、船舶等各类目标图像。首先对获得的图片中的各类目标进行图像标注，随后将 500 张各类标注图像送入网络中进行训练。网络中批尺寸设置为 16，一轮设置为 300，采用 Adam 优化器进行网络结构优化。对于使用该网络进行模型训练所采用的硬件平台为 Intel ® Xeon(R) CPU E5-2680 v4@ 2.40GHz×50，显卡为 Titan RTX 24GB，所采用的软件平台为 Ubuntu 16.04 操作系统下的 TensorFlow1.1.0。

图 7.9 所示为目标检测可视化测试结果，训练结果如图 7.10 所示。Box 是 GIoU 损失函数均值，Objectness 是目标检测 loss 均值，Classification 是分类 loss 均值，Precision 和 Recall 是前文所提到过的精度和召回率，mAP@ 0.5& mAP@ 0.5:0.95:就是 mAP 是用 PreciSion 和 Recall 作为两轴作图后围成的面

积，m 表示平均，@后面的数表示判定 IoU 为正负样本的阈值，@0.5∶0.95
表示阈值取 0.5∶0.05∶0.95 后取均值。

图 7.9　目标检测可视化测试结果

最终利用该网络对 1000 张图片进行目标检测，其中有 31 张图片出现了
误检情况，目标识别准确率达到 96.9%。实验结果表明，该网络可以实现实
时准确的目标检测，具备良好的目标检测能力。

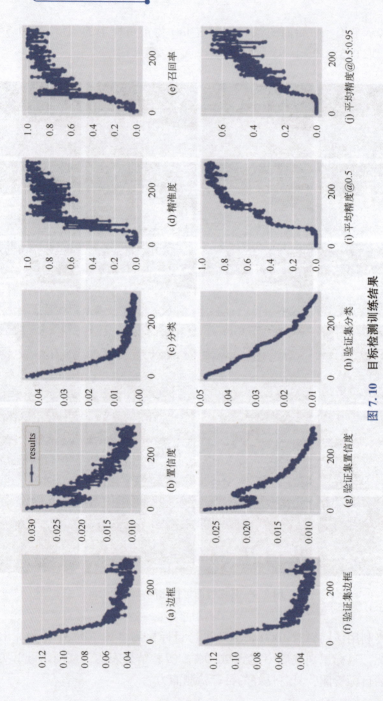

图 7.10　目标检测训练结果

7.3　基于孪生网络的目标跟踪技术研究

在计算机视觉领域中，目标跟踪是一个具有重要应用价值的研究课题。当待跟踪视频序列的初始帧中给定待跟踪目标的基本位置框信息后，目标跟踪任务则会在后续帧中不断得到该目标的相关位置框信息。这项研究的主要目的是在具有挑战性的环境下达到人类的跟踪精度，如目标在复杂的背景中移动，或被其他物体遮挡，或因变形而改变外观[145]。除了追求精度，当前的多数实际应用场景还强调实时跟踪的速度。本章的目标是构建一个鲁棒的框架，以实现基于融合图像的单目标实时跟踪。

辨别性和泛化性是鲁棒跟踪器的两个关键特性。辨别能力使跟踪器能够清晰地区分目标与周围环境。目标特定的特征对于学习识别至关重要，它们有助于在面对混乱的背景、照明变化、运动模糊和外观变形等目标跟踪的挑战性条件时（图 7.11），精确地定位目标。另外，如果跟踪器的辨别能力过高，则无法适应目标显著的外观变化。因此，一个鲁棒的跟踪器不仅需要具备强大的辨别能力，还应有良好的泛化能力，以便在目标发生尺度变化或变形时，仍能准确识别目标的外观。在辨别能力和泛化能力之间找到平衡点对于构建鲁棒的跟踪器至关重要，这通常通过结合离线和在线学习来开发一个高效的外观模型实现。虽然在线学习能够提升识别的准确率，但其计算成本

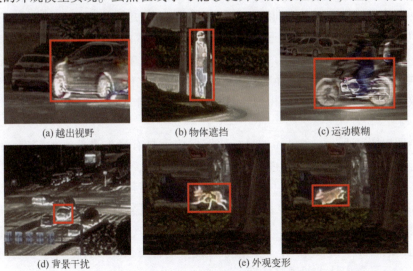

(a) 越出视野　　　　　(b) 物体遮挡　　　　　(c) 运动模糊

(d) 背景干扰　　　　　(e) 外观变形

图 7.11　目前目标跟踪检测成像难点

可能会影响跟踪速度。因此，开发一个既鲁棒又实时的跟踪器是一项充满挑战的任务。

基于外观的跟踪器通过学习目标的特征来建立目标模型。最近的大多数跟踪框架使用卷积神经网络来建模目标。CNN 凭借其强大的层次化特征表示能力，在众多计算机视觉任务中展现出卓越的性能[146-147]。由于 CNN 涉及大量参数，因此需要庞大的训练数据集。直到最近，大规模视频跟踪数据集才变得可用，此前数据的匮乏限制了基于 CNN 跟踪器的发展。为了克服这一限制，研究者们将离线学习得到的 CNN 特征应用于在线跟踪任务。虽然这种方法具备良好的泛化能力，但它在捕捉目标的具体特征方面存在不足，导致跟踪器在面对干扰因素时容易受到影响。

目前，最先进的基于 CNN 的外观跟踪器遵循两个主要策略。第一组方法遵循分类更新策略[147-148]。在这些跟踪器中使用在线学习的分类器网络，通过检测跟踪技术定位目标。该策略采用来自图像分类任务预训练的协卷积网络作为基准网络，并使用随机梯度下降对基准网络进行微调以实现目标跟踪。这些方法在线学习特定目标的线索，并相应地更新分类器。尽管这些方法达到了最先进的精度，但更新大量 CNN 参数导致它们的跟踪速度非常低。

第二组基于 CNN 的跟踪器采用相似性跟踪策略[146-149]。这种方法从视频序列的第一帧中获取目标模板，在接下来的帧中搜索该模板的相似性来定位目标。相似跟踪器利用孪生网络架构来增强模板匹配的泛化能力，并使用一个巨大的数据集进行离线训练。由于不需要在线更新相似度模板匹配模型，相似度跟踪器能够实现接近实时的跟踪速度。然而，与基于分类的方法相比，它们的跟踪精度较低，原因在于它们忽略了在线阶段对特定目标信息的利用，导致识别能力受限。这些跟踪器在泛化能力和辨别能力之间未能有效平衡，因而难以区分相似干扰物的目标，同时对目标的外观变化适应性不足。

理想情况下，一个鲁棒的目标跟踪器应该具有最先进技术的精度，同时保持实时跟踪速度。通过在线提供特定目标信息，可以提高相似度跟踪方法的准确性。为了实现这一目标，本节介绍了一种目标特定的孪生注意力网络（Siamese Attention）来跟踪目标。该方法使用不同类型的注意力模块来捕获不同语境下的特定目标信息。在模板匹配过程中，其利用这些信息来增强目标识别，同时减少模板噪声，优化搜索性能。这种方法在维持实时速度的同时，实现了业界领先技术的跟踪精度。

注意力机制通过强化输入数据中的信息丰富部分来指导学习。多个应用领域，包括图像分类、动作识别和图像分割，已开始采用这种受人类感知启发的机制。近年来，图像目标跟踪领域也引入了多种注意力机制以提升精度。一些跟踪器采用空间注意力机制，有效减少了由干扰物引起的跟踪漂移。注意力机制主要分为通道注意力机制和空间注意力机制，如图 7.12 所示。其中，通道注意力机制通过调节通道权重大小实现对各通道特征的差异关注，强化了特征的多通道表达，抑制了无用信息的干扰。空间注意力机制通过相似性度量方法计算图像位置区域之间的特征关联度，根据关联权重在全图不同区域引入特征关联影响。空间注意力机制根据目标在前一帧中的空间位置精细调整目标的预测区域。通过注意力机制的特征选择实现了对目标特征的显著表达，提升了网络模型的判别能力。近期的深度跟踪器通过端到端的方式集成了多种注意力机制。这些机制主要用于优化核心跟踪组件，尤其是相关过滤器的性能。尽管这些跟踪器维持了行业领先的精度，但其速度可能会受到影响。

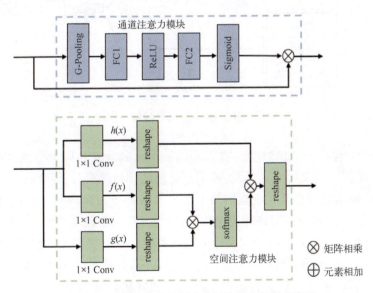

图 7.12　通道注意力机制及空间注意力机制示意图

与先前方法相比，本节所述的端到端注意力机制设计用于优化相似度学习模型，强化目标特征，以提升跟踪器在识别与泛化能力之间的平衡。此外，跟踪器通过分析序列的首帧信息，有效预测后续帧中的目标特征。这样，跟踪器在保持精度的同时，也兼顾了跟踪速度。

7.3.1　基准网络框架

Bertinettoet 等[150] 提出了一种新的相似性跟踪方法，称为 Fully-Convolutional Siamese Networks（SiamFC），如图 7.13 所示。他们使用了一个完全卷积的 Siamese 网络。凭借全卷积网络的平移不变性，SiamFC 能够处理更大的搜索图像，并通过一次前向卷积在密集网格的所有子窗口上计算相似度分数。该算法通过在单帧内寻找与已知目标图像块最相似的区域来解决跟踪问题，并以相似度最高的点确定目标位置。SiamFC 在保持实时跟踪速度的同时，也实现了高精度。因此，它用作本节所提出方法的基准相似度跟踪模型。SiamFC 有效地平衡了跟踪速度与准确性，成为众多相似度跟踪器的基准。

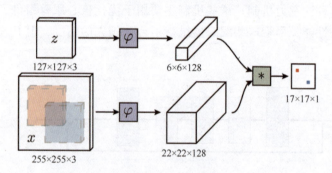

图 7.13　SiamFC 结构

SiamFC 学习一个相似度函数 $f(z,x)$，该函数计算相同大小的目标模块 z（称为样例）和搜索块 x（称为实例）之间的相似度得分。其特点是允许输入更大的搜索区域，并在密集网格上的所有转换子窗口内计算相似度分数。SiamFC 通过离线训练学习模板匹配的相似度函数。在训练过程中，将取自同一视频序列的样本和实例图像块输入跟踪器中，并由相似性卷积网络的两个相同分支的 $\phi\rho$ 网络进行处理，这些分支的 $\phi\rho$ 网络具有可学习的共享参数 ρ。用互相关层来衡量样例块特征的 $\phi\rho(z)$ 与实例块特征的 $\phi\rho(x)$ 之间的相似度，有

$$f(z,x) = \varphi_\rho(z) * \varphi_\rho(x) \tag{7.3}$$

在离线训练阶段，通过使用来自随机目标类的数百万对图像进行训练，使相似度损失最小化，从而优化参数 ρ。SiamFC 不需要任何特定类的知识就能学习相似函数。

在 SiamFC 的在线跟踪中，将序列第一帧的已知目标块裁剪为样本。通过

在剩余的单独帧中搜索该块的相似度来定位目标，使用学习的相似度函数度量每一帧的相似度评分图，然后将最大相似度评分的相对位置与网络的步幅相乘，以计算目标位置。由于相似度函数不需要在线更新，网络结构在保持相当精度的同时，显示出了较高的实时跟踪速度。

可以观察到，SiamFC 仅搜索图像块之间的相似模式，不包含关于目标物体、形状、背景、干扰物或成像条件的任何信息。因此，它的识别能力有限，容易在目标发生显著外观变化、移动到杂乱背景中或存在与目标外观相似的干扰物时偏离目标。此外，在在线跟踪过程中，网络使用相似函数同时表示样本特征和目标识别，导致跟踪器容易过拟合。尽管一些后续方法试图优化网络的在线适应性，但它们要么牺牲跟踪速度以提高准确率[146,149]，要么加快跟踪速度而牺牲准确率[151]。

SiamFC 及其后续方法的准确性完全依赖于目标模板的质量。值得注意的是，目标模板中的噪声会显著降低相似度搜索的性能。在这种方法中，目标对象在序列的第一帧裁剪并调整为固定大小的正方形，用作相似性搜索的模板。然而，由于目标的形状和位置，模板中不仅包含目标本身，还可能包含部分背景，甚至在少数序列中也会包含干扰目标。如图 7.14 所示，由于目标模板中存在噪声，相似性函数会搜索错误的模式来定位目标。因此，在许多序列中，跟踪器的精度大大降低。所以需要引入一种机制来降低噪声对目标模板的影响。

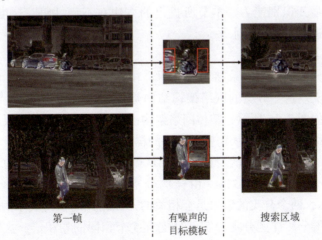

第一帧　　　　有噪声的　　　搜索区域
　　　　　　　目标模板

图 7.14　目标模板中的噪声示例。 由于目标的位置和形状，背景和干扰物通常都包含在目标模板中，这些应该视为噪声(用红色边界框表示)，并积极降低它们对相似度搜索功能的影响

为了克服 SiamFC 及其他相似度跟踪方法的局限性，本节介绍了一种新的视觉跟踪 Siamese 网络体系结构。该架构通过在线捕获目标特定信息，有效降低了目标模板中噪声的影响，从而提高了相似度跟踪的辨别能力。与现有的 SiamFC 跟踪方法相比，本章提出了新的注意力模块，用于捕获在线跟踪中的目标特定线索。这些注意力模块可以与现有相似跟踪器无缝集成，且不会降低其性能。此外，本章还提出了一种在线数据利用机制，以捕获所有具有信息的特定目标线索。采用基于难负例（hard negative samples）挖掘的训练方法，可以有效识别并消除干扰目标/区域对模板匹配的影响。通过在大型基准数据集上进行大量实验，本章验证了所提出的相似注意力网络的有效性。

7.3.2 网络模型

本节介绍一种用于相似性跟踪的孪生网络结构，该设计的主要目的是为相似性跟踪提供特定目标的线索，从而使跟踪器更好地平衡其辨别和泛化能力。该方法利用不同的注意力模块捕获不同场景下的目标特定信息，然后利用所学知识包含目标特定线索进行相似性跟踪。该方法融合了一个通道注意力模块和两个残差注意力模块，分别在不同表示层次上整合通道注意力和目标特征注意力，以提升相似度跟踪的效果。引入的注意力模块有效减少了目标模板中的噪声干扰，进而提高了相似度搜索的准确性。此外，本节还设计了一种机制，用于捕获并利用在线特定目标信息，并将其反馈给注意力模块，以进一步增强其识别能力。本节所提出的方法在不牺牲跟踪速度的前提下，达到了最先进技术的精度水平。

1. 网络结构

本节所介绍的网络体系结构具有两个相同的卷积网络分支，称为样例分支和实例分支。这些分支的网络架构结构是从 SiamFC 跟踪器中克隆出来的，称为基准。如图 7.15 所示，整体网络架构由一个通道注意力模块和两个残差注意力模块组成，这些模块与基准网络的样例分支堆叠在一起。

从序列的第一帧裁剪的目标图块和从即将到来的帧中提取的大量搜索区域是提出该体系结构的输入，由样例分支和实例分支进行接收处理。如图 7.15 所示，两个分支的输出是互相关的，互相关的输出表示的是 z 和 x 之间的相似度得分。样例分支和实例分支有 5 个相同的卷积层，这些卷积层的参数在相应的层之间共享。

本节所介绍的网络架构经过三个连续阶段的设计和训练。首先，在第一阶段，设计和训练基准网络，目标是学习模板匹配的相似度函数。其次，在

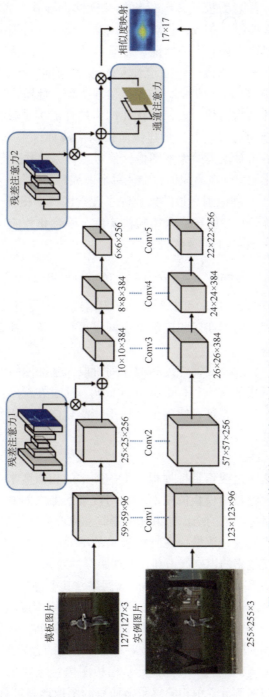

图 7.15　目标跟踪网络结构。两个残差注意力模块将目标特定的信息提供给低级和高级特征表示的相似度跟踪。此外，一个通道注意力模块增强了目标特定的信息通道，它堆叠在样例分支的末尾

第二阶段，设计残差注意力模块并与优化的基准网络堆叠，然后进行训练。此阶段冻结基准网络的所有参数，仅对残差注意力模块进行训练，以确保在不影响基准网络相似性度量能力的情况下，通过基准网络的特征训练残差注意力模块。最后，在第三阶段，将通道注意力模块与前一阶段的优化网络（基准+残差模块）叠加并进行训练。与第二阶段类似，此阶段冻结优化网络的参数并训练通道注意力模块，以保持优化网络的性能不受影响。总之，本章介绍的网络体系结构通过以上三个连续阶段的离线训练来学习泛化特征。离线训练中使用了不同对象类的大量图像，使得该体系结构无须任何特定类的知识即可学习泛化能力。在离线训练中，每个训练对都包含一个值为 $\{+1,$ $-1\}$ 的真值标记框 Y_i 空间映射，该映射反映了搜索区域 x 相对于 z 的对应相似或不相似。在训练的每一阶段，采用随机梯度下降优化相应可变网络的参数，使损失函数 $L(\cdot)$ 最小化，具体如下：

$$\underset{\rho}{\arg\min} \frac{1}{N} \sum_{i=1}^{N} \{ L(f(z_i, x_i; \rho), Y_i) \} \tag{7.4}$$

式中：ρ 为每个训练阶段对应的可变参数；N 为离线训练使用的训练对个数。在每个阶段，通过固定的周期对相应的可变网络进行训练，并根据验证精度的最低选择最优网络。

在在线学习中，通过离线训练的相似序列阶段，基准网络的参数保持不变，注意力模块与可用的特定目标数据进行微调。通过在线学习，所介绍的网络体系结构学习了识别特征，能够更好地平衡泛化能力和识别能力，以达到最先进技术的精度。

2. 残差注意力模块

相似度跟踪方法通过搜索目标模板在下一帧中的相似度来定位目标。虽然它们能够成功地度量目标模板的局部区域与搜索图像之间的相似性，但它们并不具备所搜索目标对象的全局知识（如形状、成像条件等信息）。本节提出了一种残差注意力模块，该模块在特征表示的不同层次上提供目标的全局信息，以提高相似度搜索的识别能力和相似性跟踪的效果。

相似性跟踪网络采用完全卷积的 Siamese 网络，其中每个神经元学习代表输入图像的一个相应局部区域（称为感受野）。随着网络深度的增加，感受野逐渐增大，通过相应的核大小和层的步幅计算得出。例如，基准网络中第一个卷积层神经元的感受野为 11×11，而最后一层神经元的感受野则扩大至 87×87。这意味着样本分支的最后一层神经元从模板图像对应的 87×87 局部区域捕获图像形态，并与实例分支中相同感受野捕获的图像形态进行比较。然而，由于目标的大小总是大于任何一层神经元的感受野，这些神经元无法捕获目标的整体信息。

为解决这一问题，本节提出的残差注意力模块通过更大的感受野捕获图像形态，从而学习捕获目标模板的整体图像形态。在特征表示的不同层次上，利用学习到的目标相关知识增强相似度跟踪中的辨别信息。

与其他 CNN 相似，基准网络的不同层度量不同的相似度。浅层特征足以在简单帧中定位目标，而深层特征则在具有挑战性的帧中更为关键。基于此，在基准网络的顶层和底层分别堆叠两个残差注意力模块，分别在低层次和高层次相似特征上提升目标特定信息。

尽管在图像分类中也使用了其他注意力机制，但设计相似度跟踪中的残差注意力模块仍具有挑战性。首先，残差注意力模块和基准网络分别代表不同的信息领域（目标特定特征和相似特征），错误的方法可能导致性能显著下降。其次，由于无模型目标跟踪中可用的数据非常有限，注意力模块的设计应尽量减少参数数量，以避免过拟合。

本节提出的残差注意力模块可以解决这些问题。这些模块与基准网络的样例分支堆叠在一起，表 7.1 描述了本节提出的残差注意力模块的架构。由于 Pool 1 的目的是提供对低级特征关注，因此它从 Pool 1 输入特征，其输出与 Conv 2 特征相关。Attention Module 2 使用了 Conv 5 来提供对高级特性的关注。由于感受野的大小在浅层比在基准的最后一层更低，Attention Module 1 以更大的步幅汇集到一起以增加感受野。

表 7.1　残差注意力模块：每一层神经元的核大小、
步长（记为 t）、图像大小以及相应的感受野大小

网　络　层	基　准　分　支	残差注意力模块	空　间　尺　寸	感　受　野
Conv 1	11×11, $t=2$	—	59	11
Pool 1	3×3, $t=2$	—	29	15
Attention Module 1	—	7×7, $t=1$	23	39
		Pool 3×3, $t=2$	11	47
		5×5, $t=1$	7	79
		3×3, $t=1$	7	95
		Interpolation	25	95
		1×1, $t=1$	25	95
		1×1, $t=1$	25	95

网 络 层	基准分支	残差注意力模块	空间尺寸	感 受 野
Conv 2	5×5，$t=1$	—	25	31
Pool 2	3×3，$t=2$	—	12	39
Conv 3	3×3，$t=1$	—	10	55
Conv 4	3×3，$t=1$	—	8	71
Conv 5	3×3，$t=1$	—	6	87
Attention Module 2	—	Pool 3×3，$t=1$	4	103
		3×3，$t=1$	4	119
		Interpolation	6	119
		1×1，$t=1$	6	119
		1×1，$t=1$	6	119

残差注意力模块的输入特征 $f(x) \in \mathbb{R}^{S \times S \times C}$ 是基准网络样本分支的一个特定层，其中 S 为特征的空间分辨率，C 为这些特征的通道数量。注意力模块通过更大的感受野捕捉图像形态，从特征 $f(x)$ 中学习目标对象 $G(x)$ 的整体信息。如表 7.1 所示，使用最大池化和卷积操作来增加感受野，并捕捉全局图像特征 $G(x) \in \mathbb{R}^{S' \times S' \times C}$。由于这些操作也降低了空间分辨率，$S'$ 总是比 S 小。然后，利用双线性插值运算将 $G(x)$ 的空间分辨率从 $[S' \times S' \times C]$ 扩展到 $[S \times S \times C]$ 而不造成任何信息损失。在连续两个 1×1 卷积层后，使用 Sigmoid 函数激活全局特征。

$$G'(x) = \frac{1}{1+e^{-G(x)}} \qquad (7.5)$$

式中：$G'(x)$ 为残差注意力模块在该特定层上被激活的注意力，$G'(x) \in \mathbb{R}^{S \times S \times C}$ 且 $0 \leqslant G'(x) \leqslant 1$。在残差注意力模块的最后阶段，将注意力 $G'(x)$ 与相似度特征 $f(x)$ 相乘，以增强该层的目标特定信息。然而，直接的元素乘法会破坏相似特征的能力，从而降低整体性能。因此，采用柔性掩模操作来解决这一问题，即

$$f'(x) = (G'(x) \otimes f(x)) \oplus f(x) \qquad (7.6)$$

式中：$f'(x)$ 为残差注意力模块激活的相似特征；符号 $\otimes$ 和 $\oplus$ 分别表示元素的乘法和加法。

如上所述，本节所介绍的残差注意力模块通过离线和在线训练阶段学习注意力机制。离线阶段的目标是在不降低基准网络相似性度量能力的情况下

学习泛化知识。为了达到这个目标，基准网络被冻结，只有残差注意力模块的参数被优化。冻结基准网络参数的主要原因是，这两个模型代表了不同的知识领域，如果把它们放在一起训练，会降低这两个网络的性能。在在线训练阶段，学习到的泛化注意力知识与可用的在线数据进行微调。Attention Module 1 显著降低了背景区域周围的激活，而在目标区域周围略微突出。Attention Module 2 只会增强目标区域周围的激活。残差模块显著降低了干扰区域和背景区域的相似度，而仅在目标区域周围显示可信度范围。

3. 通道注意力模块

通道注意力模块的功能与前文所述相似。CNN 通过融合通道和空间信息来获取知识，其中每个特定通道的卷积层学习代表一种特定类型的图像形态。在图像分类任务中，尽管某些特征通道集对特定目标的分类更为重要，其他通道集也可能对识别其他目标至关重要。基于此，本节介绍了一种通道注意力模块，旨在降低目标模板噪声影响的同时，提高相似性跟踪的辨别能力。该模块通过增强最具语义性和信息性的通道对特定目标的敏感性，并抑制不太有用的通道，从而实现这一目标。在线识别负例样本时，该模块利用其准确学习通道注意力，减少目标模板中背景和干扰物的影响。

在图像分类中，通道注意力常用于识别对预测特定类别最重要的通道，这通常依赖于大量目标类样本。然而，在无模型目标跟踪中，仅有一个目标图像样本可用，且目标样本中的噪声可能误导通道注意力模块，导致跟踪器迅速偏离目标。为此，本节设计的通道注意力模块旨在解决这些技术瓶颈。图 7.16 所示为目标跟踪典型结构示意图。

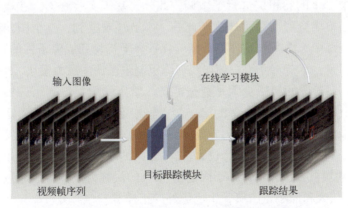

图 7.16　目标跟踪典型结构示意图

4. 在线训练

光电跟踪系统中的目标跟踪任务因使用场景多样，常面临光线变化、目标外观姿态变化等问题。为有效解决这些问题，单目标跟踪算法近年来引入在线学习算法，提升了跟踪器的稳定性，减少了跟踪漂移，即便对形变较大的跟踪目标也能较好地进行跟踪。然而，引入在线学习一方面增加了计算量，降低了算法的运行速度；另一方面，在线学习是对跟踪结果进行学习，错误的跟踪结果会导致跟踪模板的错误更新，进而造成跟踪失败。本节将介绍基于序列的滤波算法，该算法针对目标跟踪在线学习样本处理，用于选择有效的训练样本并抛弃不必要的样本。在多个跟踪算法和数据集上的验证表明，该算法不仅能提升跟踪精度，还能提高运行速度，减少计算量。

每个跟踪序列在目标对象类别、形状、背景和成像条件等方面都有所不同。目标特定信息的学习提高了跟踪器的识别能力，提升了整体跟踪精度。然而，在无模型目标跟踪中，目标是未知的，仅给出跟踪序列的第一帧。用非常有限的已知数据来训练模型会导致过度拟合，使跟踪器无法适应目标的外观变化。基于分类的跟踪器通过在跟踪序列中不断更新跟踪器模型来解决这个问题，但由于在线更新的成本很高，这种技术不适合实际应用。

在线训练阶段的注意力模块考虑了几个因素。通道注意力模块包含的参数数量非常少，因此可以在不受过度拟合影响的情况下进行微调。然而，残差注意力模块包含的参数较多，用有限的数据对整个模块进行训练会导致过度拟合。为了避免这个问题，在线学习中只对残差注意力模块的最后一个卷积层和两个 1×1 的卷积层进行了微调。此外，基于实验观察，在线训练整个残差注意力模块会降低跟踪速度。此外，本节还观察到，整个图像框架应包括在在线训练中，因为它包含了目标、背景、干扰物和成像条件的有用信息。考虑这些因素，本节将介绍一种在线训练机制来微调注意力模块。

在线训练阶段的初始步骤是数据准备。给定的跟踪序列第一帧用来生成正样本和负样本。在数据准备的第一步，将给定的图像帧分成固定大小的重叠框，其步长值为 St，如图 7.17 所示。然后通过裁剪每个框来收集样本（记为 M）。计算每个块中心与目标位置（$L_{i,j}^{t}$）之间的欧氏距离（D_M）。距离大于固定值（D_n）的块视为负样本，小于固定值（D_p）的块视为正样本。通过固定数量（S）的尺度放大和缩小正图块，生成额外的正样本。

在在线训练的下一步，通过硬负例（hard negative samples）样本挖掘方法对每个注意力模块进行正、负样本的训练。在该方法中，每个负样本的相

 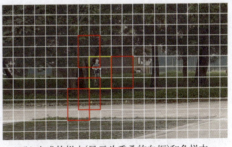

(a) 跟踪序列的第一帧, 已知的目标　　　　　(b) 生成的样本(显示为重叠的白框)和负样本
　　位置显示为黄色框　　　　　　　　　　　　(显示为红框, 为简单起见, 只显示4个)

图 7.17　在线训练数据准备

似度得分代表特定的注意力模块, 并识别得分最高的误检正样本。然后, 特定的注意力模块与误检正样本和正样本进行微调。这个过程通过固定次数的迭代来重复。硬负例挖掘训练降低了干扰和背景杂波的影响, 从而提高了注意力模块的分辨能力。

注意力模块按照与离线训练阶段相似的顺序进行微调, 因为每个模块触发不同的特定目标信息。逐步在线训练用于捕获和微调注意力模块, 以提供特定目标的详细信息。在联合微调过程中, 一个注意力模块的激活可能会干扰其他模块的激活, 从而降低跟踪器的整体性能。因此, 每个注意力模块单独微调, 而所有其他参数保持冻结。经过微调的注意力模块在整个跟踪过程中保持不变。本节所介绍的 SiamAttention 跟踪器基于最高的相似度评分来定位目标。

本章介绍的 SiamAttention 跟踪器显著减小了背景杂波和干扰的影响。然而, SiamAttention 的注意力模块通过从给定的初始帧中获取非常有限的正样本来捕捉目标的外观。因此, 当目标经历显著的外观变化时, 注意力模块不会产生太大的影响。为了处理这种效应, 在跟踪序列中以固定的短帧间隔连续训练注意力模块。这种连续在线训练模型称为 SiamAttention+。在 SiamAttention+在线训练中, 在序列的第一帧收集负样本, 在整个跟踪过程中收集正样本。尽管在整个序列中收集负样本提高了跟踪精度, 但也显著降低了跟踪速度。在序列的第一帧, 除了硬负挖掘, SiamAttention+还对注意力模块进行训练, 在固定的帧间隔对注意力模块进行相同的训练。

7.3.3　实验结果与分析

本节中介绍的目标特定孪生注意力网络（SiamAttention+）的实验评估,

验证了该跟踪器的有效性。所有的实验统一在 Intel® Xeon(R) CPU E5-2680 v4@2.40GHz×50，显卡为 Titan RTX 24GB，基于深度学习的跟踪算法都是使用了 PyTorch 作为深度学习算法框架。

1. 网络结构细节

（1）基准网络：该架构由 SiamFC 跟踪器构建。由于 256 个特征通道位于卷积层 5 而不是 128 个通道，因此介绍的基准与 SiamFC 略有偏差。大量的特征通道对于学习通道注意力模块中的通道依赖是很重要的。与 SiamFC 相似，基准网络输入目标物(z)和搜索区域(x)大小分别为 127×127 和 255×255。

（2）残差注意力模块：在两个残差注意力模块中，批归一化层放置在每个卷积层之后以增加学习的泛化。Attention Module 1 中，利用两个放大系数为 2 和 1.79 的插值层，将 7×7 空间分辨率分步提高为 14×14 和 25×25。带有相同边界扩充的 3×3 卷积层放置在这些插值层之间。在 Attention Module 2 中，只使用了一个缩小系数为 1.5 的插值层来提高 4×4～6×6 的空间分辨率。特征通道的数量在残差注意力模块中没有改变。

（3）通道注意力模块：使用 r 为 16 的通道降维比例，将通道描述符从 1×1×256 降维为 1×1×16。偏差值(b)设置为 0.3。

2. 离线训练

在融合图像视频数据集上对介绍的网络架构进行训练。它有大约 100 个跟踪序列。在离线训练的每个阶段，总共使用了大约 3 万对图像。从每个跟踪序列中抽取 100 对图像。在大量的样本中，随机抽取正样本进行训练，没有特定的类别顺序。每个阶段使用 8 个小批量进行 50 个迭代的训练。离线训练中只使用正样本，并且在 0.01～0.0001 的每个时期对学习速率进行几何退火。

3. 在线训练

在在线训练数据准备过程中，对给定的初始帧进行裁剪，固定尺寸为 127×127，步幅（St）为 4，采集重叠样本。在欧氏距离 8(D_p)范围内采集阳性样本，在欧氏距离 64(D_n)范围外采集负样本。此外，通过 5 个(S)尺度以 1.03 的比例因子缩小和扩大目标模板，可以生成额外的正样本。在硬负挖掘中，每个注意力模块以固定的学习率 0.03 进行 30 次迭代训练。在每个迭代中，注意力模块被训练为 12 个小批量，其中包含 4 个正样本和 8 个难-负样本。SiamAttention+在每个序列中每 20 帧间隔进行训练。图 7.18 所示为异源图像目标检测跟踪可视化成像结果。

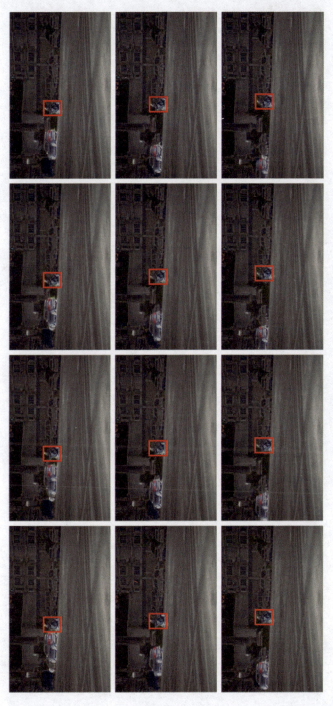

图 7.18　异源图像目标检测跟踪可视化成像结果

第 **8** 章

单幅图像超分辨率重建算法部署与应用

本章通过已开源网络进行单幅图像超分辨率重建，旨在为新手读者提供详细的介绍，以便让他们充分了解如何构建一个端到端的卷积神经网络。在这个过程中，涵盖了系统软硬件基础、代码示例构建以及网络训练测试等关键步骤，如图 8.1 所示。

图 8.1　网络设计流程

首先，本章强调了系统软硬件基础的重要性。了解自己的计算机硬件配置和操作系统是构建神经网络的基础，并提供了相关指导，帮助读者了解如何优化系统设置，下载所需的应用软件，以确保计算机能够高效地进行深度学习任务。

其次，本章详细介绍了网络环境配置的步骤。这包括安装和配置深度学习框架、GPU 驱动程序以及其他相关的软件和库，提供了逐步说明和示例代码，帮助读者顺利完成环境配置，并确保网络可以在其计算机上正常运行。

再次，本章同样介绍了构建深度学习网络数据集的相关基础知识，包括数据集的定义，以及配置网络所需数据集的方法，并提供了相关的帮助。

又次，本章重点关注了核心代码的构建。其解释了每个代码块的功能和作用，并提供了示例代码，使读者可以理解和实现不同的网络层、损失函数和优化算法。这有助于读者建立对深度学习卷积神经网络的基本认知，并为他们进一步探索和定制网络提供了基础。

最后，对网络组织架构进行了介绍。其详细解释了每个网络层的功能和连接方式，并讨论了网络结构的设计原则。通过这一部分，读者可以了解网络是如何组织和堆叠的，以及每个层的作用和贡献。

通过以上的流程，读者将能够全面学习深度学习卷积神经网络的基础知识。他们将掌握系统软硬件基础、代码示例构建以及网络训练测试的概念和方法。这将为他们日后进行更复杂的深度学习项目打下坚实的基础，并有助于他们更好地理解和应用卷积神经网络技术。无论是在学术研究还是实际应用中，这些知识都将为读者提供强大的工具和资源。

8.1　软硬件基础

8.1.1　计算机系统

本重建代码深度学习网络使用的是 Linux 操作系统，系统版本信息如下：

（1）Ubuntu 18.04。

（2）NVIDIA-SMI 470.161.03。

（3）CUDA 11.4。

（4）CUDNN 8.2.2。

8.1.2　软件下载

需要准备的软件有 PyCharm、Anaconda（图 8.2），其中 PyCharm 用于代码的编译，Anaconda 用于系统环境的搭建和管理。

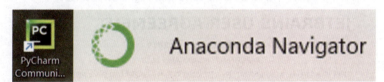

图 8.2　PyCharm、Anaconda 图标

1. 安装 PyCharm

（1）搜索 PyCharm 官网：https://www.jetbrains.com.cn/en-us/pycharm/。

（2）单击右上角的 Download 按钮选择所需版本（图 8.3）。

（3）选择 Linux 版本，安装 Community 版本（免费）即可（Professional 需要付费才可以长期使用），单击下载，保存在指定路径即可。

（4）PyCharm 的安装包 pycharm-community-2022.2.4.tar.gz 存在，然后，开始对此安装包进行解压，终端运行代码如下：

```
1 | tar xf pycharm-community-2022.2.4.tar.gz
```

（5）查看 pycharm-community-2022.2.4 里的文件，进入 bin 文件 ls 查看名为 pycharm.sh 文件是否存在，再执行安装流程。

（6）选择同意协议（图 8.4），并继续下一步。

图 8.3　PyCharm Community

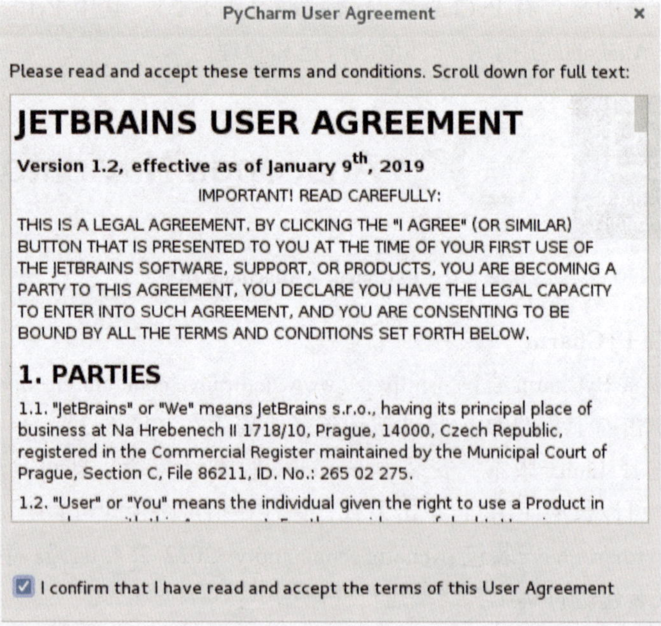

图 8.4　PyCharm 安装流程

（7）随后弹出 PyCharm 页面（图 8.5），即为安装成功。

图 8.5　PyCharm 安装成功

2. Anaconda 的安装

（1）搜索 Anaconda 官网：https://www.anaconda.com/products/distribution #Downloads。

（2）在 Linux 系统下安装 Anaconda（图 8.6），选择 Linux 平台的 64 位版本。

图 8.6　Anaconda Installers

（3）打开终端，输入 ls 命令查看当前目录下的文件和文件夹，cd 路径命令可以进入指定文件夹（图 8.7）。

图 8.7　Anaconda 安装流程

（4）用 ls 命令查看当前文件目录，找到安装包，如果是图形界面，打开文件管理器，在 Anaconda 安装包目录下右击，在终端打开也可以直接进入目录终端。

（5）用 sh 命令执行 .sh 文件，开始安装。

```
1 | sh Anaconda3-2019.07-Linux-x86_64.sh
```

（6）检查许可消息，按 Enter 键确定（图 8.8）。

图 8.8　Anaconda 安装流程

按回车键查看更多许可消息，这里也可以直接按 Q 键跳过（图 8.9）。

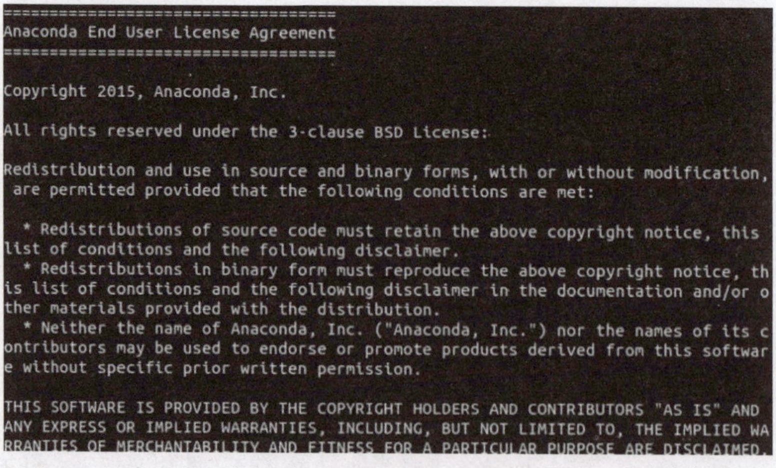

图 8.9　Anaconda 安装流程

是否接受条款，输入“yes”，按“Enter”键（图 8.10）。

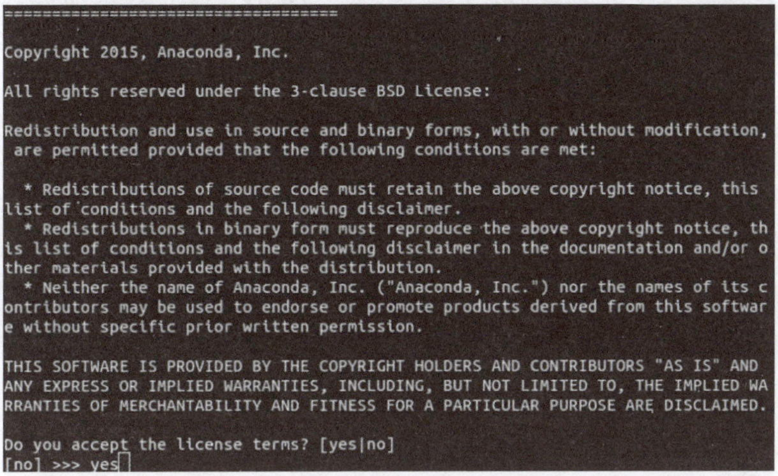

```
====================================

Copyright 2015, Anaconda, Inc.

All rights reserved under the 3-clause BSD License:

Redistribution and use in source and binary forms, with or without modification,
 are permitted provided that the following conditions are met:

  * Redistributions of source code must retain the above copyright notice, this
list of conditions and the following disclaimer.
  * Redistributions in binary form must reproduce the above copyright notice, th
is list of conditions and the following disclaimer in the documentation and/or o
ther materials provided with the distribution.
  * Neither the name of Anaconda, Inc. ("Anaconda, Inc.") nor the names of its c
ontributors may be used to endorse or promote products derived from this softwar
e without specific prior written permission.

THIS SOFTWARE IS PROVIDED BY THE COPYRIGHT HOLDERS AND CONTRIBUTORS "AS IS" AND
ANY EXPRESS OR IMPLIED WARRANTIES, INCLUDING, BUT NOT LIMITED TO, THE IMPLIED WA
RRANTIES OF MERCHANTABILITY AND FITNESS FOR A PARTICULAR PURPOSE ARE DISCLAIMED.

Do you accept the license terms? [yes|no]
[no] >>> yes
```

图 8.10　Anaconda 安装流程

是否将 Anaconda 安装在当前路径下，可以输入新的路径，按“Enter”键安装，如果直接按“Enter”键则安装在默认路径下（图 8.11）。

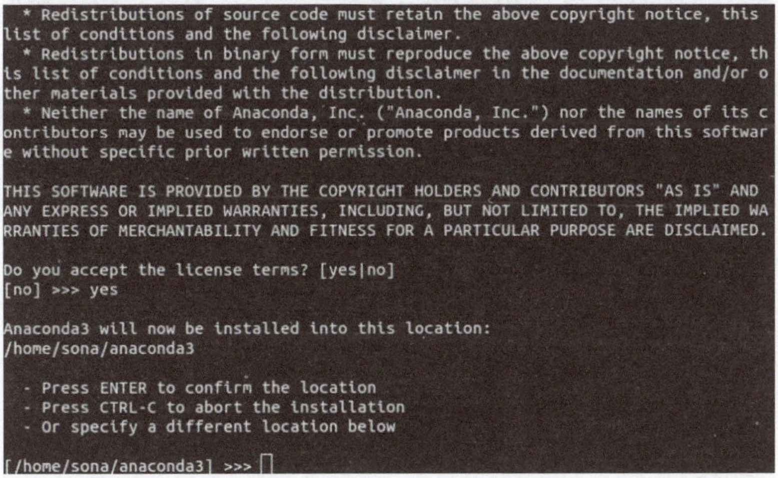

```
  * Redistributions of source code must retain the above copyright notice, this
list of conditions and the following disclaimer.
  * Redistributions in binary form must reproduce the above copyright notice, th
is list of conditions and the following disclaimer in the documentation and/or o
ther materials provided with the distribution.
  * Neither the name of Anaconda, Inc. ("Anaconda, Inc.") nor the names of its c
ontributors may be used to endorse or promote products derived from this softwar
e without specific prior written permission.

THIS SOFTWARE IS PROVIDED BY THE COPYRIGHT HOLDERS AND CONTRIBUTORS "AS IS" AND
ANY EXPRESS OR IMPLIED WARRANTIES, INCLUDING, BUT NOT LIMITED TO, THE IMPLIED WA
RRANTIES OF MERCHANTABILITY AND FITNESS FOR A PARTICULAR PURPOSE ARE DISCLAIMED.

Do you accept the license terms? [yes|no]
[no] >>> yes

Anaconda3 will now be installed into this location:
/home/sona/anaconda3

  - Press ENTER to confirm the location
  - Press CTRL-C to abort the installation
  - Or specify a different location below

[/home/sona/anaconda3] >>>
```

图 8.11　Anaconda 安装流程

安装 Anaconda，输入“yes”，按“Enter”键（图 8.12）。

```
wrapt              pkgs/main/linux-64::wrapt-1.11.2-py37h7b6447c_0
wurlitzer          pkgs/main/linux-64::wurlitzer-1.0.2-py37_0
xlrd               pkgs/main/linux-64::xlrd-1.2.0-py37_0
xlsxwriter         pkgs/main/noarch::xlsxwriter-1.1.8-py_0
xlwt               pkgs/main/linux-64::xlwt-1.3.0-py37_0
xz                 pkgs/main/linux-64::xz-5.2.4-h14c3975_4
yaml               pkgs/main/linux-64::yaml-0.1.7-had09818_2
zeromq             pkgs/main/linux-64::zeromq-4.3.1-he6710b0_3
zict               pkgs/main/noarch::zict-1.0.0-py_0
zipp               pkgs/main/noarch::zipp-0.5.1-py_0
zlib               pkgs/main/linux-64::zlib-1.2.11-h7b6447c_3
zstd               pkgs/main/linux-64::zstd-1.3.7-h0b5b093_0


Preparing transaction: done
Executing transaction: \ WARNING conda.core.envs_manager:register_env(46): Unabl
e to register environment. Path not writable or missing.
  environment location: /home/sona/anaconda3
  registry file: /home/sona/.conda/environments.txt
done
installation finished.
Do you wish the installer to initialize Anaconda3
by running conda init? [yes|no]
[no] >>> yes
```

图 8.12　**Anaconda 安装流程**

安装完成（图 8.13）。

```
no change       /home/sona/anaconda3/shell/condabin/Conda.psm1
no change       /home/sona/anaconda3/shell/condabin/conda-hook.ps1
no change       /home/sona/anaconda3/lib/python3.7/site-packages/xontrib/conda.xsh
no change       /home/sona/anaconda3/etc/profile.d/conda.csh
modified        /home/sona/.bashrc

==> For changes to take effect, close and re-open your current shell. <==

If you'd prefer that conda's base environment not be activated on startup,
   set the auto_activate_base parameter to false:

conda config --set auto_activate_base false

Thank you for installing Anaconda3!

=======================================================================

Anaconda and JetBrains are working together to bring you Anaconda-powered
environments tightly integrated in the PyCharm IDE.

PyCharm for Anaconda is available at:
https://www.anaconda.com/pycharm
```

图 8.13　**Anaconda 安装流程**

8.2　环境配置

8.2.1　配置镜像源

使用 Anaconda 安装环境时，访问的是国外的网络，所以下载和安装包时会特别慢。需要更换到国内镜像源地址，如清华大学。

以安装 Skimage 为例，同时添加清华镜像：

```
1 | pip install -i https://pypi. tuna. tsinghua. edu. cn/simple skimage
```

8.2.2　终端操作

这里介绍一些常用的基础终端操作：

1. Sudo

Sudo 是以系统管理者的身份执行命令。

例如，在终端输入 sudo -V 可以延长会话时间。

输入 sudo -h 会显示版本编号和指令的使用方式说明。

2. cd

输入 cd+空格+目录可以跳转到指定目录下。

输入 cd\可以退出文件夹，回到根目录。

3. ls

ls 用于显示指定工作目录下内容（列出目前工作目录所含文件及子目录）。

4. mv

mv 用来为文件或目录改名，或将文件或目录移入其他位置。例如：

```
1 | sudo mv /usr/local/hbase-1. 1. 2 /usr/local/hbase
```

5. Tar

用于解压压缩包到指定目录下。例如：

```
1 | sudo tar -zxf 路径/压缩包名称 -C/usr/local/
```

可以将压缩包解压到/usr/local 目录下。

6. Pip install

例如，如果需要安装 Numpy 包，则需要在终端中输入：

```
1 | pip install https://pypi. tuna. tsinghua. edu. cn/simple/ numpy
```

下载完毕后终端会提示 successfully，即为安装成功，其他的环境下载终端操作均一致（这里的环境操作参考 dependency 中的要求，读者也可以选择在 Anaconda 中手动添加这些环境）。

此外，在进行编译前，还需要激活在 Anaconda 中配置好的基础环境，如在 Anaconda 中配置的环境名称为 MyPytorch，那么在终端中要先激活这个环境，即意味着接下来的代码都在这个环境下执行，输入以下代码即可：

```
1 | source activate MyPytorch
```

8.2.3 常用命令操作

在 DRN 网络中，可以用文件中自带的 DRN 模型测试对图片的超分辨率能力。以文件中自带的 Set5 图片进行示例：

```
1 | python main. py --data_dir ~/srdata
2 | --save ../experiments --data_test Set5
3 | --scale 4 --model DRN-S
4 | --pre_train ../pretrained_models/DRNS4x. pt
5 | --test_only --save_results
```

如果要修改一些参数，可参考 Option. py 中的参数示例。

如果要用双模型进行训练，可以在终端中输入如下代码：

```
1 | --pre_train_dual ../pretrained_models/DRNS4x_dual_model. pt
```

同样，也可以借用网络训练自己的模型，在终端中输入以下代码即可：

```
1 | python main. py --data_dir ~/srdata
2 | --scale 4 --model DRN-S
3 | --save ../experiments
```

注意：这里的训练所采用的数据集是 DF2K 数据集，如要使用其他图片进行训练，需要将图片按照 DF2K 的文件夹路径排布好才可进行。

8.3 数据集

8.3.1 公开数据集

（1）本代码文件中的公开数据集，如图 8.14 所示，其中有 Set5、B100、Urban100、Set14 这 4 个数据集，可以用来测试，这些数据集属于 benchmark datasets，需要在 readme 中进行下载（网址：https://github. com/COS-Super-Resolution/DRN）。

You can evaluate our models on several widely used benchmark datasets, including Set5, Set14, B100, Urban100, Manga109. Note that using an old PyTorch version (earlier than 1.1) would yield wrong results.

图 8.14 readme 中验证集

直接单击蓝色字样，会跳转到下载界面。

在完成 benchmark 的下载后，需要按照文件的摆放要求（在 readme 中有示例），按照如下的格式进行存放数据集，如图 8.15 所示。

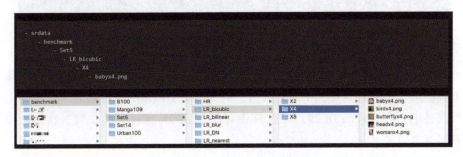

图 8.15　benchmark 文件夹要求

上述数据集可用于验证 DRN 文件中自带模型的准确性，以 benchmark 中的 Set5 图片集为例，在终端输入下列代码：

```
1 | python main. py --data_dir ~/srdata
2 | --save ../experiments --data_test Set5
3 | --scale 4 --model DRN-S
4 | --pre_train ../pretrained_models/DRNS4x. pt
5 | --test_only --save_results
```

程序运行完毕后，得到的结果在 experiments 文件夹中，图 8.16 左边为低分辨率图像，右边为超分辨率图像。

图 8.16　结果对比

（2）上述为本代码所采用的第一种数据集，还可以用 DF2K 数据集（图 8.17）进行训练。

We use DF2K dataset (the combination of DIV2K and Flickr2k datasets) to train DRN-S and DRN-L.

图 8.17　DF2K 训练集

DF2K 数据集是 DIV2K 和 Flickr2k 数据集的集合，可以直接单击蓝色字体下载即可。下载好对应的 DF2K 数据集后，要将 DF2K 的数据集放入指定的文件路径中，在代码的 DF2K. PY 文件中有注释 DF2K 文件夹的位置，这里可以直接参考（图 8.18）。

图 8.18　DF2K 文件夹路径要求（各级文件夹）

在 DF2K 中，将下载图片中的高分辨率图片命名为 DF2K_HR，低分辨率则命名为 DF2K_LR_bicubic 文件，这些命名可以参考 DF2K. PY 文件。

8.3.2　数据集制作

数据集制作主要是对于不同场景的需求，根据读者所需进行制作，基本要求标签样本数据集之间，需要满足网络的重建倍数要求。注意相关图片格式，原代码中默认的图片格式为 . png，如果自己的数据集不是 . png 格式，如 . bmp，那么就要在代码的 srdata. py（图 8.19）文件中进行更改。

```
def _set_filesystem(self, data_dir):
    self.apath = os.path.join(data_dir, self.name)
    self.dir_hr = os.path.join(self.apath, 'HR')
    self.dir_lr = os.path.join(self.apath, 'LR_bicubic')
    self.ext = ('.png', '.png')
```

图 8.19　srdata 部分代码

8.4　代码实例

8.4.1　文件组织架构

在 DRN 的文件中（图 8.20），主要有 data、imgs、model、pretrained-models、_pycache_、srdata 文件夹，本节将以 data 和 model 为例，解释各文件内代码的作用。

图 8.20　DRN 文件夹结构

1. data

data（图 8.21）文件夹中有 benchmark.py、common.py、df2k.py、_init_.py、srdata.py 5 个代码文件。

图 8.21　data 文件夹结构

下面依次介绍分析相关核心代码（相关代码已上传网址：https：//github.com/COS-Super-Resolution/DRN，读者可根据需要自行下载）。

1）benchmark.py

benchmark 代码（图 8.22）主要规定了基础数据集的文件夹格式。

这段代码规定了 benchmark 文件夹中的 HR 和 LR-bicubic，这里可以参考基础数据集中的 benchmark 文件夹要求（DRN 的 readme 中有具体要求）。

其中为主路径 apath，高分辨率图像路径 dir_hr，低分辨率图像路径 dir_lr 的地址封装，包含数据集文件夹名称。

215

```
class Benchmark(srdata.SRData):
    def __init__(self, args, name='', train=True, benchmark=True):
        super(Benchmark, self).__init__(
            args, name=name, train=train, benchmark=True
        )

    def _set_filesystem(self, data_dir):

        self.apath = os.path.join(data_dir, 'benchmark', self.name)
        self.dir_hr = os.path.join(self.apath, 'HR')
        self.dir_lr = os.path.join(self.apath, 'LR_bicubic')
        self.ext = ('', '.png')
```

图 8.22　benchmark 部分代码

ext 表示类的属性，在此处代表文件中图片的格式，即图像文件的扩展名，表示图像文件的格式为 PNG 格式。

2）df2k. py

df2k. py（图 8.23）代码主要规定了文件中自制训练集 df2k 中图片的摆放格式及要求。

```
class DF2K(srdata.SRData):
    def __init__(self, args, name='DF2K', train=True, benchmark=False):
        super(DF2K, self).__init__(
            args, name=name, train=train, benchmark=benchmark
        )

    def _set_filesystem(self, data_dir):
        super(DF2K, self)._set_filesystem(data_dir)
        self.dir_hr = os.path.join(self.apath, 'DF2K_HR')
        self.dir_lr = os.path.join(self.apath, 'DF2K_LR_bicubic')
```

图 8.23　df2k 代码

在 DF2K 中的代码和上述 benchmark 代码一样，规定了数据集的文件夹要求和内容，分为 DF2K_HR 和 DF2K_LR_bicubic。

3）common. py

在 common. py（图 8.24）代码中主要有 get_patch、set channel、np2tensor、argument 4 个函数，get_patch 函数用于在输出图像中获取补丁。

np2Tensor 函数（图 8.25）用于将 NumPy 数组转换为 PyTorch 张量。

在下面 argument 函数（图 8.26）中的这段代码定义了一个名为 augment 的函数，用于对图像进行数据增强操作。

```python
def get_patch(*args, patch_size=96, scale=[2], multi_scale=False):
    th, tw = args[-1].shape[:2] # target images size

    tp = patch_size # patch size of target hr image
    ip = [patch_size // s for s in scale] # patch size of lr images

    # tx and ty are the top  and left coordinate of the patch
    tx = random.randrange(0, tw - tp + 1)
    ty = random.randrange(0, th - tp + 1)
    tx, ty = tx- tx % scale[0], ty - ty % scale[0]
    ix, iy = [ tx // s for s in scale], [ty // s for s in scale]

    lr = [args[0][i][iy[i]:iy[i] + ip[i], ix[i]:ix[i] + ip[i], :] for i in range(len(scale))]
    hr = args[-1][ty:ty + tp, tx:tx + tp, :]

    return [lr, hr]
```

图 8.24　get_patch 函数代码

```python
def np2Tensor(*args, rgb_range=255):
    def _np2Tensor(img):
        np_transpose = np.ascontiguousarray(img.transpose((2, 0, 1)))
        tensor = torch.from_numpy(np_transpose).float()
        tensor.mul_(rgb_range / 255)

        return tensor

    return [_np2Tensor(a) for a in args[0]], _np2Tensor(args[1])
```

图 8.25　np2Tensor 函数代码

```python
def augment(*args, hflip=True, rot=True):
    hflip = hflip and random.random() < 0.5
    vflip = rot and random.random() < 0.5
    rot90 = rot and random.random() < 0.5

    def _augment(img):
        if hflip: img = img[:, ::-1, :]
        if vflip: img = img[::-1, :, :]
        if rot90: img = img.transpose(1, 0, 2)

        return img

    return [_augment(a) for a in args[0]], _augment(args[-1])
```

图 8.26　argument 部分代码

4）__init__.py

__init__.py（图 8.27）部分代码根据输入的参数设置，加载训练数据和测试数据，并创建相应的数据加载器。它根据参数中指定的数据集模块和类，

217

动态地导入和实例化相应的数据集类，并提供训练数据加载器和测试数据加载器供后续使用。

```python
class Data:
    def __init__(self, args):
        self.loader_train = None
        if not args.test_only:
            module_train = import_module('data.' + args.data_train.lower())
            trainset = getattr(module_train, args.data_train)(args)
            self.loader_train = DataLoader(
                trainset,
                batch_size=args.batch_size,
                num_workers=args.n_threads,
                shuffle=True,
                pin_memory=not args.cpu
            )

        if args.data_test in ['Set5', 'Set14', 'B100', 'Urban100', 'Manga109']:
            module_test = import_module('data.benchmark')
            testset = getattr(module_test, 'Benchmark')(args, name=args.data_test, train=False)
        else:
            module_test = import_module('data.' + args.data_test.lower())
            testset = getattr(module_test, args.data_test)(args, train=False)

        self.loader_test = DataLoader(
            testset,
            batch_size=1,
            num_workers=1,
            shuffle=False,
            pin_memory=not args.cpu
        )
```

图 8.27　__init__主体代码

在__init__(self,args)中，首先检查是否需要进行训练数据加载。并使用 DataLoader 类创建训练数据加载器 self. loader_train，设置批量大小、线程数、是否打乱数据顺序等参数。根据 args. data_test 选择测试数据集后，使用 DataLoader 类创建测试数据加载器 self. loader_test，设置批量大小和线程数，根据各自计算机的硬件基础进行修改，不打乱数据顺序等参数。

5）srdata. py

srdata. py 中包含__getitem__函数、__len__函数、__get_img_path 函数、_scan 函数、_set_dataset_length 函数、_set_filesystem 函数、_get_index 函数、_load_file 函数、_get_patch 函数，下面介绍其中的主要部分。

（1）__getitem__函数。__getitem__函数（图 8.28）用于获取数据集中低分辨率图像张量 lr_tensor、高分辨率图像张量 hr_tensor 和文件名 filename 作为结果。

操作顺序依次为数据加载、图像裁剪、通道设置、张量标准化处理、返回张量和目标文件地址。

```python
def __getitem__(self, idx):
    lr, hr, filename = self._load_file(idx)

    lr, hr = self.get_patch(lr, hr)
    lr, hr = common.set_channel(lr, hr, n_channels=self.args.n_colors)

    lr_tensor, hr_tensor = common.np2Tensor(
        lr, hr, rgb_range=self.args.rgb_range
    )

    return lr_tensor, hr_tensor, filename
```

图 8.28　__getitem__ 函数代码

（2）_set_dataset_length 函数。_set_dataset_length 函数（图 8.29）是根据数据集类型（train 或 test）设置数据集的长度，并在训练过程中计算边界值，以便在数据增强操作中使用。

```python
def _set_dataset_length(self):
    if self.train:
        self.dataset_length = self.args.test_every * self.args.batch_size
        repeat = self.dataset_length // len(self.images_hr)
        self.random_border = len(self.images_hr) * repeat
    else:
        self.dataset_length = len(self.images_hr)
```

图 8.29　_set_dataset_length 函数代码

训练中的数据长度由设置的测试长度和批量大小决定，重复次数的目的在于确保图像均匀重复训练，达到预测训练效果；测试的数据长度直接由高分辨率图像数量决定。

（3）_scan 函数。srdata 中的_scan 函数（图 8.30）较为重要，通过扫描指定目录中的图像文件，构建高分辨率图像和多个低分辨率图像的文件路径列表。

通过使用 glob. glob 函数和 os. path. join 函数，获取高分辨率图像文件夹中所有以指定扩展名结尾的文件路径，并将它们排序后存储在 names_hr 列表中。

创建一个空列表 names_lr，用于存储多个低分辨率图像的文件路径。列表的长度由属性 self. scale 指定。对所有文件路径中提取文件名和扩展名，并且对于每个尺度和对应的索引值构建低分辨率图像的文件路径，添加到对应尺度的 names_lr[si]列表中。

```
def _scan(self):
    names_hr = sorted(
        glob.glob(os.path.join(self.dir_hr, '*' + self.ext[0]))
    )
    names_lr = [[] for _ in self.scale]
    for f in names_hr:
        filename, _ = os.path.splitext(os.path.basename(f))
        for si, s in enumerate(self.scale):
            names_lr[si].append(os.path.join(
                self.dir_lr, 'X{}/{}x{}{}'.format(
                    s, filename, s, self.ext[1]
                )
            ))

    return names_hr, names_lr
```

图 8.30   _scan 函数代码

最后，将高分辨率图像和多个低分辨率图像的文件路径列表作为结果返回。

（4）_set_filesystem 函数。_set_filesystem 函数（图 8.31）是根据给定的数据目录设置数据文件的路径，包括数据集的绝对路径、高分辨率图像文件夹路径、低分辨率图像文件夹路径和文件扩展名。

```
def _set_filesystem(self, data_dir):
    self.apath = os.path.join(data_dir, self.name)
    self.dir_hr = os.path.join(self.apath, 'HR')
    self.dir_lr = os.path.join(self.apath, 'LR_bicubic')
    self.ext = ('.png', '.png')
```

图 8.31   _set_filesystem 函数代码

属性 ext，用于表示高分辨率图像和低分辨率图像的文件扩展名。

（5）_get_index 函数。_get_index 函数（图 8.32）根据索引获取数据集中对应的图像索引，用于在数据集中获取对应的图像数据。在训练集中，通过循环或随机方式选择图像索引，以实现数据增强和样本随机性。在非训练集中，直接使用索引本身。

```
def _get_index(self, idx):
    if self.train:
        if idx < self.random_border:
            return idx % len(self.images_hr)
        else:
            return np.random.randint(len(self.images_hr))
    else:
        return idx
```

图 8.32   _get_index 函数代码

（6）_load_file 函数。_load_file 函数（图 8.33）用于加载数据集中的图像文件。根据给定的索引 idx，加载数据集中的图像文件，并返回低分辨率图像、高分辨率图像和文件名。

```python
def _load_file(self, idx):
    idx = self._get_index(idx)
    f_hr = self.images_hr[idx]
    f_lr = [self.images_lr[idx_scale][idx] for idx_scale in range(len(self.scale))]

    filename, _ = os.path.splitext(os.path.basename(f_hr))
    hr = imageio.imread(f_hr)
    lr = [imageio.imread(f_lr[idx_scale]) for idx_scale in range(len(self.scale))]
    return lr, hr, filename
```

图 8.33　_load_file 函数代码

流程依次为提取图像索引、获取索引对应路径、提取文件名、加载高分辨率与低分辨率图像。

（7）_get_patch 函数。_get_patch 函数（图 8.34）用于从图像中提取 patch，并返回提取的低分辨率图像和对应的高分辨率图像。

```python
def get_patch(self, lr, hr):
    scale = self.scale
    multi_scale = len(self.scale) > 1
    if self.train:
        lr, hr = common.get_patch(
            lr,
            hr,
            patch_size=self.args.patch_size,
            scale=scale,
            multi_scale=multi_scale
        )
        if not self.args.no_augment:
            lr, hr = common.augment(lr, hr)
    else:
        if isinstance(lr, list):
            ih, iw = lr[0].shape[:2]
        else:
            ih, iw = lr.shape[:2]
        hr = hr[0:ih * scale[0], 0:iw * scale[0]]

    return lr, hr
```

图 8.34　get_patch 函数代码

对于训练集，调用 common. get_patch 方法，输入低分辨率图像和高分辨率图像，以及补丁大小 self. args. patch_size、尺度 scale 和多尺度标志 multi_scale，从图像中提取补丁，返回提取的低分辨率图像和高分辨率图像。

对于测试集，根据第一个尺度的缩放因子，裁剪高分辨率图像，使其与裁剪后的低分辨率图像尺寸相匹配。

该方法的目的是从图像中提取补丁，用于训练或测试过程中的数据加载和预处理。在训练集中，可以进行补丁提取和数据增强操作；在非训练集中，根据尺度因子裁剪高分辨率图像。

2. model

下面对 model 文件夹进行组织描述：

model 文件夹中的代码主要有__init__. py、commom. py、drn. py 三个代码文件，这些代码是 DRN 代码中的核心部分。

1）__init__. py

__init__. py 是对代码中一些定义的初始化。

（1）dataparaller 函数。dataparaller 函数（图 8.35）的参数包括待并行化的模型（model）和 GPU 列表（gpu_list），即要求 GPU 数量大于或等于 1。model 参数是一个列表类型，用于存储多个模型。

```
def dataparallel(model, gpu_list):
    ngpus = len(gpu_list)
    assert ngpus != 0, "only support gpu mode"
    assert torch.cuda.device_count() >= ngpus, "Invalid Number of GPUs"
    assert isinstance(model, list), "Invalid Type of Dual model"
    for i in range(len(model)):
        if ngpus >= 2:
            model[i] = nn.DataParallel(model[i], gpu_list).cuda()
        else:
            model[i] = model[i].cuda()
    return model
```

图 8.35　**dataparallel 函数代码**

对于 model 列表中的每个模型，执行以下操作：

如果 GPU 数量大于或等于 2，使用 nn. DataParallel 将模型包装为 DataParallel 模型，并指定 GPU 列表（gpu_list）进行数据并行处理，然后将模型移动到 GPU 上。否则，将模型直接移动到单个 GPU 上。

该函数的目的是将模型放置在多个 GPU 上并行运行，以加速模型的训练和推理过程。函数通过使用 DataParallel 模块将模型包装为数据并行模型，并将模型移动到 GPU 上实现并行计算。

（2）model 类的封装。定义 model 类（图 8.36）的目的是构建神经网络模型，并根据参数进行模型的初始化、加载预训练模型，以及打印模型信息和参数数量。model 类还包括一些用于控制模型行为的属性，如缩放因子、自集成标志、设备类型和 GPU 数量。

```
class Model(nn.Module):
    def __init__(self, opt, ckp):
        super(Model, self).__init__()
        print('Making model...')
        self.opt = opt
        self.scale = opt.scale
        self.idx_scale = 0
        self.self_ensemble = opt.self_ensemble
        self.cpu = opt.cpu
        self.device = torch.device('cpu' if opt.cpu else 'cuda')
        self.n_GPUs = opt.n_GPUs

        self.model = drn.make_model(opt).to(self.device)
        self.dual_models = []
        for _ in self.opt.scale:
            dual_model = DownBlock(opt, 2).to(self.device)
            self.dual_models.append(dual_model)

        if not opt.cpu and opt.n_GPUs > 1:
            self.model = nn.DataParallel(self.model, range(opt.n_GPUs))
            self.dual_models = dataparallel(self.dual_models, range(opt.n_GPUs))

        self.load(opt.pre_train, opt.pre_train_dual, cpu=opt.cpu)

        if not opt.test_only:
            print(self.model, file=ckp.log_file)
            print(self.dual_models, file=ckp.log_file)

        # compute parameter
        num_parameter = self.count_parameters(self.model)
        ckp.write_log(f"The number of parameters is {num_parameter / 1000 ** 2:.2f}M")
```

图 8.36　定义 model 类的代码

其中的主要操作：打印提示信息 "Making model..."；缩放因子列表 opt.scale；创建主模型，调用 drn.make_model；dual_models 列表存储缩放因子对应的 DownBlock 模型；dataparallel 函数将 dual_models 列表中的模型进行数据并行处理；主模型和双模型打印到 ckp.log_file，即完成后写入日志文件。

（3）forward 函数。forward 函数（图 8.37）定义了 model 类的前向传播方法，可以根据不同的缩放因子对输入数据进行不同程度的缩放处理。

```
def forward(self, x, idx_scale=0):
    self.idx_scale = idx_scale
    target = self.get_model()
    if hasattr(target, 'set_scale'):
        target.set_scale(idx_scale)
    return self.model(x)
```

图 8.37　forward 函数代码

在检查模型具有设置缩放因子的能力后，调用 target. set_scale（idx_scale）方法将缩放因子的索引传递给模型。然后调用主模型 self. model 的前向传播方法，将输入 *x* 传递给模型，并返回模型的输出。

（4） save 函数。save 函数代码（图 8.38）定义了 model 类的 save 方法，目的是保存模型的参数和状态，包括主模型和双模型的参数字典。通过调用 self. get_model（）和 self. get_dual_model（i）方法获取实际模型实例，然后使用 torch. save（）函数将参数字典保存到指定路径下的文件中。这样可以在需要时加载模型，并恢复模型的参数和状态。

```python
def save(self, path, is_best=False):
    target = self.get_model()
    torch.save(
        target.state_dict(),
        os.path.join(path, 'model', 'model_latest.pt')
    )
    if is_best:
        torch.save(
            target.state_dict(),
            os.path.join(path, 'model', 'model_best.pt')
        )
    #### save dual models ####
    dual_models = []
    for i in range(len(self.dual_models)):
        dual_models.append(self.get_dual_model(i).state_dict())
    torch.save(
        dual_models,
        os.path.join(path, 'model', 'dual_model_latest.pt')
    )
    if is_best:
        torch.save(
            dual_models,
            os.path.join(path, 'model', 'dual_model_best.pt')
        )
```

图 8.38 save 函数代码

（5） load 函数。load 函数（图 8.39）代码定义了 model 类的 load 方法，目的是加载预训练的模型参数和状态，包括主模型和双模型的参数字典。根据预训练路径的有效性，选择加载对应的参数字典，并使用 self. get_model（）和 self. get_dual_model（i）方法获取实际模型实例，然后通过 load_state_dict（）方法加载参数字典到模型中。这样可以使用预训练的参数来初始化模型，进行微调或继续训练。

2） common. py

下面对 common 部分代码进行介绍。

```
def load(self, pre_train='.', pre_train_dual='.', cpu=False):
    if cpu:
        kwargs = {'map_location': lambda storage, loc: storage}
    else:
        kwargs = {}
    #### load primal model ####
    if pre_train != '.':
        print('Loading model from {}'.format(pre_train))
        self.get_model().load_state_dict(
            torch.load(pre_train, **kwargs),
            strict=False
        )
    #### load dual model ####
    if pre_train_dual != '.':
        print('Loading dual model from {}'.format(pre_train_dual))
        dual_models = torch.load(pre_train_dual, **kwargs)
        for i in range(len(self.dual_models)):
            self.get_dual_model(i).load_state_dict(
                dual_models[i], strict=False
            )
```

图 8.39　load 函数代码

（1）default conv 函数。default conv 函数（图 8.40）用于创建一个二维卷积层。该函数接收 4 个参数：in_channels 表示输入通道数，out_channels 表示输出通道数，kernel_size 表示卷积核的大小，bias 表示是否包含偏置项。

```
def default_conv(in_channels, out_channels, kernel_size, bias=True):
    return nn.Conv2d(
        in_channels, out_channels, kernel_size,
        padding=(kernel_size//2), bias=bias)
```

图 8.40　default conv 函数代码

函数内部使用 nn.Conv2d 类创建一个二维卷积层，并返回该层的实例。在 nn.Conv2d 的构造函数中，传入了以下参数：

in_channels：输入通道数，表示输入特征图的通道数。

out_channels：输出通道数，表示输出特征图的通道数。

kernel_size：卷积核的大小，可以是单个整数或由单个整数构成的元组，表示卷积核的高度和宽度。

padding：填充大小，表示在输入的高度和宽度上添加零填充，保持输入输出尺寸一致。

bias：是否包含偏置项，默认为 True，表示包含偏置项。

（2）MeanShift 类。MeanShift 类的作用是实现颜色均值偏移的操作，通过在前向传播过程中对输入图像进行颜色均值的调整，从而实现颜色转换或颜色空间的适应。下面是代码的解释（图 8.41）。

```
class MeanShift(nn.Conv2d):
    def __init__(self, rgb_range, rgb_mean, rgb_std, sign=-1):
        super(MeanShift, self).__init__(3, 3, kernel_size=1)
        std = torch.Tensor(rgb_std)
        self.weight.data = torch.eye(3).view(3, 3, 1, 1)
        self.weight.data.div_(std.view(3, 1, 1, 1))
        self.bias.data = sign * rgb_range * torch.Tensor(rgb_mean)
        self.bias.data.div_(std)
        self.requires_grad = False
```

图 8.41　**Meanshift 类代码**

根据给定的颜色均值和标准差，计算权重和偏置项。经过矩阵运算和调整，除以标准差的视图，以进行归一化。

最后，将 self. requires_grad 设置为 False，表示不需要对颜色均值偏移的参数进行梯度计算。

（3）Upsampler 类。Upsampler 类的作用是根据给定的上采样比例、特征通道数和选项，构建相应的上采样模型（图 8.42）。根据给定的上采样比例，可以选择进行多次 2 倍的上采样操作或者一次 3 倍的上采样操作，以及选择是否使用批归一化操作和不同的激活函数类型，最终得到一个包含模块序列的顺序容器对象。

```
class Upsampler(nn.Sequential):
    def __init__(self, conv, scale, n_feats, bn=False, act=False, bias=True):
        m = []
        if (scale & (scale - 1)) == 0:    # Is scale = 2^n?
            for _ in range(int(math.log(scale, 2))):
                m.append(conv(n_feats, 4 * n_feats, 3, bias))
                m.append(nn.PixelShuffle(2))
                if bn: m.append(nn.BatchNorm2d(n_feats))

                if act == 'relu':
                    m.append(nn.ReLU(True))
                elif act == 'prelu':
                    m.append(nn.PReLU(n_feats))

        elif scale == 3:
            m.append(conv(n_feats, 9 * n_feats, 3, bias))
            m.append(nn.PixelShuffle(3))
            if bn: m.append(nn.BatchNorm2d(n_feats))

            if act == 'relu':
                m.append(nn.ReLU(True))
            elif act == 'prelu':
                m.append(nn.PReLU(n_feats))
        else:
            raise NotImplementedError

        super(Upsampler, self).__init__(*m)
```

图 8.42　**Upsampler 类代码**

Upsampler 类的构造方法＿init＿接收多个参数，包括 conv（卷积函数）、scale（上采样比例）、n_feats（特征通道数）、bn（是否使用批归一化）、act（激活函数类型）和 bias（是否包含偏置项）。

在构造方法中，创建一个空列表，用于存储上采样操作的模块，并根据上采样比例选择需要的卷积操作次数，以及相应的像素重组、批归一化、激活函数模块等操作，最后，调用父类 nn.Sequential 的构造方法，将列表中的模块作为顺序容器的参数，创建一个顺序容器对象。

（4）DownBlock 类。下面这段代码定义了一个名为 DownBlock 的类（图 8.43），用于实现下采样操作的模块。

```python
class DownBlock(nn.Module):
    def __init__(self, opt, scale, nFeat=None, in_channels=None, out_channels=None):
        super(DownBlock, self).__init__()
        negval = opt.negval

        if nFeat is None:
            nFeat = opt.n_feats

        if in_channels is None:
            in_channels = opt.n_colors

        if out_channels is None:
            out_channels = opt.n_colors

        dual_block = [
            nn.Sequential(
                nn.Conv2d(in_channels, nFeat, kernel_size=3, stride=2, padding=1, bias=False),
                nn.LeakyReLU(negative_slope=negval, inplace=True)
            )
        ]

        for _ in range(1, int(np.log2(scale))):
            dual_block.append(
                nn.Sequential(
                    nn.Conv2d(nFeat, nFeat, kernel_size=3, stride=2, padding=1, bias=False),
                    nn.LeakyReLU(negative_slope=negval, inplace=True)
                )
            )

        dual_block.append(nn.Conv2d(nFeat, out_channels, kernel_size=3, stride=1, padding=1, bias=False))

        self.dual_module = nn.Sequential(*dual_block)

    def forward(self, x):
        x = self.dual_module(x)
        return x
```

图 8.43　DownBlock 代码

DownBlock 类的构造方法__init__接收多个参数，包括 opt（选项对象）、scale（下采样比例）、nFeat（特征通道数，默认为 None）、in_channels（输入通道数，默认为 None）和 out_channels（输出通道数，默认为 None）。

在构造方法中，创建一个包含卷积层和 LeakyReLU 激活函数的顺序容器，且根据给定的特征通道数、输入通道数和输出通道数，进行参数的设置，根据下采样比例 scale 构建下采样模块。创建一个名为 dual_block 的列表，用于存储下采样模块的组成部分。将列表 dual_block 中的模块通过 nn. Sequential 构造方法创建一个顺序容器对象 self. dual_module，作为下采样模块的组成部分。

DownBlock 类的前向传播方法 forward 接收输入 x，将输入通过下采样模块 self. dual_module 进行处理，并返回处理结果。

（5）CALayer 类。这段代码定义了一个名为 CALayer 的类（图 8.44），用于实现通道注意力（Channel Attention）机制。

```python
## Channel Attention (CA) Layer
class CALayer(nn.Module):
    def __init__(self, channel, reduction=16):
        super(CALayer, self).__init__()
        # global average pooling: feature --> point
        self.avg_pool = nn.AdaptiveAvgPool2d(1)
        # feature channel downscale and upscale --> channel weight
        self.conv_du = nn.Sequential(
                nn.Conv2d(channel, channel // reduction, 1, padding=0, bias=True),
                nn.ReLU(inplace=True),
                nn.Conv2d(channel // reduction, channel, 1, padding=0, bias=True),
                nn.Sigmoid()
        )

    def forward(self, x):
        y = self.avg_pool(x)
        y = self.conv_du(y)
        return x * y
```

图 8.44　CALayer 类函数代码

CALayer 类的构造方法__init__接收两个参数：channel 表示输入特征的通道数，reduction 表示通道缩减比例。

在构造方法中，首先构建了一个全局平均池化层 self. avg_pool，用于将特征图进行全局平均池化，将特征图的高和宽维度缩减为 1。然后，构建一个通道注意力模块 self. conv_du，它是一个顺序容器，包含了一系列卷积层和激活函数。首先是一个 1×1 的卷积层，将输入通道数从 channel 降低为 channel // reduction，其中 reduction 为通道缩减比例。其次使用 ReLU 激活函数进行非线性变换。接下来是另一个 1×1 的卷积层，将通道数从 channel // reduction 恢复到原始的 channel 大小。最后使用 Sigmoid 激活函数将输出值限制在 0 到 1 之间，表示通道权重。

CALayer 类的前向传播方法 forward 接收输入 x，首先将输入进行全局平均池化得到 y，其次将 y 输入通道注意力模块 self. conv_du 中得到通道权重。最后将输入 x 与通道权重 y 相乘，实现通道注意力机制，即对不同通道的特征进行加权，最终返回加权后的结果。

（6）RCAB 类。这段代码定义了一个名为 RCAB（Residual Channel Attention Block）的类（图 8.45），用于实现残差通道注意力模块。

```python
## Residual Channel Attention Block (RCAB)
class RCAB(nn.Module):
    def __init__(self, conv, n_feat, kernel_size, reduction=16, bias=True, bn=False, act=nn.ReLU(True), res_scale=1):
        super(RCAB, self).__init__()
        modules_body = []
        for i in range(2):
            modules_body.append(conv(n_feat, n_feat, kernel_size, bias=bias))
            if bn: modules_body.append(nn.BatchNorm2d(n_feat))
            if i == 0: modules_body.append(act)
        modules_body.append(CALayer(n_feat, reduction))
        self.body = nn.Sequential(*modules_body)
        self.res_scale = res_scale

    def forward(self, x):
        res = self.body(x)
        res += x
        return res
```

图 8.45　RCAB 类代码

RCAB 类的构造方法__init__接收多个参数，包括 conv（卷积层类型）、n_feat（输入特征的通道数）、kernel_size（卷积核大小）、reduction（通道缩减比例）、bias（是否使用偏置）、bn（是否使用批归一化）、act（激活函数）、res_scale（残差比例）。

在构造方法中，首先创建了一个空的 modules_body 列表，用于存储模块的组成部分。其次，通过循环两次，向 modules_body 中添加卷积层、批归一化层和激活函数。每次循环都添加一个卷积层，该卷积层将输入特征的通道数维持为 n_feat 不变，卷积核大小为 kernel_size，是否使用偏置由 bias 决定。如果 bn 为 True，则添加一个批归一化层。在第一个循环中，添加激活函数 act。

再次，向 modules_body 中添加一个通道注意力模块 CALayer，该模块的输入通道数为 n_feat，通道缩减比例为 reduction。

最后，通过 nn. Sequential 将 modules_body 中的模块构建成一个顺序容器对象 self. body，作为残差通道注意力模块的组成部分。

RCAB 类的前向传播方法 forward 接收输入 x，将输入通过残差通道注意力模块的 self. body 进行处理，得到残差特征 res。其将残差特征与输入特征相加得到最终的输出结果。最后，返回输出结果。

3）drn. py

下面是 DRN 代码的介绍。

首先定义了 DRN 类的神经网络模型类，并继承自 torch. nn. Module。代码的解释：DRN 类的构造方法__init__接收两个参数 opt 和 conv，其中 opt 是模型的配置选项，conv 是卷积层的类型（默认为 common. default_conv）。

整个类定义了 DRN 模型的结构，包括预处理、下采样、上采样和尾部卷积层。

下面主要讲述 DRN 类中的前向传播方法 forward 的实现（图 8.46）。

```python
def forward(self, x):
    # upsample x to target sr size
    x = self.upsample(x)

    # preprocess
    x = self.sub_mean(x)
    x = self.head(x)

    # down phases,
    copies = []
    for idx in range(self.phase):
        copies.append(x)
        x = self.down[idx](x)

    # up phases
    sr = self.tail[0](x)
    sr = self.add_mean(sr)
    results = [sr]
    for idx in range(self.phase):
        # upsample to SR features
        x = self.up_blocks[idx](x)
        # concat down features and upsample features
        x = torch.cat((x, copies[self.phase - idx - 1]), 1)
        # output sr imgs
        sr = self.tail[idx + 1](x)
        sr = self.add_mean(sr)

        results.append(sr)

    return results
```

图 8.46　DRN 前向传播代码

（1）预处理。在前向传播方法中，输入的 x 首先经过 self. upsample 上采样层进行尺寸放大，将输入图像放大到目标超分辨率大小。其次对放大后的图像 x 进行颜色均值操作，头部卷积层提取图像特征，完成图像的预处理。

（2）下采样。下采样阶段的处理是通过循环遍历 self. down 下采样模块列表，对图像进行下采样操作，并将每个下采样阶段的特征图像存储在 copies 列表中。

（3）上采样。上采样阶段的处理是通过循环遍历 self. up_blocks 上采样模块列表，对特征图像进行上采样操作。然后，将上采样后的特征图像 x 和对应的下采样阶段特征图像 copies 进行连接，使用 torch. cat 函数在通道维度上进行拼接。

（4）尾部卷积层。尾部卷积层是对图像的输出。首先，self. tail 中对应索引的卷积层进行卷积操作得到超分辨率图像。其次，使用 self. add_mean 将超分辨率图像的像素值映射回原始范围。最后，将超分辨率图像结果添加到结果列表 results 中，并返回该列表作为模型的输出。

整个前向传播方法实现了 DRN 模型的前向计算过程，包括上采样、预处理、下采样和上采样阶段的特征提取、特征连接和输出超分辨率图像。

8.4.2 关于__init__. py

1. __init__. py 的作用

在 Python 中，__init__ 是一个特殊的方法（也称为构造函数），用于在创建类的实例时进行初始化操作。当实例化一个类时，__init__ 方法会自动调用，并允许执行任何必要的设置或准备工作。

__init__ 方法的主要作用包括：

（1）初始化对象的属性：可以在 __init__ 方法中设置实例的属性，以便在创建对象时为其提供初始值。这些属性可以是对象的状态或特征。

（2）接收参数：__init__ 方法可以接收参数，这些参数可以在创建对象时传递给构造函数。通过这种方式，可以在实例化对象时向构造函数传递初始值或配置选项。

（3）执行必要的设置：在 __init__ 方法中，可以执行任何必要的设置或准备工作，如打开文件、建立数据库连接或初始化其他对象。

（4）在对象创建时执行操作：__init__ 方法可以包含其他操作，这些操作将在对象创建时自动执行。这样，可以确保在对象创建后立即执行某些操作。

总而言之，__init__方法在 Python 中用于在创建类的实例时执行初始化操作，包括设置属性、接收参数和执行必要的设置。它是面向对象编程中常用的一个重要方法。

2. 将__init__.py 文件封装成模块

要将__init__.py 文件封装为模块，需要将所需的代码和定义放入__init__.py 文件中，并确保它位于一个包目录中。

如果需要导入的 module 的名字是 m1，则解释器必须找到 m1.py，它首先在当前目录中查找，然后是在环境变量 PYTHONPATH 中查找。PYTHONPATH 可以视为系统的 PATH 的变量，其中包含若干个目录。如果 PYTHONPATH 没有设定，或找不到 m1.py，则继续搜索与 Python 的安装设置相关的默认路径，在 Linux 下，通常是/usr/local/lib/python。

实际的搜索顺序：首先是当前路径（以及从当前目录指定的 sys.path），其次是 PYTHONPATH，最后是 Python 的安装设置相关的默认路径。正因为存在这样的顺序，如果当前路径或 PYTHONPATH 中存在与标准 module 同样的 module，则会覆盖标准 module。也就是说，如果当前目录下存在 xml.py，那么执行 import xml 时，导入的是当前目录下的 module，而不是系统标准的 xml。

3. 让其他 py 文件导入模块

使用__init__.py 自动加载 python 包下的模块。

在 python 中，通常使用包 package 将相关的模块组织在一起，如果一个文件夹目录下有一个名为 init.py 的文件，那么这个文件夹就是一个包。init.py 文件中可以包含一些初始化和配置代码，也可以引入其他模块或子包。下面将介绍如何使用 init.py 文件来自动加载包下的模块。

假设有一个名为 my_package 的包，其目录结构如图 8.47 所示。

图 8.47　目录结构

需要在 init.py 文件中自动导入 module1 和 module2 模块，注意，这里用到了相对导入（raltive import）。

现在，可以在其他模块中直接导入 my_package，并使用其中的模块。例如，在 test.py 中输入图 8.48 所示代码。

```
1  # test.py
2
3  import my_package
4
5  my_package.module1.foo()
6  my_package.module2.bar()
```

图 8.48　输入代码

这样，在运行 test.py 时，my_package 包下的 module1 和 module2 模块都会自动加载和导入。

8.4.3　数据加载

在 DRN 的神经网络代码中，数据主要分为验证集和训练集，即 benchmark 和 DF2K。

1. 验证集的加载

本代码文件中的公开数据集，有 Set5、B100、Urban100、Set14 这 4 个数据集，可以用来测试，这些数据集属于 benchmark datasets，需要在 readme 中进行下载。

在完成 benchmark 的下载后，需要按照文件的摆放要求（在 readme 中有示例），按照图 8.49 所示格式进行存放数据集。

图 8.49　benchmark 文件夹路径要求

在 Set5、B100、Urban100、Set14 这 4 个数据集，每个数据集中的图片格式以及路径的要求都在 benchmark.py 的代码（图 8.50）中有要求。

图片分为高分辨率 HR 和低分辨率 LR_bicubic 两种进行验证。

在 trainer 中的 test 函数（图 8.51）定义了 DRN 的测试方法。

```
class Benchmark(srdata.SRData):
    def __init__(self, args, name='', train=True, benchmark=True):
        super(Benchmark, self).__init__(
            args, name=name, train=train, benchmark=True
        )

    def _set_filesystem(self, data_dir):

        self.apath = os.path.join(data_dir, 'benchmark', self.name)
        self.dir_hr = os.path.join(self.apath, 'HR')
        self.dir_lr = os.path.join(self.apath, 'LR_bicubic')
        self.ext = ('', '.png')
```

图 8.50   benchmark 代码

```
def test(self):
    epoch = self.scheduler.last_epoch
    self.ckp.write_log('\nEvaluation:')
    self.ckp.add_log(torch.zeros(1, 1))
    self.model.eval()

    timer_test = utility.timer()
    with torch.no_grad():
        scale = max(self.scale)
        for si, s in enumerate([scale]):
            eval_psnr = 0
            tqdm_test = tqdm(self.loader_test, ncols=80)
            for _, (lr, hr, filename) in enumerate(tqdm_test):
                filename = filename[0]
                no_eval = (hr.nelement() == 1)
                if not no_eval:
                    lr, hr = self.prepare(lr, hr)
                else:
                    lr, = self.prepare(lr)

                sr = self.model(lr[0])
                if isinstance(sr, list): sr = sr[-1]

                sr = utility.quantize(sr, self.opt.rgb_range)

                if not no_eval:
                    eval_psnr += utility.calc_psnr(
                        sr, hr, s, self.opt.rgb_range,
                        benchmark=self.loader_test.dataset.benchmark
                    )
```

图 8.51   test 函数前半部分定义

这段代码（图 8.52）定义了一个名为"test"的方法，它是在一个类中定义的。下面将解释部分代码的含义：

epoch = self. scheduler. last_epoch：获取当前训练的轮数（epoch）。

self. ckp. write_log（'\nEvaluation：'）：向日志文件写入评估（evaluation）的标志。

```
                    # save test results
                    if self.opt.save_results:
                        self.ckp.save_results_nopostfix(filename, sr, s)

            self.ckp.log[-1, si] = eval_psnr / len(self.loader_test)
            best = self.ckp.log.max(0)
            self.ckp.write_log(
                '[{} x{}]\tPSNR: {:.2f} (Best: {:.2f} @epoch {})'.format(
                    self.opt.data_test, s,
                    self.ckp.log[-1, si],
                    best[0][si],
                    best[1][si] + 1
                )
            )

        self.ckp.write_log(
            'Total time: {:.2f}s\n'.format(timer_test.toc()), refresh=True
        )
        if not self.opt.test_only:
            self.ckp.save(self, epoch, is_best=(best[1][0] + 1 == epoch))
```

图 8.52　**test 函数后半部分定义**

self. ckp. add_log(torch. zeros(1, 1))：将一个形状为（1, 1）的全零张量添加到日志中。

self. model. eval()：将模型设置为评估模式，这意味着在测试阶段不进行梯度计算。

timer_test = utility. timer()：创建一个计时器对象，用于计算测试所需的时间。

with torch. no_grad()：在此块中的计算不会进行梯度计算。

tqdm_test = tqdm(self. loader_test, ncols=80)：创建一个进度条（progress bar）用于迭代测试数据加载器。

for _, (lr, hr, filename) in enumerate(tqdm_test)：迭代测试数据加载器中的每个数据样本，其中 lr 是低分辨率图像，hr 是高分辨率图像，filename 是文件名。

sr = self. model(lr[0])：使用模型对低分辨率图像进行超分辨率重建，得到重建的超分辨率图像。

self. ckp. save_results_nopostfix(filename, sr, s)：保存测试结果，将重建的超分辨率图像保存到指定的文件名中。

self. ckp. log[-1, si] = eval_psnr / len(self. loader_test)：将当前缩放因子

的评估 PSNR 值除以测试集的样本数量，并将结果存储在日志中。

best = self. ckp. log. max(0)：找到日志中每个缩放因子的最佳 PSNR 值及其对应的轮数。

self. ckp. write_log(…)：将评估结果和最佳结果写入日志文件。

2. 训练集的加载

在 DRN 神经网络代码中所采用的训练集为 DF2K 训练集，DF2K 数据集是 DIV2K 和 Flickr2k 数据集的集合。下载好对应的 DF2K 数据集后，要将 DF2K 的数据集放入指定的文件路径中，在代码的 DF2K. PY 文件（图 8.53）中有注释 DF2K 文件夹的位置。

```python
class DF2K(srdata.SRData):
    def __init__(self, args, name='DF2K', train=True, benchmark=False):
        super(DF2K, self).__init__(
            args, name=name, train=train, benchmark=benchmark
        )

    def _set_filesystem(self, data_dir):
        super(DF2K, self)._set_filesystem(data_dir)
        self.dir_hr = os.path.join(self.apath, 'DF2K_HR')
        self.dir_lr = os.path.join(self.apath, 'DF2K_LR_bicubic')
```

图 8.53　DF2K 部分代码

在 DF2K 中的代码和上述 benchmark 代码一样，规定了数据集的文件夹要求和内容，分为 DF2K_HR 和 DF2K_LR_bicubic，这里可以参考之前的自制数据集要求。

其中，在 trainer 中的 train 部分代码（图 8.54）进行加载。

```python
def train(self):
    epoch = self.scheduler.last_epoch + 1
    lr = self.scheduler.get_lr()[0]

    self.ckp.write_log(
        '[Epoch {}]\tLearning rate: {:.2e}'.format(epoch, Decimal(lr))
    )
    self.loss.start_log()
    self.model.train()
    timer_data, timer_model = utility.timer(), utility.timer()
```

图 8.54　train 部分代码 1

含义如下：

epoch = self. scheduler. last_epoch + 1：获取当前训练的轮数（epoch），并加 1 表示当前迭代的 epoch。

lr = self. scheduler. get_lr( )[0]：获取当前学习率（lr），这里假设只有一个学习率。

self. ckp. write_log(. . .)：向日志文件写入当前轮数和学习率。

self. loss. start_log( )：开始记录损失值的日志。

self. model. train( )：将模型设置为训练模式，意味着在训练阶段进行梯度计算。

timer_data, timer_model = utility. timer( ), utility. timer( )：创建两个计时器对象，timer_data 用于计算数据加载时间，timer_model 用于计算模型训练时间。

for batch, (lr, hr, _) in enumerate(self. loader_train)：代码（图 8.55）用于迭代训练数据加载器中的每个批次数据，其中 lr 是低分辨率图像，hr 是高分辨率图像。

```
for batch, (lr, hr, _) in enumerate(self.loader_train):
    lr, hr = self.prepare(lr, hr)
    timer_data.hold()
    timer_model.tic()

    self.optimizer.zero_grad()

    for i in range(len(self.dual_optimizers)):
        self.dual_optimizers[i].zero_grad()
```

图 8.55　**train 部分代码 2**

lr, hr = self. prepare(lr, hr)：将低分辨率和高分辨率图像进行预处理。

timer_data. hold( )：暂停数据加载计时器，记录数据加载时间。

timer_model. tic( )：启动模型训练计时器。

self. optimizer. zero_grad( )：将主模型的梯度置零，准备进行反向传播。

for i in range(len(self. dual_optimizers))和 self. dual_optimizers[i]. zero_grad( )：对于每个双向模型的优化器，将双向模型的梯度置零，准备进行反向传播。

sr = self. model(lr[0])：代码（图 8.56）使用主模型对低分辨率图像进行超分辨率重建，得到重建的超分辨率图像。

```
# forward
sr = self.model(lr[0])
sr2lr = []
for i in range(len(self.dual_models)):
    sr2lr_i = self.dual_models[i](sr[i - len(self.dual_models)])
    sr2lr.append(sr2lr_i)
```

图 8.56　**train 部分代码 3**

sr2lr = [ ]：创建一个空列表用于存储双向模型的输出结果。

for i in range（len（self.dual_models））：对于每个双向模型，执行以下操作。

sr2lr_i = self.dual_models[i]（sr[i − len（self.dual_models）]）：将超分辨率图像作为输入，使用双向模型进行重建，得到低分辨率到高分辨率的反向映射结果。

sr2lr.append（sr2lr_i）：将反向映射结果添加到列表中。

loss_primary：计算主要损失函数（图 8.57），首先计算超分辨率图像与高分辨率图像之间的损失，其次计算超分辨率图像与输入的低分辨率图像之间的损失。

```python
# compute primary loss
loss_primary = self.loss(sr[-1], hr)
for i in range(1, len(sr)):
    loss_primary += self.loss(sr[i - 1 - len(sr)], lr[i - len(sr)])
```

图 8.57　train 部分代码 4

loss_dual：计算双向损失函数（图 8.58），首先计算反向映射结果与输入的低分辨率图像之间的损失，其次计算反向映射结果与输入的低分辨率图像之间的损失。

```python
# compute dual loss
loss_dual = self.loss(sr2lr[0], lr[0])
for i in range(1, len(self.scale)):
    loss_dual += self.loss(sr2lr[i], lr[i])
```

图 8.58　train 部分代码 5

loss：计算总的损失函数（图 8.59），主要损失函数和双向损失函数的加权和。

```python
# compute total loss
loss = loss_primary + self.opt.dual_weight * loss_dual
```

图 8.59　train 部分代码 6

if loss.item（） < self.opt.skip_threshold * self.error_last:：代码（图 8.60）用于判断如果当前损失小于上一轮迭代的损失的阈值乘以一个系数（skip_threshold），则执行以下操作。

```
if loss.item() < self.opt.skip_threshold * self.error_last:
    loss.backward()
    self.optimizer.step()
    for i in range(len(self.dual_optimizers)):
        self.dual_optimizers[i].step()
else:
    print('Skip this batch {}! (Loss: {})'.format(
        batch + 1, loss.item()
    ))

timer_model.hold()
```

图 8.60　train 部分代码 7

loss. backward( )：进行反向传播，计算梯度。

self. optimizer. step( )：更新主模型的参数。

self. dual_optimizers[i]. step( )：更新双向模型的参数。

如果当前损失大于或等于阈值乘以上一轮迭代的损失，则跳过当前批次的训练，并打印跳过信息。

timer_model. hold( )：暂停模型训练计时器，记录模型训练时间。

if(batch + 1) % self. opt. print_every = = 0：代码（图 8.61）用于判断如果当前批次是指定的打印间隔的倍数，则执行以下操作。

```
if (batch + 1) % self.opt.print_every == 0:
    self.ckp.write_log('[{}/{}]\t{}\t{:.1f}+{:.1f}s'.format(
        (batch + 1) * self.opt.batch_size,
        len(self.loader_train.dataset),
        self.loss.display_loss(batch),
        timer_model.release(),
        timer_data.release()))

    timer_data.tic()

self.loss.end_log(len(self.loader_train))
self.error_last = self.loss.log[-1, -1]
self.step()
```

图 8.61　train 部分代码 8

self. ckp. write_log(. . .)：向日志文件写入当前批次的训练状态，包括已处理的图像数量、总图像数量、损失等信息。

timer_model. release( )：获取模型训练时间。

timer_data. release( )：获取数据加载时间。

在每个批次处理完后，会记录损失值的日志，更新上一轮迭代的损失值，最后调用 self. step( )方法执行其他可能的操作。

总的来说，这段代码实现了一个训练循环，其中包括前向传播、损失计算、反向传播和参数更新等步骤。同时，它还记录了训练过程中的损失值和训练时间，并将相关信息写入日志文件。

8.4.4　模型设计

1. DRN 神经网络模型的解释

DRN 的神经网络如图 8.62 所示，在该图中描述了双重线性回归网络的原理。

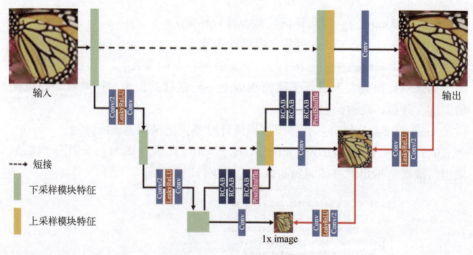

图 8.62　DRN 的神经网络

首先，使用 self. upsample 函数对输入的图片进行 scale 值倍数的上采样操作。其次，进行 self. sub_mean 程序进行 meanshift 颜色均值操作，meanshift 函数的声明见 common. py 中的代码。selfhead 收到均值预处理后的结果再进行卷积来提取图像特征，预处理部分结束。

最后，进入代码中的下采样阶段（down phase），使用 for 循环对下采样迭代循环原理图中的第一次 RCAB 和 pixel shufftle。

上采样阶段（up phase）中输入 self. tail 的量为之前下采样循环中的最后一个量，再用 self. add_mean 进行均值化操作（对上采样）返回 sr 超分辨图，后面的 for 循环为对上采样阶段迭代循环原理图中的第二次 RCAB 和 pixel shufftle，将这次循环的结果与之前的下采样图进行拼接（原理图中的右上部分青黄拼接的部分）用到 torch. cat 函数。最终 self. tail 和 add. mean 得到超分辨率图和均值操作。

上述 DRN 网络流程与代码中 model 部分的 drn.py 一样。代码的具体解释可以参照文件组织架构部分的 drn.py 代码。

2. DRN 的结构设计

整个网络中，编码器部分由简单的卷积层和 LeakyRelu 组成，分辨率逐层降低。解码器部分由 RCAB（残差结构+CA 注意力）和 pixelshuffle 上采样组成。编码器和解码器组成了前向回归任务。对偶回归任务对超分后的图像进行卷积下采样得到 LR 图像。

具体来说，原始模型包含 4 个×SR 的 2 个基本块和 8 个×SR，根据原始模型的架构设计，4×SR 有 2 个双模型，8×SR 有 3 个双模型。

设置 BRCAB 的个数，F 为基本特征通道的个数。对于 4×SR，DRN-S 设置 $B=30$ 和 $F=16$，为 DRN-L 设置 $B=40$ 和 $F=20$。对于 8×SR，DRN-S 设置 $B=30$ 和 $F=8$，为 DRN-L 设置 $B=36$ 和 $F=10$。此外，DRN 模型设置了所有 RCAB 的比例 $r=16$，并将 DRN 中所有 LeakyReLU 的负斜率设置为 0.2。在图 8.63 中展示了 8×DRN 模型的详细架构。为了获得 4×模型，可以简单地从 8×模型中删除一个基本块。

如表 8.1 所示，网络使用 Conv(1,1) 和 Conv(3,3) 分别表示核大小为 1×1 和 3×3 的卷积层。同时，使用 $Conv_{s2}$ 来表示步幅为 2 的卷积层。借鉴 EDSR 的设置，网络模型构建了具有一个卷积层和一个像素重组层的上采样器来上采样特征图像。此外，使用 h 和 w 来表示输入 LR 图像的高度和宽度。因此，8×模型的输出图像的形状应该为 $8h×8w$。

表 8.1　DRN 网络结构

模　块	模　块　细　节	输入张量形状	输出张量形状
Head	Conv(3,3)	$(3,8h,8w)$	$1F,8h,8w)$
Down 1	$Conv_{s2}$-LeakyReLU-Conv	$(1F,8h,8w)$	$(2F,4h,4w)$
Down 2	$Conv_{s2}$-LeakyReLU-Conv	$(2F,4h,4w)$	$(4F,2h,2w)$
Down 3	$Conv_{s2}$-LeakyReLU-Conv	$(4F,2h,2w)$	$(8F,1h,1w)$
Up 1	B RCABs	$(8F,1h,1w)$	$(8F,1h,1w)$
	2×Upsampler	$(8F,1h,1w)$	$(8F,2h,2w)$
	Conv(1,1)	$(8F,2h,2w)$	$(4F,2h,2w)$
Concatenation 1	Concatenation of the output of Up 1 and Down 2	$(4F,2h,2w) \oplus (4F,2h,2w)$	$(8F,2h,2w)$

模　块	模 块 细 节	输入张量形状	输出张量形状
Up 2	B RCABs	$(8F,2h,2w)$	$(8F,2h,2w)$
	2×Upsampler	$(8F,2h,2w)$	$(8F,4h,4w)$
	Conv$(1,1)$	$(8F,4h,4w)$	$(2F,4h,4w)$
Concatenation 2	Concatenation of the output of Up 2 and Down 1	$(2F,4h,4w)\oplus(2F,4h,4w)$	$(4F,4h,4w)$
Up 3	B RCABs	$(4F,4h,4w)$	$(4F,4h,4w)$
	2×Upsampler	$(4F,4h,4w)$	$(4F,8h,8w)$
	Conv$(1,1)$	$(4F,8h,8w)$	$(1F,8h,8w)$
Concatenation 3	Concatenation of the output of Up 3 and Head	$(1F,8h,8w)\oplus(1F,8h,8w)$	$(2F,8h,8w)$
Tail 0	Conv$(3,3)$	$(8F,1h,1w)$	$(3,1h,1w)$
Tail 1	Conv$(3,3)$	$(8F,2h,2w)$	$(3,2h,2w)$
Tail 2	Conv$(3,3)$	$(4F,4h,4w)$	$(3,4h,4w)$
Tail 3	Conv$(3,3)$	$(2F,8h,8w)$	$(3,8h,8w)$
Dual 1	Conv$_{s2}$−LeakyReLU−Conv	$(3,8h,8w)$	$(3,4h,4w)$
Dual 2	Conv$_{s2}$−LeakyReLU−Conv	$(3,4h,4w)$	$(3,2h,2w)$
Dual 3	Conv$_{s2}$−LeakyReLU−Conv	$(3,2h,2w)$	$(3,1h,1w)$

8.4.5　损失函数和优化器

1. 损失函数

损失函数，又称为目标函数，是编译一个神经网络模型必需的两个参数之一。另一个必不可少的参数是优化器。

损失函数是指用于计算标签值和预测值之间差异的函数，在机器学习过程中，有多种损失函数可供选择，典型的有距离向量、绝对值向量等。

下面介绍几种常见的损失函数的计算方法，PyTorch 中定义了很多类型的预定义损失函数。

1）nn. L1Loss

$$\mathrm{loss}(x,y)=\frac{1}{N}\sum_{i=1}^{N}|X-Y| \tag{8.1}$$

L1Loss 计算方法很简单，取预测值和真实值的绝对误差的平均数即可。

2）nn. SmoothL1Loss

$$\text{loss}(x,y) = \frac{1}{N} \begin{cases} \dfrac{1}{2}(x_i - y_i)^2, & |x_i - y_i| < 1 \\[2mm] |x_i - y_i| - \dfrac{1}{2}, & \text{其他} \end{cases} \qquad (8.2)$$

SmoothL1Loss 也称为 Huber Loss，误差在（-1，1）上是平方损失，其他情况是 L1 损失。

3）nn. MSELoss

$$\text{loss}(x,y) = \frac{1}{N} \sum_{i=1}^{N} |x - y|^2 \qquad (8.3)$$

平方损失函数的计算公式是预测值和真实值之间的平方和的平均数。

4）nn. BCELoss

$$\text{loss}(o,t) = -\frac{1}{N} \sum_{i}^{N} \left[t_i * \log(o_i) + (1 - t_i) * \log(1 - o_i) \right] \qquad (8.4)$$

二分类用的交叉熵，其计算公式较复杂，这里主要是有个概念即可，一般情况下不会用到。

2. 优化器

所有的优化函数都位于 torch. optim 包下，深度学习中常用的优化器有 SGD、Adam、Adadelta 和 AdaGrad 等，下面就各优化器进行详细分析。

1）随机梯度下降算法

随机梯度下降（Stochastic Gradient Descent，SGD）就是每一次迭代计算 mini-batch 的梯度，然后对参数进行更新，是最常见的优化方法。

```
1 | torch. optim. SGD( params, lr = , momentum = 0, dampening = 0,
2 | weight_decay = 0, nesterov = False)
```

params（iterable）：待优化参数的 iterable 或者是定义了参数组的 dict。

lr（learning rate）（float）：学习率。

momentum（float，可选）：动量因子（默认：0）。

weight_decay（float，可选）：权重衰减（L2 惩罚）（默认：0）。

dampening（float，可选）：动量的抑制因子（默认：0）。

nesterov bool，可选）：使用 Nesterov 动量（默认：False）。

对于训练数据集，首先将其分成 n 个 batch，每个 batch 包含 m 个样本。每次更新都利用一个 batch 的数据，而非整个数据集。这样做使得训练数据太大时，利用整个数据集更新往往时间上不现实。batch 的方法可以减少机器的压力，并且可以快速收敛。当训练集有冗余时，batch 方法收敛更快。

2）平均随机梯度下降算法

平均随机梯度下降（Averaged Stochastic Gradient Descent，ASGD）算法就是用空间换时间的一种 SGD。

1 | torch. optim. ASGD (params，lr = 0. 01，lambd = 0. 0001，alpha = 0. 75，
t0 = 1000000. 0，weight_decay = 0)

params(iterable)：待优化参数的 iterable 或者是定义了参数组的 dict。

lr(learning rate)(float,可选)：学习率（默认：1×10^{-2}）。

lambd(float,可选)：衰减项（默认：1×10^{-4}）。

alpha(float,可选)：eta 更新的指数（默认：0. 75）。

t0(float,可选)：指明在哪一次开始平均化（默认：1×10^{6}）。

weight_decay (float,可选)：权重衰减（L2 惩罚）（默认：0）。

3）AdaGrad 算法

AdaGrad(Adaptive Gradient)算法就是将每一个参数的每一次迭代的梯度取平方累加后再开方，用全局学习率除以这个数，作为学习率的动态更新。

其中，r 为梯度累积变量，r 的初始值为 0。ε 为全局学习率，需要自己设置。δ 为小常数，为了数值稳定大约设置为 10^{-7}。

1 | torch. optim. Adagrad(params，lr = 0. 01，lr_decay = 0，weight_decay = 0)

params(iterable)：待优化参数的 iterable 或者是定义了参数组的 dict。

lr (learning rate)(float,可选)：学习率（默认：10^{-2}）。

lr_decay(float,可选)：学习率衰减（默认：0）。

weight_decay(float,可选)：L2 权重衰减（默认：0）。

AdaGrad 是一种自适应优化方法，是自适应地为各个参数分配不同的学习率。学习率的变化，会受到梯度的大小和迭代次数的影响。梯度越大，学习率越小；梯度越小，学习率越大。其缺点是在训练后期，学习率过小，因为 AdaGrad 累加之前所有的梯度平方作为分母。随着算法不断迭代，r 会越来越大，整体的学习率会越来越小。所以，一般来说，AdaGrad 算法一开始是激励收敛，到了后面就慢慢趋向惩罚收敛，速度越来越慢。在深度学习算法中，深度过深会造成训练提早结束。

4）自适应矩估计算法

自适应矩估计（Adaptive Moment Estimation，Adam）优化器的代码如下：

```
1 | torch. optim. Adam( params, lr = 0. 001, betas = (0. 9, 0. 999), eps = 1e-08, weight_decay = 0)
```

params(iterable)：待优化参数的 iterable 或者是定义了参数组的 dict。

lr(learning rate)（float，可选）：学习率（默认：10^{-3}）。

betas(Tuple[float, float]，可选)：用于计算梯度以及梯度平方的运行平均值的系数（默认：0. 9, 0. 999）。

eps(float,可选)：为了增加数值计算的稳定性而加到分母里的项（默认：10^{-8}）。

weight_decay(float,可选)：L2 权重衰减（默认：0）。

Adam 的优点主要在于经过偏置校正后，每一次迭代学习率都有个确定范围，使得参数比较平稳。

8.4.6　训练

1. 训练操作

在 DRN 的网络中，可以通过在终端输入指令进行相关操作，如通过终端进行训练操作时，根据 option. py 文件中的代码内容（或者参考 readme 部分（图 8.63）），输入对应的参数即可。

```
python main.py --data_dir $DATA_DIR$ \
--scale $SCALE$ --model $MODEL$ \
--save $SAVE_DIR$
```

图 8. 63　readme 界面提示

在确定好需要训练的图片（图 8.64）后，将其通过 DF2K 文件夹（图 8.65）进行包装，包装的方法参考 DF2K. py 部分的代码要求，详细的要求及操作执行可以参照前文部分的制作数据集小节。

2. 训练结果

训练结束后的文件夹存放位置参考 readme 中的描述（也可以在终端中输入指定的代码（图 8.66））。

例如，这段在终端输入的代码指定将训练的结果保存在 experiments 文件夹（图 8.67）中，只需在--save 后输入文件夹地址即可。

图 8.64　部分训练集图片

图 8.65　DF2K 文件夹

```
python main.py --data_dir ~/srdata \
--scale 4 --model DRN-S \
--save ../experiments
```

图 8.66　终端训练代码

图 8.67　experiments 文件夹

3. 输出的内容

在 experiments/model 的文件夹（图 8.68）目录下，存有 DF2K 训练集训练出来的结果。

图 8.68　**model 文件夹**

其中，一共有 4 组模型数据，分别是 dual_model_best.pt、dual_model_latest.pt、model_best.pt、model_latest.pt。

model_best.pt 和 model_latest.pt 分别是在训练 DF2K 训练集时生成的效果最好的模型文件（best）和最后一次训练时生成的模型文件（latest）。

在 experiments 文件夹中也存有损失函数随着模型训练轮数的变化图（图 8.69）。

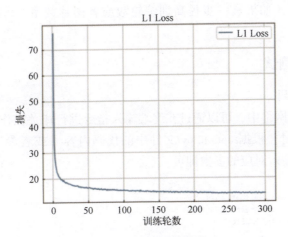

图 8.69　**损失函数输出**

可以看到，随着训练轮数的增加，损失函数越来越小，最终趋于稳定，代码中默认的 epochs 为 1000（见 option.py 中的代码描述），这里为了缩短训练时间在终端中输入的 epochs 为 300。

此外，在 experiments 文件夹中输出的结果还有 PSNR 的值随训练轮数的变化。如图 8.70 所示。

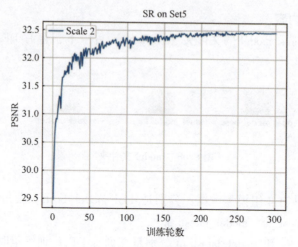

图 8.70　训练结果的 PSNR 值

可以看到，在图中横轴为训练轮数，纵轴为 PSNR 值（峰值信噪比，图像处理中图像质量的评价指标）。在双重线性回归网络中，训练结果的 PSNR 值在 32.8 附近，如果进一步提高训练轮数或者图片数量，可以获得更高的 PSNR。

8.4.7　测试

1. 测试代码

在 DRN 的网络中，可以通过在终端输入指令进行相关操作，如通过终端进行训练操作时，根据 option. py 文件中的代码内容（或者参考 readme 部分（图 8.71）），输入对应的参数即可。

```
python main.py --data_dir $DATA_DIR$ \
--save $SAVE_DIR$ --data_test $DATA_TEST$ \
--scale $SCALE$ --model $MODEL$ \
--pre_train $PRETRAINED_MODEL$ \
--test_only --save_results
```

图 8.71　readme 界面提示

可以选择对应的测试文件进行测试，在 DRN 文件夹中已经准备了 4 个用于测试的图片文件夹，如图 8.72 所示，分别是 B100、Set5、Set14、Urban100 这 4 组文件夹。

这些文件夹的路径要求如图 8.73（见 readme 中指示）所示。

图 8.72　测试图片文件夹

图 8.73　文件夹路径要求

图 8.74 所示的 Set5 文件夹中包含高分辨率的图片和低分辨率的图片，分别为 HR（图 8.75）和 LR_bicubic。

图 8.74　Set5 文件夹内容

图 8.75　HR 文件夹图片

上述数据集可用于验证 DRN 文件中自带模型的准确性，以 benchmark 中的 Set5 图片集为例，在终端输入图 8.76 所示代码。

```
python main.py --data_dir ~/srdata \
--save ../experiments --data_test Set5 \
--scale 4 --model DRN-S \
--pre_train ../pretrained_models/DRNS4x.pt \
--test_only --save_results
```

图 8.76　终端测试代码

2. 测试结果

测试结束后的文件夹存放位置参考 readme 中的描述（也可以在终端中输入指定的文件夹路径）。程序运行完毕后，得到的结果在 experiments 文件夹（图 8.77）中。

图 8.77　experiments 文件夹

对 Set5 文件夹的验证结果保留在 experiments/results/set5 中，如图 8.78 所示。

图 8.78　Set5 文件夹的测试结果

图 8.79（a）所示为低分辨率图像，图 8.80（b）所示为超分辨率的结果。

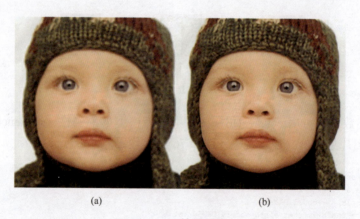

图 8.79　结果对比

3. 输出的内容

在 experiments 文件夹中存有对不同测试集测试的输出结果（图 8.80）。

图 8.80　测试结果文件夹

在 experiments/results 的文件夹目录下，存有 DRN 自带测试集训练出来的结果。

4 个测试集的测试结果图片均存放在 results 文件夹里。

8.4.8　结果展示

1. 输出结果

在测试的结果中，以测试集 B100 为例，其中收录了 100 张用于测试超分辨率重建的图片（图 8.81）。

图 8.81　**B100 文件夹图片**

程序运行完毕后，输出结果将存放在 experiments 文件夹中（图 8.82）。

图 8.82　**测试后的 B100 超分辨率文件夹**

注意：这里所采用的训练模型是示例中自带的，如要验证自己训练的模型是否准确，在 option. py （图 8.83）中查看选取模型的代码指令。

```
parser.add_argument('--pre_train', type=str, default='.',
                    help='pre-trained model directory')
```

图 8.83 option. py 中选择测试模型的代码

2. 结果对比分析

本节通过 Matlab 对超分辨率图像和真值图进行对比，本书选取的评判标准为 PSNR 和 SSIM，其中 PSNR 用于衡量两幅图像之间差异，如压缩图像与原始图像，评估压缩图像质量；复原图像与 Ground Truth，评估复原算法性能等。而 SSIM 基于人眼会提取图像中结构化信息的假设，比传统方式更符合人眼视觉感知。其评估的代码实例如图 8.84 所示。

```python
import numpy
import numpy as np
import math
import cv2
import torch
import pytorch_ssim
from torch.autograd import Variable

original = cv2.imread("hr_img.png")  # numpy.adarray
contrast = cv2.imread("sr_img.png", 1)


def psnr(img1, img2):
    img1 = np.float64(img1)
    img2 = np.float64(img2)
    mse = numpy.mean((img1 - img2) ** 2)
    if mse == 0:
        return 100
    PIXEL_MAX = 255.0
    return 20 * math.log10(PIXEL_MAX / math.sqrt(mse))


def ssim(img1, img2):
    img1 = torch.from_numpy(np.rollaxis(img1, 2)).float().unsqueeze(0) / 255.0
    img2 = torch.from_numpy(np.rollaxis(img2, 2)).float().unsqueeze(0) / 255.0
    img1 = Variable(img1, requires_grad=False)  # torch.Size([256, 256, 3])
    img2 = Variable(img2, requires_grad=False)
    ssim_value = pytorch_ssim.ssim(img1, img2).item()
    return ssim_value


psnrValue = psnr(original, contrast)
ssimValue = ssim(original, contrast)
print(psnrValue)
print(ssimValue)
```

图 8.84 检测对比效果代码

在这段代码中，通过导入实现图像处理和评估所需的关键库，包括 numpy、math、cv2（OpenCV 库）以及 torch（PyTorch 库）。通过 cv2. imread（）函数，对两幅图像进行加载："hr_img. png" 和 "sr_img. png"，其分别代表原始高分辨率图像和经过超分辨率处理后的图像，并将其存储在变量 original 和 contrast 中。

随后，本节定义了：psnr（img1，img2）和 ssim（img1，img2）两个核心的图像质量评估函数。psnr 函数通过将图像转换为浮点数类型，计算均方误差（MSE），并基于 MSE 的值计算峰值信噪比（PSNR）。而 ssim 函数则将图像转换为 PyTorch 的 Tensor 对象，利用 PyTorch 库内置的 ssim 函数来计算结构相似性（SSIM）指数。

在主程序部分，本节调用了这两个函数，分别计算了原始图像与超分辨率图像之间的 PSNR 和 SSIM 值，并将这些值存储在 psnrValue 和 ssimValue 变量中。最终，使用 print（）函数将这两个评估指标的计算结果输出到控制台。

通过对输出的超分辨率图像（图 8.85）进行对比分析，可以观察到，超分辨率处理后的图像在视觉效果上有了显著的提升，并且在量化指标上，PSNR 值提升了 4.5dB，SSIM 值提升了 0.2 以上，这表明了超分辨率算法在图像重建质量上的显著改进。

DIV2K数据集(768×768)　　　　LR(PSNR/SSIM)　BICUBIC(25.687/0.696)　DRN(30.225/0.911)

图 8.85　输出结果对比

参 考 文 献

[1] MAIT J N, EULISS G W, ATHALE R A. Computational imaging [J]. Advances in Optics and Photonics, 2018, 10 (2): 409-483.

[2] LEVOY M. Light fields and computational imaging [J]. Computer, 2006, 39 (8): 46-55.

[3] BARBASTATHIS G, OZCAN A, SITU G. On the use of deep learning for computational imaging [J]. Optica, 2019, 6 (8): 921-943.

[4] PARK S C, PARK M K, KANG M G. Super-resolution image reconstruction: A technical overview [J]. IEEE Signal Processing Magazine, 2003, 20 (3): 21-36.

[5] BEATTIE C, LEIBO J Z, TEPLYASHIN D, et al. Deepmind lab [J]. arXiv: 1612.03801, 2016.

[6] MA J Y, YU W, LIANG P W, et al. Fusion GAN: A generative adversarial network for infrared and visible image fusion [J]. Information Fusion, 2019, 48: 11-26.

[7] ZHANG Y, LIU Y, SUN P, et al. IFCNN: A general image fusion framework based on convolutional neural network [J]. Information Fusion, 2020, 54: 99-118.

[8] LI H, WU X J. DenseFuse: A fusion approach to infrared and visible images [J]. IEEE Transactions on Image Processing, 2018, 28 (5): 2614-2623.

[9] HINTON G E, SALAKHUTDINOV R R. Reducing the dimensionality of data with neural networks [J]. Science, 2006, 313 (5786): 504-507.

[10] HUBEL D H, WIESEL T N. Receptive fields and functional architecture of monkey striate cortex [J]. The Journal of Physiology, 1968, 195 (1): 215-243.

[11] FUKUSHIMA K. Neocognitron: A self-organizing neural network model for a mechanism of pattern recognition unaffected by shift in position [J]. Biological Cybernetics, 1980, 36: 193-202.

[12] LECUN Y, BOTTOU L, BENGIO Y, et al. Gradient-based learning applied to document recognition [J]. Proceedings of the IEEE, 1998, 86 (11): 2278-2324.

[13] KRIZHEVSKY A, SUTSKEVER I, HINTON G E. ImageNet classification with deep convolutional neural networks [J]. Communications of the ACM, 2012, 60 (6): 84-90.

[14] LECUN Y, BOSER B, DENKER J, et al. Handwritten digit recognition with a back-propagation network [M] //Touretzky D S. Advances in neural information processing systems 2, . San Francisco: Morgan Kaufmann Publishers Inc, 1990: 396-404.

［15］ NGUYEN G, DLUGOLINSKY SBOBÁK M, et al. Machine learning and deep learning frameworks and libraries for large-scale data mining: A survey ［J］. Artificial Intelligence Review, 2019, 52（1）: 77-124.

［16］ STRIGL D, KOFLER K, PODLIPNIG S. Performance and scalability of GPU-based convolutional neural networks ［C］//Proceedings of the 2010 18th Euromicro International Conference on Parallel, Distributed and Network-Based Processing（PDP）, 2010: 317-324.

［17］ SIMONYAN K, ZISSERMAN A. Very Deep Convolutional Networks for Large-Scale Image Recognition ［J］. arXiv: 1409. 1556v6, 2015.

［18］ SZEGEDY C, LIU W, JIA Y Q, et al. Going deeper with convolutions ［C］//Proceedings of the 2015 IEEE Conference on Computer Vision and Pattern Recognition（CVPR）, 2015: 1-9.

［19］ HE K M, ZHANG X Y, REN S Q, et al. Deep residual learning for image recognition ［C］//Proceedings of the IEEE Computer Society Conference on Computer Vision and Pattern Recognition（CVPR）, 2016: 770-778.

［20］ HE K M, SUN J. Convolutional neural networks at constrained time cost ［C］//Proceedings of the 2015 IEEE Conference on Computer Vision and Pattern Recognition（CVPR）, 2015: 5353-5360.

［21］ SRIVASTAVA R K, GREFF K, SCHMIDHUBER J. Highway networks ［J］. arXiv: 1505. 00387, 2015.

［22］ 沈瑜. 基于多尺度几何分析的红外与可见光图像融合方法研究 ［D］. 兰州: 兰州交通大学, 2017.

［23］ 严春满, 郭宝龙, 易盟. 基于改进 LP 变换及自适应 PCNN 的多聚焦图像融合方法 ［J］. 控制与决策. 2012, 27（5）: 703-707, 712.

［24］ 陈浩, 王延杰. 基于拉普拉斯金字塔变换的图像融合算法研究 ［J］. 激光与红外, 2009, 39（4）: 439-442.

［25］ CHEN H, WANG Y J. Study for image fusion based on wavelet transform ［J］. Microelectronics and Computer, 2010, 27（5）: 39-41.

［26］ NENCINI F, GARZELLI A, BARONTI S, et al. Remote sensing image fusion using the curvelet transform ［J］. Information Fusion, 2007, 8（2）: 143-156.

［27］ 王鹏飞. 基于特征提取的图像融合 ［D］. 无锡: 江南大学, 2017.

［28］ 李其申, 李俊峰, 江泽涛. 非下采样 Contourlet 变换的图像融合及评价 ［J］. 计算机应用研究, 2009, 26（3）: 1138-1141, 1150.

［29］ 孙斌, 陈小惠, 王贵圆, 等. 色彩传递算法在不同色彩空间中的成像效果研究 ［J］. 电子测量与仪器学报, 2017, 31（10）: 1641-1645.

［30］ JOHNSON J L, PADGETT M L. PCNN models and applications ［J］. IEEE Transactions on Neural Networks, 1999, 10（3）：480-498.

［31］YANG N, CHEN H J, LI Y F, et al. Coupled parameter optimization of PCNN model and vehicle image segmentation ［J］. Journal of Transportation Systems Engineering and Information Technology, 2012, 12（1）：48-54.

［32］Ma Y D, LIU Q, QIAN Z B. Automated image segmentation using improved PCNN model based on cross-entropy ［C］//Proceedings of the 2004 International Symposium on Intelligent Multimedia, Video and Speech Processing（ISIMP）, 2004：743-746.

［33］ZHOU D G, ZHOU H, GAO C, et al. Simplified parameters model of PCNN and its application to image segmentation ［J］. Pattern Analysis and Applications, 2016, 19（4）：939-951.

［34］LIU Y, CHEN X, WARD R K, et al. Image fusion with convolutional sparse representation ［J］. IEEE Signal Processing Letters, 2016, 23（12）：1882-1886.

［35］LIU Y, CHEN X, PENG H, et al. Multi-focus image fusion with a deep convolution-al neural network ［J］. Information Fusion, 2017, 36：191-207.

［36］LI H, WU X J, KITTLER J. Infrared and visible image fusion using a deep learning framework ［C］//Proceedings of the 2018 24th International Conference on Pattern Recognition（ICPR）, 2018：2705-2710.

［37］CHEN Y, BLUM R S. A new automated quality assessment algorithm for image fusion ［J］. Image and Vision Computing, 2009, 27（10）：1421-1432.

［38］ROBERTS J W, VAN AARDT J A, AHMED F B. Assessment of image fusion procedures using entropy, image quality, and multispectral classification ［J］. Journal of Applied Remote Sensing, 2008, 2（1）：023522.

［39］Qu G H, Zhang D L, Yan P F. Information measure for performance of image fusion ［J］. Electronics Letters, 2002, 38（7）：313-315.

［40］XYDEAS C, AND PETROVIĆ V. Objective image fusion performance measure ［J］. Electronics Letters, 2000, 36（4）：308-309.

［41］WANG Z, BOVIK A C, SHEIKH H R, et al. Image quality assessment：From error visibility to structural similarity ［J］. IEEE Transactions on Image Processing, 2004, 13（4）：600-612.

［42］ESKICIOGLU A M, FISHER P S. Image quality measures and their performance ［J］. IEEE Transactions on Communications, 1995, 43（12）：2959-2965.

［43］HE K M, CHEN X L, XIE S N, et al. Masked autoencoders are scalable vision learners ［C］//Proceedings of the IEEE Computer Society Conference on Computer Vision and Pattern Recognition, 2022：15979-15988.

［44］MAEDA S. Unpaired image super-resolution using pseudo-supervision ［C］//Proceedings of the IEEE/CVF Conference on Computer Vision and Pattern Recognition（CVPR）,

2020: 291-300.

[45] BELL-KLIGLER S, SHOCHER A, IRANI M. Blind super-resolution kernel estimation using an internal-GAN [C] //Proceedings of the 33rd International Conference on Neural Information Processing Systems, 2019: 284-293.

[46] CHEN Y, TAI Y, LIU X M, et al. Fsrnet: End-to-end learning face super-resolution with facial priors [C] //Proceedings of the IEEE Computer Society Conference on Computer Vision and Pattern Recognition, 2018: 2492-2501.

[47] KIM S Y, SIM H, KIM M. KOALAnet: Blind Super-Resolution Using Kernel-Oriented Adaptive Local Adjustment [C] //Proceedings of the IEEE Computer Society Conference on Computer Vision and Pattern Recognition, 2021: 10606-10615.

[48] ZHANG K, VAN GOOL L, TIMOFTE R. Deep unfolding network for image super-resolution [C] //Proceedings of the IEEE Computer Society Conference on Computer Vision and Pattern Recognition (CVPR), 2020: 3214-3223

[49] TAO G P, JI X Z, WANG W Z, et al. Spectrum-to-kernel translation for accurate blind image super-resolution [C] //Proceedings of the 35th International Conference on Neural Information Processing Systems, 2021: 22643-22654.

[50] KIM Y, HA J, CHO Y, et al. Unsupervised blur kernel estimation and correction for blind super-resolution [J]. IEEE Access, 2022, 10: 45179-45189.

[51] LANDAU H J. Sampling, data transmission, and the Nyquist rate [J]. Proceedings of the IEEE, 1967, 55 (10): 1701-1706.

[52] ZUO C, SUN J S, CHEN Q. Adaptive step-size strategy for noise-robust Fourier ptychographic microscopy [J]. Optics Express, 2016, 24 (18): 20724-20744.

[53] LEACHTENAUER J C. Resolution requirements and the Johnson criteria revisited [C] // Proceedings of the Infrared Imaging Systems: Design, Analysis, Modeling, and Testing XIV. International Society for Optics and Photonics, 2003, 5076: 1-15.

[54] BORN M, WOLF E. Principles of optics: Electromagnetic theory of propagation, interference and diffraction of light [M]. 7th ed. New York: Cambridge University Press, 1999.

[55] GLASNER D, BAGON S, IRANI M. Super-resolution from a single image [C] //Proceedings of the 2009 IEEE 12th International Conference on Computer Vision, 2009: 349-356.

[56] HUANG J B, SINGH A, AHUJA N. Single image super-resolution from transformed self-exemplars [C] //Proceedings of the 2005 IEEE Computer Society Conference on Computer Vision and Pattern Recognition (CVPR), 2015: 5197-5206.

[57] KIM K I, KWON Y. Single-image super-resolution using sparse regression and natural image prior [J]. IEEE Transactions on Pattern Analysis and Machine Intelligence, 2010, 32 (6): 1127-1133.

［58］ WANG D, FU T J, BI G L, et al. Long-distance sub-diffraction high-resolution imaging using sparse sampling ［J］. Sensors, 2020, 20 (11): 3116.

［59］ XIANG M, PAN A, ZHAO Y Y, et al. Coherent synthetic aperture imaging for visible remote sensing via reflective Fourier ptychography ［J］. Optics Letters, 2021, 46 (1): 29-32.

［60］ BIONDI F. Recovery of partially corrupted SAR images by super-resolution based on spectrum extrapolation ［J］. IEEE Geoscience and Remote Sensing Letters, 2016, 14 (2): 139-143.

［61］ BHATTACHARJEE S, SUNDARESHAN M K. Mathematical extrapolation of image spectrum for constraint-set design and set-theoretic superresolution ［J］. Journal of the Optical Society of America A, 2003, 20 (8): 1516-1527.

［62］ ELAD M, DATSENKO D. Example-based regularization deployed to super-resolution reconstruction of a single image ［J］. The Computer Journal, 2009, 52 (1): 15-30.

［63］ BEVILACQUA M, ROUMY A, GUILLEMOT C, et al. Single-image super-resolution via linear mapping of interpolated self-examples ［J］. IEEE Transactions on Image Processing, 2014, 23 (12): 5334-5347.

［64］ Dong C, CHEN C L, He K M, et al. Image super-resolution using deep convolutional networks ［J］. IEEE Transactions on Pattern Analysis and Machine Intelligence, 2015, 38 (2): 295-307.

［65］ NAZERI K, THASARATHAN H, EBRAHIMI M. Edge-informed single image super-resolution ［C］//Proceedings of the 2019 International Conference on Computer Vision Workshop (ICCVW), 2019: 3275-3284.

［66］ HARDIE R. A fast image super-resolution algorithm using an adaptive Wiener filter ［J］. IEEE Transactions on Image Processing, 2007, 16 (12): 2953-2964.

［67］ IRANI M, PELEG S. Improving resolution by image registration ［J］. CVGIP: Graphical Models and Image Processing, 1991, 53 (3): 231-239.

［68］ GUIZAR-SICAIROS M, THURMAN S T, FIENUP J R. Efficient subpixel image registration algorithms ［J］. Optics Letters, 2008, 33 (2): 156.

［69］ CHEN J, LI Y, CAO L H. Research on region selection super resolution restoration algorithm based on infrared micro-scanning optical imaging model ［J］. Scientific Reports, 2021, 11 (1): 2852.

［70］ ZHANG X F, HUANG W, XU M F, et al. Super-resolution imaging for infrared micro-scanning optical system ［J］. Optics Express, 2019, 27 (5): 7719-7737.

［71］ DAI S S, LIU J S, XIANG H Y, et al. Super-resolution reconstruction of images based on uncontrollable microscanning and genetic algorithm ［J］. Optoelectronics Letters, 2014, 10 (4): 313-316.

［72］ HUSZKA G, GIJS M A. Turning a normal microscope into a super-resolution instrument using a scanning microlens array ［J］. Scientific Reports, 2018, 8 (1): 601.

［73］ GUNTURK B K, ALTUNBASAK Y, MERSEREAU R M. Super-resolution reconstruction of compressed video using transform-domain statistics ［J］. IEEE Transactions on Image Processing, 2004, 13 (1): 33-43.

［74］ MCEWEN K R. European uncooled thermal imaging technology ［C］ //Proceedings of the Infrared Technology and Applications XXIII. International Society for Optics and Photonics, 1997, 3061: 179-190.

［75］ PATEL A, CHAUDHARY J. A Review on infrared and visible image fusion techniques ［M］ //BALAJI S, ROCHA Á, CHUNG Y N, (eds). Intelligent Communication Technologies and Virtual Mobile Networks (ICICV 2019), Cham, Switzerland: Springer, 2019: 127-144.

［76］ MAO X J, SHEN C H, YANG Y B, et al. Image restoration using very deep convolutional encoder-decoder networks with symmetric skip connections ［C］ //Proceedings of the 30th International Conference on Neural Information Processing Systems, 2016, 29: 2802-2810.

［77］ PAN J S, SUN D Q, PFISTER H, et al. Blind image deblurring using dark channel prior ［C］ //Proceedings of the 2016 IEEE Conference on Computer Vision and Pattern Recognition (CVPR), 2016: 1628-1636.

［78］ YAN Y Y, REN W Q, GUO Y F, et al. Image deblurring via extreme channels prior ［C］ //Proceedings of the IEEE Conference on Computer Vision and Pattern Recognition (CVPR), 2017: 4003-4011.

［79］ SCHULER C J, HIRSCH M, HARMELING S, et al. Learning to deblur ［J］. IEEE Transactions on Pattern Analysis and Machine Intelligence, 2016, 38 (7): 1439-1451.

［80］ CHAKRABARTI A. A neural approach to blind motion deblurring ［C］ //LEIBE B, MATAS J, SEBE N, et al (eds). Computer Vision - ECCV 2016. Cham: Springer, 2016: 221-235.

［81］ NAH S, KIM T H, LEE K M. Deep multi-scale convolutional neural network for dynamic scene deblurring ［C］ //Proceedings of the IEEE Conference on Computer Vision and Pattern Recognition (CVPR), 2017: 3883-3891.

［82］ TAO X, GAO H Y, SHEN X Y, et al. Scale-recurrent network for deep image deblurring ［C］ //Proceedings of the IEEE/CVF Conference on Computer Vision and Pattern Recognition, 2018: 8174-8182.

［83］ KUPYN O, BUDZAN V, MYKHAILYCH M, et al. Deblurgan: Blind motion deblurring using conditional adversarial networks ［C］ //Proceedings of the IEEE/CVF Conference on Computer Vision and Pattern Recognition, 2018: 8183-8192.

［84］ ZHANG P F, LAN C L, XING J L, et al. View adaptive recurrent neural networks for high performance human action recognition from skeleton data［C］//Proceedings of the IEEE International Conference on Computer Vision（ICCV），2017：2117-2126.

［85］ZHANG Y L, LI K P, LI K, et al. Image super-resolution using very deep residual channel attention networks［C］//FERRARI V, HEBERT M, SMINCHISESCU C, et al （eds）. Computer Vision-ECCV 2018. Cham: Springe, 2018: 294-310.

［86］BULAT A, YANG J, TZIMIROPOULOS G. To learn image super-resolution, use a gan to learn how to do image degradation first［C］//FERRARI V, HEBERT M, SMINCHISES-CU C, et al（eds）. Computer Vision-ECCV 2018. Cham: Springe, 2018: 187-202.

［87］ZHANG Y, LI K, LI K, et al. Image super-resolution using very decp residual channel attention network［C］//Proceedings of European conference computer vision（ECCV）. 2018: 286-301.

［88］KÖHLER T, BÄTZ M, NADERI F, et al. Toward bridging the simulated-to-real gap: Benchmarking super-resolution on real data［J］. IEEE Transactions on Pattern Analysis and Machine Intelligence, 2019, 42（11）: 2944-2959.

［89］CAI J R, ZENG H, YONG H W, et al. Toward real-world single image super-resolution: A new benchmark and a new model［C］//Proceedings of the IEEE/CVF International Conference on Computer Vision, 2019: 3086-3095.

［90］MAO X J, SHEN C H, YANG Y B. Image restoration using convolutional auto-encoders with symmetric skip connections［J］. arXiv: 1606.08921, 2016.

［91］BENGIO Y, LECUN Y. Scaling learning algorithms towards AI［M］//BOTTOU L, CHA-PELLE O, DECOSTE D, et al（eds）. Large-Scale Kernel Machines. Cambridge : MIT Press, 2007: 321-359.

［92］SURYANARAYANA G, TU E M, YANG J. Infrared super-resolution imaging using multi-scale saliency and deep wavelet residuals［J］. Infrared Physics & Technology, 2019, 97: 177-186.

［93］HE Z W, TANG S L, YANG J X, et al. Cascaded deep networks with multiple receptive fields for infrared image super-resolution［J］. IEEE Transactions on Circuits and Systems for Video Technology, 2018, 29（8）: 2310-2322.

［94］HAN T Y, KIM D H, LEE S H, et al. Infrared image super-resolution using auxiliary convolutional neural network and visible image under low-light conditions［J］. Journal of Visual Communication and Image Representation, Elsevier, 2018, 51: 191-200.

［95］ZOU Y, ZHANG L F, CHEN Q, et al. An infrared image super-resolution imaging algorithm based on auxiliary convolution neural network［C］//Proceedings of the Optics Frontier Online 2020: Optics Imaging and Display. International Society for Optics and Photonics, 2020, 11571: 115711B.

［96］LIU Q M, JIA R S, LIU Y B, et al. Infrared image super-resolution reconstruction by using generative adversarial network with an attention mechanism ［J］. Applied Intelligence, 2021, 51 (4): 2018-2030.

［97］ YAO T T, LUO Y, HU J C, et al. Infrared image super-resolution via discriminative dictionary and deep residual network ［J］. Infrared Physics & Technology, 2020, 107: 103314.

［98］ RONNEBERGER O, FISCHER P, BROX T. U－net: Convolutional networks for biomedical image segmentation ［C］//NAVAB N, HORNEGGER J, WELLs W, et al (eds). Medical Image Computing and Computer－Assisted Intervention－MICCAI 2015. Cham: Springer, 2015: 234-241.

［99］ DONG C, CHEN C L, HE K M, et al. Learning a deep convolutional network for image super-resolution ［C］//FLEET D, PAJDLA T, SCHIELE B, et al (eds) Computer Vision-ECCV 2014. Cham: Springer, 2014: 184-199.

［100］ HE K M, ZHANG X Y, REN S Q, et al. Deep residual learning for image recognition ［C］//Proceedings of the IEEE Conference on Computer Vision and Pattern Recognition (CVPR), 2016: 770-778.

［101］ IANDOLA F, MOSKEWICZ M, KARAYEV S, et al. Densenet: Implementing efficient convnet descriptor pyramids ［J］. arXiv: 1404. 1869, 2014.

［102］ LIM B, SON S, KIM H, et al. Enhanced deep residual networks for single image super-resolution ［C］//Proceedings of the IEEE Computer Society Conference on Computer Vision and Pattern Recognition Workshops, 2017: 136-144.

［103］ ZOU Y, ZHANG L F, LIU C Q, et al. Super-resolution reconstruction of infrared images based on a convolutional neural network with skip connections ［J］. Optics and Lasers in Engineering, 2021, 146: 106717.

［104］ DONG C, CHEN C L, TANG X O. Accelerating the super-resolution convolutional neural network ［C］//LEIBE B, MATAS J, SEBE N, et al (eds). Computer Vision-ECCV 2016. ECCV 2016, Cham: Springer, 2016: 391-407.

［105］ LAI W S, HUANG J B, AHUJA N, et al. Deep laplacian pyramid networks for fast and accurate super-resolution ［C］//Proceedings of the IEEE conference on computer vision and pattern recognition (CVPR), 2017: 624-632.

［106］ LAI W S, HUANG J B, AHUJA N, et al. Fast and accurate image super-resolution with deep laplacian pyramid networks ［J］. IEEE Transactions on Pattern Analysis and Machine Intelligence, 2018, 41 (11): 2599-2613.

［107］ YU J H, FAN Y C, YANG J C, et al. Wide activation for efficient and accurate image super-resolution ［J］. arXiv: 1808. 08718, 2018.

［108］ KIM J, LEE J K, LEE K M. Accurate image super-resolution using very deep convolutional networks ［C］//Proceedings of the IEEE Conference on Computer Vision and

Pattern Recognition（CVPR），2016：1646-1654.

［109］ WANG M Q, WANG B W, ZHANG L F, et al. Infrared image super-resolution recon-struction based on closed-loop regression network ［C］//Proceedings of the Advanced Optical Imaging Technologies Ⅳ, SPIE, 2021, 11896：1189617.

［110］ CHAN A L, SCHNELLE S R. Fusing concurrent visible and infrared videos for improved tracking performance ［J］. Optical Engineering, 2013, 52 (1)：017004.

［111］ KUMAR P, MITTAL A, KUMAR P. Fusion of Thermal Infrared and Visible Spectrum Video for Robust Surveillance ［C］//KALRA P K, PELEG S (eds) Computer Vision, Graphics and Image Processing. Berlin, Heidelberg：Springer, 2006：528-539.

［112］ CHEN Z Y, ABIDI B R, PAGE D L, et al. Gray-level grouping (GLG)：an automatic method for optimized image contrast enhancement-part I：the basic method ［J］. IEEE Transactions on Image Processing, 2006, 15 (8)：2290-2302.

［113］ YANG B, LI S T. Multifocus image fusion and restoration with sparse representation ［J］. IEEE Transactions on Instrumentation and Measurement，2009, 59 (4)：884-892.

［114］ LIU C H, QI Y, DING W R. Infrared and visible image fusion method based on saliency detection in sparse domain ［J］. Infrared Physics & Technology, 2017, 83：94-102.

［115］ LIU Y, WANG Z F. Simultaneous image fusion and denoising with adaptive sparse repre-sentation ［J］. IET Image Processing, 2015, 9 (5)：347-357.

［116］ LU X Q, ZHANG B H, ZHAO Y, et al. The infrared and visible image fusion algorithm based on target separation and sparse representation ［J］. Infrared Physics & Technology, 2014, 67：397-407.

［117］ ZHANG Y L, TIAN Y P, KONG Y, et al. Residual dense network for image super-reso-lution ［C］//IEEE/CVF Conference on Computer Vision and Pattern Recognition, 2018：2472-2481.

［118］ LONG Y Z, JIA H T, ZHONG Y D, et al. RXDNFuse：A aggregated residual dense net-work for infrared and visible image fusion ［J］. Information Fusion, 2021, 69：128-141.

［119］ CHAN R H, STRANG G. Toeplitz equations by conjugate gradients with circulant preconditioner ［J］. SIAM Journal on Scientific and Statistical Computing, 1989, 10 (1)：104-119.

［120］ NIE F P, HUANG H, DING C. Low-rank matrix recovery via efficient schatten p-norm minimization ［C］//Proceedings of the 26th AAAI Conference on Artificial Intelligence, 2012：655-661.

［121］ TAKEDA H, FARSIU S, MILANFAR P. Deblurring using regularized locally adaptive kernel regression ［J］. IEEE Transactions on Image Processing, 2008, 17 (4)：550-563.

［122］ BADRINARAYANAN V, KENDALL A, CIPOLLA R. Segnet：A deep convolutional en-coder-decoder architecture for image segmentation ［J］. IEEE Transactions on Pattern

Analysis and Machine Intelligence, 2017, 39 (12)：2481-2495.

[123] MATEEN M, WEN J H, SONG S, et al. Fundus image classification using VGG-19 architecture with PCA and SVD [J]. Symmetry, 2019, 11 (1)：1.

[124] JING Y C, YANG Y Z, FENG Z L, et al. Neural style transfer：A review [J]. IEEE Transactions on Visualization and Computer Graphics, 2019, 26 (11)：3365-3385.

[125] BAVIRISETTI D P, DHULI R. Fusion of infrared and visible sensor images based on anisotropic diffusion and Karhunen-Loeve transform [J]. IEEE Sensors Journal, 2015, 16 (1)：203-209.

[126] BAVIRISETTI D P, XIAO G, LIU G. Multi-sensor image fusion based on fourth order partial differential equations [C] //Proceedings of the 20th International Conference on Information Fusion (Fusion), 2017：1-9.

[127] BAVIRISETTI D P, XIAO G, ZHAO J H, et al. Multi-scale guided image and video fusion：A fast and efficient approach [J]. Circuits, Systems, and Signal Processing, 2019, 38 (12)：5576-5605.

[128] NAIDU V. Image fusion technique using multi-resolution singular value decomposition [J]. Defence Science Journal, 2011, 61 (5)：479-484.

[129] BAVIRISETTI D P, DHULI R. Two-scale image fusion of visible and infrared images using saliency detection [J]. Infrared Physics and Technology, 2016, 76：52-64.

[130] 吴水琴. 融合图像信息的轨迹预测跟踪技术研究 [D]. 成都：中国科学院大学（中国科学院光电技术研究所），2019.

[131] 宋世军，罗锦锋. 基于信息融合的光电跟踪系统高精度控制方法 [J]. 激光杂志，2019, 40 (6)：154-157.

[132] ULICH B L. Overview of acquisition, tracking, and pointing system technologies [C] //Proceedings of the Acquisition, Tracking, and Pointing Ⅱ. International Society for Optics and Photonics, 1988：40-63.

[133] VIOLA P, JONES M. Robust real-time object detection [C]. Proceedings of the 2nd International Workshop on Statistical and Computational Theories of Vision - Modeling, Learning, Computing, And Sampling, 2001.

[134] SCHMIDHUBER J. Deep learning in neural networks：An overview [J]. Neural Networks, 2015, 61：85-117.

[135] LI B, YAN J J, WU W, et al. High performance visual tracking with siamese region proposal network [C] //Proceedings of the IEEE/CVF Conference on Computer Vision and Pattern Recognition, 2018：8971-8980.

[136] BOCHKOVSKIY A, WANG C Y, LIAO H Y M. YOLOV4：Optimal speed and accuracy of object detection [J]. arXiv：2004. 10934, 2020.

[137] 朱利成. 运动目标检测与跟踪算法研究 [D]. 杭州：浙江工业大学，2009.

[138] ZHAO Z Q, ZHENG P, XU S T, et al. Object detection with deep learning：A review [J]. IEEE Transactions on Neural Networks and Learning Systems, IEEE, 2019, 30

（11）：3212-3232.

［139］ GIRSHICK R, DONAHUE J, DARRELL T, et al. Rich feature hierarchies for accurate object detection and semantic segmentation ［C］//Proceedings of the IEEE Conference on Computer Vision and Pattern Recognition, 2014：580-587.

［140］ GIRSHICK R. Fast R-CNN ［C］//Proceedings of the IEEE International Conference on Computer Vision（ICCV）, 2015：1440-1448.

［141］ REDMON J, DIVVALA S, GIRSHICK R, et al. You only look once：Unified, real-time object detection ［C］//Proceedings of the IEEE Computer Society Conference on Computer Vision and Pattern Recognition, 2016：779-788.

［142］ LIU W, ANGUELOV D, ERHAN D, et al. SSD：Single shot multibox detector ［C］// LEIBE B, MATAS J, SEBE N, et al（eds）. Computer Vision-ECCV 2016. Cham：Springer, 2016：21-37.

［143］ REDMON J, FARHADI A. YOLO9000：Better, faster, stronger ［C］//Proceedings of the IEEE Conference on Computer Vision and Pattern Recognition（CVPR）, 2017：7263-7271.

［144］ REDMON J, FARHADI A. YOLOv3：An incremental improvement ［J］. arXiv：1804. 02767, 2018.

［145］ PAN Z, LIU S, FU W N. A review of visual moving target tracking ［J］. Multimedia Tools and Applications, 2017, 76（16）：16989-7018.

［146］ TAO R, GAVVES E, SMEULDERS A W. Siamese instance search for tracking ［C］// Proceedings of the IEEE Conference on Computer Vision and Pattern Recognition（CVPR）, 2016：1420-1429.

［147］ NAM H, HAN B. Learning multi-domain convolutional neural networks for visual tracking ［C］//Proceedings of the IEEE Conference on Computer Vision and Pattern Recognition（CVPR）, 2016：4293-4302.

［148］ HAN B, SIM J, ADAM H. Branchout：Regularization for online ensemble tracking with convolutional neural networks ［C］//Proceedings of the IEEE Conference on Computer Vision and Pattern Recognition（CVPR）, 2017：3356-3365.

［149］ GUO Q, FENG W, ZHOU C, et al. Learning dynamic siamese network for visual object tracking ［C］//Proceedings of the IEEE International Conference on Computer Vision（ICCV）, 2017：1763-1771.

［150］ BERTINETTO L, VALMADRE J, HENRIQUES J F, et al. Fully-convolutional siamese networks for object tracking ［C］//HUA G, JÉGOU H（eds）. Computer Vision-ECCV 2016 Workshops. Cham：Springer, 2016：850-865.

［151］ HUANG C, LUCEY S, RAMANAN D. Learning policies for adaptive tracking with deep feature cascades ［C］//Proceedings of the IEEE International Conference on Computer Vision, 2017：105-114.

后　记

本书深入探讨了深度学习在红外与微光图像处理领域的前沿技术，重点突破探测器空间采样不足、异源图像匹配不准确、夜视成像器件单色性输出等技术瓶颈，解决不同波段图像之间不可调和的矛盾，从如何实现像素超分辨率入手，分析成像原理，重点解决以长波红外为代表的热辐射探测器像元尺寸过大，难以实现高分辨率成像的应用难题，并考虑神经网络的回归问题与真实场景映射的偏差，在此研究基础上进行微光波段的成像技术研讨，最后以实现高质成像及稳定的目标检测跟踪为应用研究目标进行了异源图像融合重建网络的优化设计。这些工作相应地解答了在绪论中提出的目前光电成像探测系统尚未解决的或者尚存在难点的研究内容，同时也包含了相应的创新思路：

（1）针对红外热成像探测像元尺寸过大引起的像素混叠问题，介绍基于对称跳跃连接的编-解码卷积神经网络图像超分辨率重建方法，利用卷积提取图像特征与反卷积恢复图像细节来达到图像超分辨率的目的。同时，引入跳跃连接和残差模块，有助于解决梯度消失问题和提升超分辨率性能。通过通道数相加的方式来大幅度提升特征图数量，提高反卷积层的超分辨率重建能力，平均输出时间为 0.57s，在三种不同尺度（Scale = 2,3,4）下的重建结果峰值信噪比最高提升 6.43dB。

（2）针对目前夜视成像器件单色性成像，无法提供彩色信息进一步增强场景信息的感知能力问题，介绍基于双路传播的伪彩色红外图像超分辨率结构，分别进行彩色化以及高分辨率映射函数的学习，在进行彩色信息映射的过程同时在低分辨率图像中提取感兴趣的高频细节信息，双路传播网络各自进行独立的重建任务，最终通过优化加权融合，实现 4 倍超分辨率彩色映射重建。

（3）针对目前神经网络学习模型映射不准确性，无法面向真实世界重建的问题，探讨研究基于闭环回归的重建思想。通过引入逆向回归的额外约束来减少可能映射函数的空间。同时，学习正向模型过程与逆向回归模型，通过双重映射约束可以使得网络的输出更趋向于真实场景数据，实现"潜在的"重建结果，对800×600的长波红外图像重建结果的峰值信噪优于传统的超分辨率网络2.80dB，实现高质稳定的图像重建输出。

（4）针对目前微光夜视探测器像元过大的成像问题，重点介绍基于多维特征提取的微光图像超分辨率重建技术，以分支重建结构为核心，引入宽激活残差块和通道注意力机制，将通道数由32改为192扩展网络的感受野，提高卷积神经网络对图像特征的提取能力。此外，网络为类金字塔的轻量化网络模型，最终可实现60fps的实时重建图像输出。结果表明，在低光照的条件下提出的网络结构在对微光图像恢复能力上要超过传统神经网络，得到的重建图像细节信息更加丰富，有较好的视觉效果，最终直方图分布相似度为0.728。

（5）针对异源探测器无法实现高质融合，融合图像分辨率低、热度信息不明显的缺陷，介绍基于深度学习的红外可见光彩色夜视图像融合的网络结构，采用融合-编码-解码的结构进行端对端学习，使网络在聚焦红外图像热度信息的同时也在学习图像超分辨率的映射函数，将图像融合问题转化为红外可见光图像的结构和强度比例保持问题，设计出相应损失函数，扩大热目标与背景之间的权重差，实现了彩色夜视图像融合的目的，使得图像更符合人眼视觉效果。融合图像在空间频率上、边缘强度上、平均梯度等评价指标均高于传统成像算法，验证了网络结构的可行性，在此基础上了实现了高分辨率红外、可见光、伪彩色融合、边缘特征提取4种模态的成像输出，为后续的高分辨率侦察、识别等任务提供数据支撑。

（6）针对单一成像波段在远场目标检测跟踪中存在漏检、误检、跟踪识别不稳定等问题，介绍基于跨模态异源图像融合的目标检测与跟踪的方法，结合提出的图像超分辨率方法与异源图像融合方法重建得到的高质跨模态高分辨率融合图像，充分利用深度神经网络的数据拟合优势，解决单一成像系统受光照影响、烟雾遮挡进而导致热辐射图像分辨率低、细节缺失等问题，在真实场景的实验数据中目标检测识别率达95%以上。

（7）本书以基于回归网络的单幅图像超分辨率重建为示例提供相关网络代码部署的指导，旨在帮助读者更好理解相关网络算法构建与测试，整体涵盖了系统软硬件基础、网络环境配置、核心代码的构建以及网络组织架构等关键步骤。重点关注核心代码的搭建，配合网络结构的说明，以帮助读者充分理解卷积神经网络的网络层、损失函数、优化算法等概念，以便于更好地理解和吸收，为读者在学术研究和实际应用中提供相关资源。